KB055890

山이
그리움을
부른다

직장동료, 친구들, 아내와 함께…
우리나라 100대 명산을
시작(詩作)하다

山이
그리움을
부른다

글·사진 이장화

좋은땅

우리나라 100대 명산을 위하여!

나의 가슴에
너의 멋진 모습들을 새긴다

'100대 명산 등정'
이것은 생활 속의 작은 습관이다

어느 날 산 정상에서
붉은 타월의 너를 처음 보았을 때

나는 다짐한다
나의 목표가 되리라는 것을

함께 느껴라
산은 혼자서 오르는 게 아니다

이마에 흐르는 땀을 닦으며
여럿이 함께 행복을 느끼는 것이다

어려움은 없다
삶을 긍정적으로 생각하라

산이 그리움을 부른다

때로는 바람과 비,
태풍이 몰아쳐도

환한 웃음 지으며
아름다운 생각만 하리라

내일의 해를 보라
저 높은 곳을 향해 걸으면

몸은 힘들어도
마음은 지치지 않는다

산에 오르는 마음가짐

산을 오른다기보다는
산에 들어간다는 마음가짐으로
산행을 한다

그리고
산행을 통해 겸허하게
스스로를 돌아보는 시간을 가진다

담대한 마음가짐으로
역경을 슬기롭게 극복하는
삶의 지혜를 배운다

가파른 고개를 넘기 위해서는
힘을 길러야 하고

페이스 조절을 위해서는
평정심을 배워야 한다

내려갈 때는 여유를 가지고
주변을 돌아보며

물소리, 바람 소리
꽃과 나무들이 얘기하는
자연의 소리를 들으려 한다

신비한 산의 정기를 느끼며
하나씩 하나씩
내려놓는 연습을 한다

목 차

강원도

충청북도

충청남도

전라북도

전라남도

경상남도

서울

—

01

까칠하지만 바위 타는 재미 가득한

사당역 → 과천향교 → 관음사 → 선유천 국기봉 → 마당바위 → 헬기장 → 전망대 → 관악문 → 연주대(정상) → 연주암 → 약수터 → 과천향교 (7km, 3h)

관악산(冠岳山)은 서울 한강 남쪽에 우뚝하게 솟아 있는 산이며 높이는 629m이다. 그 뒤쪽으로는 청계산, 백운산, 광교산으로 연결되는 한남정맥이 이어진다. 산 정상부는 바위로 이루어져 있는데 그 모습이 갓을 쓰고 있는 모습을 닮았다 하여 관악산이라고 부르게 되었다. 관악산은 능선마다 바위가 많고 큰 바위 봉우리가 연결되어 웅장한 산세를 이룬다.

과천향교에서 산행을 시작했다. 향교는 조선 시대 국가에서 설립한 지방 교육기관으로 중, 고등학교 수준의 교육을 담당하였다. 과천향교는 조선 태조 7년(1398년) 관악산 기슭에 세워졌으나, 자주 불이 나고 과거에 오르는 학생도 없는 등 터가 좋지 않다고 여겨 숙종 16년(1690년)

산이 그리움을 부른다

관악산 정상에 있는 연주대를 배경

에 현재의 위치로 옮겼다. 1944년 시흥향교, 과천향교, 안산향교를 통합하여 시흥향교로 하였다가 1996년에 과천향교로 복원하였다.

　도로를 따라 올라가다 보면 왼쪽으로는 계곡물이 흐르고 약간의 가파른 계단 길을 오른다. 등산로는 가파른 돌길의 중간마다 데크로 잘 정비되어 안전하고 편안하게 올라가게 되어 있다.

　산행은 처음부터 힘이 들었다. 바람을 느끼고 싶어 멈춰 서서 뒤를 돌아보면 생각보다 많이 올라왔음을 느낀다. 물이 흐르는 계곡 옆에서 잠시 쉬었다. 물 흐르는 소리를 들으며 간식과 음료를 꺼내 마시며 휴식을 취하고 다시 출발했다.

아침 햇살이 살짝 숲길을 비추기 시작할 때 우리는 나그네가 되어 자유를 꿈꾸며 걷는다. 푸른 하늘 아래 바람에 펄럭이는 태극기는 평화를 기원하며 계절을 즐기고 있다. 어느 정도 올라가니 능선을 만나고 완만한 숲길을 여유롭게 걸어가면서 가끔은 푸른 하늘을 본다.

관악산 연주대를 오르는 암릉 계단 길

정상을 향하는 암릉을 넘어가고 계단 길을 걸어서 어렵게 정상인 연주대까지 올랐다. 관악산 최고봉인 연주봉에는 여러 개의 크고 작은 암벽

　　　　　　　　　산이 그리움을 부른다

이 솟아 있는데, 깎아지른 듯한 절벽 위에 약간의 석축을 쌓아 올린 곳에 연주대(戀主台)가 있다. 신라 시대 677년(문무왕 17)에 의상이 관악사(지금의 연주암) 창건과 함께 세워 의상대라 이름을 붙이고, 이곳에서 좌선 공부를 했다.

바위 사이로 정상인 연주대가 보임

뜨거운 여름이 지나고 지금은 새로운 계절의 경계선을 향한다. 이번 여름도 되돌아보면 아쉬움이 크다. 그렇다고 후회하지는 않겠다. 이토록 푸른 하늘이 나의 품에 안기니 얼마나 큰 위안이 되는가. (2017. 8. 9. 토)

관악산 연주암에서

산꼭대기 거대한 절벽 아래
자리 잡은 연주암
멀리 바라보면 주군 계신 곳 보이네

연주암 마당 삼층 석탑이
지켜 주는 절간
아침 공양 준비하는 스님 몸짓이 바쁘다

새벽 기도를 하러 온 보살님

석탑 앞 반상 위
촛불 향 피우며 두 손 모은다

수능 기원하는 현수막
화답하듯 걸린 연등 행렬 아래
소원 비는 어머님들

절 마당에 엎드린 무심한 삽살개
꼬리 흔들며
예불 드리는 시늉이다

나도 한마음이 되어
똑딱 똑딱
마음속 목탁을 두드린다

산이 그리움을 부른다

02

기암절벽의 단풍이 아름다운

도봉산 신선대(725m)

탐방지원센터 → 광륜사 → 천축사 → 마당바위 → 신선대 정상 → 갈림길 → 석굴암 → 도봉 대피소 → 탐방지원센터 (7km, 3h)

도봉산(道峰山)은 서울시 도봉구와 경기도 양주시, 의정부시에 걸쳐 있으며, 북한산과 함께 국립공원으로 지정되어 있는 서울 수도권의 명산이다. 산 전체가 큰 바위로 이루어져 있다. 자운봉, 만장봉, 선인봉, 주봉, 우이암과 서쪽으로 다섯 개의 암봉이 나란히 줄지어 서 있는 오봉 등 화강암 봉우리들이 다양한 기복과 굴곡으로 절경을 이룬다.

산중에는 인근 60여 개 사찰 중 제일 오래된 건축물인 천축사(天竺寺)를 비롯하여 망월사, 회룡사 등의 오랜 역사를 가진 명찰과 문화유산으로 많은 불교 신자와 관광객이 찾는다.

일반적인 등산객들이 오를 수 있는 신선대(725m) 코스는 도봉산의 상징적인 세 봉우리 자운봉, 선인봉, 만장봉을 바로 가까이에서 볼 수 있다. 등산로는 다양하고 조밀하게 능선 전체에 퍼져 있으며, 웅장한 기암괴석과 봉우리들 사이로 형성된 계곡 등이 수려한 자연 경관을 이룬다.

청춘은 다시 돌아오지 않고
하루에 새벽은 한 번뿐일세
좋은 시절에 부지런할지어라
세월은 사람을 기다리지 않으니

- 도연명 -

해가 뜨는 시각에 도봉산 정상에서

중국의 대시선 도연명은 지나간 청춘은 다시 돌아오지 않고, 새벽은 하루에 한 번밖에 오지 않으니 알차게 보내야 한다고 하였다. 공감이 가는 얘기이다.

나에게 많은 것을 가져다준, 공휴일과 토요일에 새벽 산행을 하는 생활 패턴에 대해 스스로 감사하게 생각한다.

새벽에 산행을 하면 남들에 비해서 하루 두세 시간은 더 버는 셈이다. 이런 시간이 모여 한 달이면 무려 열 시간이 나에게 더 주어지게 되는 것이다. 좋은 책을 한 권 읽을 수 있는 귀중한 시간이 된다. 이렇게 새벽 산행을 시작한 후로 시간을 더 알차게 보내는 습관이 생겼다. (2017. 10. 21. 토)

도봉산 천축사 전경

가을빛 고운 도봉산의 새벽

도봉산은

국립공원으로 지정된 서울의 명산!

웅장한 기암괴석과 봉우리

수목이 제대로 익어 가는
아름다운 가을!

깊어 가는 가을 길목에서
칼바위 암릉이 멋진 자태를 자랑한다

신선대에 바람 불어와
가슴 깊이 스며들고

자운봉 너머로
수락산 능선에 해가 솟는다

단풍으로
낙엽으로
사랑으로
가을이 천천히 익어 갈 때

외롭게 서 있는 절벽 위 소나무

가을은 왜?
새벽이 가장 아름다운지를 묻는다

신선대에서 보는 도봉산 주능선

03

위풍당당한 기상으로 태극기 휘날리는

북한산 백운대(836m)

도선사 주차장 → 하루재 → 백운산장 → 위문 → 백운대 → 위문 → 노적봉 → 용 암문 → 도선사 → 주차장 (5km, 3h)

북한산(北漢山)은 서울 북쪽에 위풍 당당한 기상으로 하늘 높이 우뚝 솟아 있다. 서울의 진산(鎭山)이자 우리 모 두에게 사랑받는 산이다. 북한산의 주 봉(主峰)인 백운대(白雲臺)의 높이는 836m이다.

북한산의 다른 이름인 삼각산은 백 운대를 비롯해서 만경대, 인수봉 이 세 봉우리를 말한다. 수유리 부근이나 경

북한산 정상 백운대

기도 고양시 등 멀리서 바라볼 때 하늘을 떠받치듯 솟아 있는 그 모습이 더욱 선명하게 삼각형으로 보인다.

군더더기 하나 걸치지 않고 속살을 그대로 드러낸 거대한 백악 봉우리와 그 봉우리에서 발산하는 신비한 기운, 잘 어우러진 산 그림자, 삼각 봉우리 주변을 둘러싼 운무를 같이 묶어 웅장, 신비, 수려하다고밖에 달리 표현할 길이 없다.

북한산 백운대 올라가는 능선에서

8월의 첫 주말이다. 북한산 백운대를 새벽 산행지로 정했다. 북한산은 집에서 가까워 마음만 먹으면 언제든지 갈 수 있고, 짧은 시간 안에 정상에 오를 수 있어 좋다.

도선사 주차장에서 산행을 시작해서 하루재까지는 0.7km 거리로 30분 정도 걸으면 도착한다. 하루재에서 잠시 휴식을 취하면서 멋진 모습의 새벽 인수봉을 바라보았다. 여기서 다시 백운산장까지는 0.7km 거리로 약 30분 정도 가파른 돌계단 길을 올라가야 한다.

오늘 일찍 산에 오른다고 생각했는데 벌써 내려오는 등산객들이 있다. 이들에게 물어보니 정상 부근에서 비박을 하고 내려오는 것이라고 한다.

백운산장 근처에 오니 산장에서 키우는 커다란 개 두 마리가 꼬리를 흔들며 반겨 준다. 오늘 새벽 산행에서는 북한산 백운대를 향해 올라가다가 비박을 하고 내려오는 등산객들도 만나고, 일출 장면을 찍기 위해 커다란 카메라를 든 사진작가도 만났다.

백운산장 쉼터에서 잠시 숨을 돌리는데 수락산 방향의 운무 속에서 장엄하게 떠오르는 일출을 만났다. 이곳에서 잠시 쉬었다가 다시 정상을 향해 올라간다. 위문에서 백운대를 오르는 길은 하나의 거대한 암릉이다. 가파르고 험하기는 하나 안전하게 철봉 가이드가 세워져 있었다. 앞에는 만경대의 비경과 노적봉 너머로 북한산 주 능선이 파노라마처럼 아름답게 펼쳐졌다.

인수봉 방향의 좁은 암릉 길을 지나 드디어 북한산 최고봉인 백운대에 올라섰다. 정상에는 태극기가 힘차게 바람에 펄럭인다. '숨은 벽' 능선이 살아 있는 공룡처럼 꿈틀대고, 눈에 보이는 모든 기암괴석이 운무와 조화를 이루어 비경을 보여 준다. 이제 인수봉 너머의 해는 완전히 솟아올랐다. 이곳에서 새로운 아침을 맞이하는 마음가짐이 다부지다.
(2017. 8. 5. 토)

백운대의 아침

저 멀리 빛을 발하며
어둠 속에 빛나는
혁명을 꿈꾸는 돌부처가 외롭다

거친 숨소리에
익숙한 걸음이 빨라지고
시간에 쫓긴 어둠이 숨는다

환상의 햇살이
어두운 세상의 그림자를 지워 가며
새벽은 오른쪽으로 돈다

神에게 묻는다
왜 태양이 뜨고 지는지?
나는 누구이며 왜 여기에 있는지?

바람이 전하는

새벽 찬가를 감미롭게 들으며
고요의 숲길을 걷는다

새벽은
어둠에서 태어났으니
햇살 뒤에 숨고

육감을 바짝 쪼인 채
백운대에 앉아
아침이 오는 소리를 듣는다

백운대에서 바라보는 인수봉

04

매력적인 암릉 길이 유혹하는

수락산 주봉(637m)

학림사 주차장 → 치마바위 → 전망대 → 철모바위 → 정상 → back → 용굴암 →
학림사 (6km, 2.5h)

수락산(水落山)은 예로부터 도봉산, 북한산과 함께 서울의 수호산으
로 여겨져 왔다. 북쪽에 자리 잡고 있어 외적의 침입을 막아 주기 때문
이다. 산 전체가 화강암과 모래로 이루어져 있고 기암괴석과 샘, 폭포가
많다. 아기자기한 암릉은 설악산이나 월출산 같은 명산과 견주어도 뒤
처지지 않는다.

수락산은 철모바위, 홈통바위, 기차바위 등 다양한 이름을 가진 바위
의 경치가 뛰어나고, '항상 물이 떨어지는 산'이라는 이름에 걸맞게 곳곳
에 맑은 물이 흐르는 계곡이 많다.

서울시와 의정부시, 경기도 남양주시 별내면의 경계에 있는 수락산은

수락산 일출 전경

금류, 은류, 옥류 폭포와 신라 때 지은 흥국사, 조선 때 지어진 내원사, 석림사 등 유서 깊은 절이 있다.

서울 시민들이 선호하는 코스는 지하철 4호선 당고개역에서 시작하여 학림사와 용굴암을 경유하는 코스다. 또한 이 코스가 수락산 정상을 서울 방향에서 가장 빠르게 올라갈 수 있는 코스다.

새벽에 산행하기 때문에 승용차로 학림사 주차장까지 올라갔다. 랜턴을 밝힌 후 포장도로를 따라 천천히 길을 걸었다. 학림사에서 대웅전으로 가지 않고 우측 계단으로 들어서면 바로 등산로가 시작된다. 다른 코스에 비해 정상까지 오르는 길이 짧은 대신 약간 험하고 가파르다. 산행을 시작해서 능선을 따라 걷다가 삼거리가 나오면 직진한다.

능선에 올라서서 북한산과 도봉산을 바라보면서 어느 정도 걷다 보면 철탑이 나오고 여기서부터 바윗길이 이어진다. 능선을 따라 늘어선 바위의 모습이 두꺼비나 거북이 등 동물들의 모습과 많이 닮았다.

삼거리를 지나면 북한산의 백운대를 생각하게 하는 커다란 바위 봉우리를 만나게 되는데, 이 바위를 경계로 서울과 경기도가 구분된다. 여기서 정상까지는 바위 능선이 계속되고 도중에 도솔봉을 지나게 된다.

수락산의 정상에는 태극기가 세워져 있어 바람에 펄럭이며 여기가 제일 높은 곳이라고 자랑하고 있다. 작은 크기의 정상석은 바위틈에 웅크리며 자리 잡고 사람을 부른다.

수락산 정상에서

산이 그리움을 부른다

수락산은 천상병 시인과 관계가 깊다. 수락산 노원골 입구에서 3분 거리에 천상병 시인 공원이 만들어져 있으며, 시인 조각상과 '귀천정(歸天停)'이라 이름 붙여진 정자도 있다. 여기 천상병 시인이 지은 수락산과 관련된 시를 소개해 본다.

수락산변 … 천상병

풀이 무성하여, 전체가 들판이다
무슨 행렬인가 푸른 나무 밑으로
하늘의 구름과 질서 있게 호응한다

일요일의 대열은 만리장성이다
수락산정으로 가는 등산행객
막무가내로 가고 또 간다

기후는 안성맞춤이고,
땅에는 인구
하늘에는 송이구름

정상에서 다시 올라왔던 길을 역순으로 그대로 내려가면서 이제는 주변을 살펴보는 여유를 가져 본다. 아뿔싸, 길이 헷갈려 잘못 들어왔다. 그런데 내려가다 보니 올라올 때 못 보았던 명성왕후가 숨어 지냈다는 용굴암(龍窟庵)을 만났다.

용굴암 사찰은 고종 15년(1878)에 창건되었다. 수행납자 스님들이 자연 동굴 나한전에 십육나한 불상을 모시고 기도 정진을 하는 자그마한 토굴로 이어져 왔다. 그러다가 구한말 고종 19년(1882) 임오년에 대원군 섭정으로 밀려난 명성왕후가 잠깐 숨어 지낼 당시 칠 일 기도 치성을 드리고 나서 다시 집정을 하게 되자, 그 공덕을 기리

수락산 기차바위

기 위해 조정에서 내린 하사금으로 현재 대웅전 자리에 법당을 지었다고 전해진다.

여기서 새벽에 올라왔던 능선 길을 다시 만났다. 계속 내리막길이지만 편한 길을 내려가면 학림사를 만나고 산행을 마친다. 학림사 코스는 길이 험하지 않고, 산행 시간도 적당하기 때문에 가족 단위의 편안한 산행을 할 수 있다.

학림사는 신라 문무왕 671년에 원효대사가 창건한 사찰이다. 마치 학(鶴)이 알을 품고 있는 학지포란(鶴之抱卵)의 형국을 하고 있어 그 이름이 학림사(鶴林寺)라고 명명되었다고 한다. 조선 초기에 봉안한 약사여래불이 모셔져 있고 이곳에서 기도를 봉행하면 모든 소원이 성취된다는 영험한 도량으로 알려져 있어 많은 불자들이 찾아온다. (2017. 9. 2. 토)

산이 그리움을 부른다

암릉 위 외로운 소나무

넓은 암릉 위
홀로 서 있는 외로운 소나무
언제나 무심한 바람 스쳐 지나가고

많은 사람들 우러러보지만,
홀로 설 수밖에 없는
슬픈 운명

그 어떤 아우성도 없이
그냥 이대로
운명을 받아들이며

흘러가는 구름과
바람 벗 삼아
그냥 이대로 살아가겠다

탁 트인 전망 아래
북적대며 사는 모습 부러워하며
마음은 그곳 달려가지만

갈 수 없는 나무는

하늘과 바람
바위를 벗 삼아

오늘도 기다리고
내일도
기다리며 살아갈 것이다

수락산 정상 오르는 길의 암릉 위 소나무

산이 그리움을 부른다

05

숲과 계곡이 있는 가족 산행의 명소

원터골 → 옥녀봉 → 매바위 → 매봉 → 혈읍재 → 석기봉 → 이수봉 → 옛골 (약 10km, 5h)

청계산(淸溪山)은 이름 그대로 '맑은 시냇물이 흐르는 산'이라는 뜻이다. 청계산에는 원터골, 약초샘골, 어둔골, 청계골 등 계곡이 어느 산보다도 많은 편이다.

서울 양재동과 과천시, 성남시, 의왕시의 경계를 이루고 있는 청계산은 관악산 자락이 과천 시내를 에둘러 남쪽으로 뻗어 내린 것이다. 청룡(靑龍)이

돌문바위

승천했던 곳이라고 해서 청룡산으로 불리기도 하며 풍수지리학적으로는 관악산을 백호, 청계산을 청룡이라 하여 '좌청룡 우백호'의 개념으로 해석하기도 한다.

청계산과 관련된 시조로는 고려 말 학자인 목은(牧隱) 이색(李穡)이 지은 시조가 남아 있다.

청룡산 아래 옛 절
얼음과 눈이 끊어진 언덕이
들과 계곡에 잇닿았구나
단정히 남쪽 창에 앉아
주역을 읽노라니
종소리 처음 울리고
닭이 깃들려 하네…

청계산은 울창한 숲과 아늑한 계곡, 공원, 사찰 등 다양한 볼거리가 있는 가족 산행의 명소로서 등산로가 다양하게 있다. 과천 쪽에서 바라보는 청계산은 산세가 부드럽고 온화해서 토산(土山)처럼 보이지만, 서울대공원 쪽에서 보이는 망경대는 바위로 둘러싸여 있어 거칠고 당당하게 보인다. 대부분 매봉(582m)이 정상인 줄 알고 있지만 실제는 망경대가 바로 청계산의 정상(618m)이다.

봄이라고 해서 어제와 크게 다를 게 있겠냐마는 봄이 왔다고 생각하

청계산 매바위에서 직원들과 함께

는 것만으로도 마음이 상쾌해진다. 온 강산에 꽃이 피어나기 시작하고, 보이는 풍경마다 화사해지는 마법의 계절, 봄이다. 이렇듯 봄이 오는 게 어찌 기쁘지 아니하겠는가.

봄이 되니 산을 찾는 등산객들의 옷차림도 한껏 화려하게 멋을 부렸다. 불어오는 바람이 포근하게 느껴지고, 계곡의 물소리도 경쾌하게 들렸다.

푸른 하늘에 느릿하게 움직이며 춤을 추는 흰 구름도 여유롭게 보이고, 따뜻한 햇살 아래 빛나는 철 이른 아지랑이도 너무나 반갑다.

봄꽃보다 더 화사한 등산객들이 능선 곳곳에서 따스한 봄 산을 즐기는 모습이 보기에 좋다. 등산로 주변의 진달래, 생강나무, 산수유 등의 꽃망울이 곧 터질 듯 부풀어 올랐다.

청계산의 모든 풍경인 사람도 나무도 하늘의 구름마저도 북적거렸다. 청계산은 그 어느 곳보다 더 다양한 형태로 이렇게 봄이 오는 모습을 마음껏 보여 주었다. (2016. 3. 20. 일)

봄은 어디에서 오는가

겨울과 봄의 갈림길에서
산을 찾은 사람들
설레는 가슴 달래 줄
희망의 노래는 어디에서 오는가

앞에서 걷는 아가씨
봄바람 불어오니
그윽한 소나무 향기에
얼굴 붉히며 산길을 간다

분홍색 매화 꽃망울이
수줍게 움트고
부는 바람 속에 숨어 살며시
봄이 온다

따스한 봄과 향기로운 꽃향기
축복받은 계절
봄빛에 눈이 부시고
봄바람에 마음이 설렌다

경기도

06

검은빛과 푸른빛이 쏟아져 나오는

파주 감악산(675m)

출렁다리 주차장 → 범륜사 → 숯가마 터 → 장군봉 → 임꺽정봉 → 정상 → 까치
봉 → 운계능선 → 범륜사 → 출렁다리 → 주차장 (7km, 4h)

감악산(紺岳山)은 2017년 9월 출렁다리를 새로 만든 후에 많은 사람
들이 찾으면서 수도권에서 아주 유명해진 산이다. 계곡을 잇는 현수
교는 국내 최장(길이 150m, 폭 1.5m)의 출렁다리다. 약 15층 높이(약
45m)의 다리로 구름 위에 떠 있는 느낌을 준다. 조탑을 세우지 않고 케
이블만 연결하는 공법을 써서 자연 훼손을 최소화했다.

감악산은 화악산, 송악산, 관악산, 운악산과 더불어 경기 5악의 하나
로 독특한 모양의 폭포와 계곡, 깎아지른 듯한 암벽을 두루 갖추었는데,
이제는 출렁다리로 인해서 그 진면목이 제대로 알려지게 되었다.

날씨가 맑을 때는 남쪽으로 북한산, 북쪽으로는 임진강과 멀리 개성

의 송악산을 조망할 수 있으며, 건너편의 임꺽정봉 산세 또한 매우 수려해서 아름다운 산이다.

7월의 지루한 장마가 지나간 후에 본격적인 폭염과 열대야로 잠을 못 이루는 계절이다. 오늘은 여름휴가의 첫날이다. 오후 5시에 친구들과 몽골 여행을 떠나기 전 오전 시간을 알차게 보내기 위해 아내와 함께 파주에 있는 감악산을 찾았다.

산행은 감악산의 명물인 출렁다리가 있는 주차장 바로 옆에 새로 만들어진 계단식 데크 길에서 시작했다. 조금 경사진 오르막길을 약 15분 정도, 0.3km를 걸어가면 출렁다리 입구에 도착한다.

건너편에 마주 보이는 감악산은 여름의 울창한 녹색 숲의 전형적인 모습이다. 며칠 전에 내린 많은 양의 비로 인해 운계폭포의 수량

감악산 출렁다리

이 풍부해 폭포의 웅장함이 한층 돋보였다. 등산로는 데크 길을 벗어나면서 범륜사 방향의 아스팔트 언덕으로 이어졌다. 여기서 범륜사 경내는 해탈교라는 돌다리를 건너야 들어갈 수 있다. 세속의 번뇌를 잠시 내려놓고 해탈교를 평화로운 마음으로 지나갔다.

범륜사는 의상대사가 세운 운계사가 불타 없어지고 그 뒤에 다시 세운 절이다. 범륜사에서 정상까지는 2.3km 거리다. 직진하는 능선 안부

좌측은 정상 방향, 우측 길로 오르면 장군봉, 임꺽정봉을 거쳐 정상으로 올라가는데 약간 돌아가기 때문에 약 2.8km 거리다.

감악산 등산로 입구에 있는 운계폭포

감악산 정상을 오르는 산길은 완만하고 편안하다. 범륜사에서 출발하여 약 15분이 지나면 울창한 나무 사이의 등산로 주변에 남아 있는 숯가마 터가 나온다.

만남의 숲 삼거리를 지나 정상이 가까워지면 푸른 하늘이 보인다. 바위 사이로 검은빛과 푸른빛이 동시에 쏟아져 나온다 하여 이름 붙여진

산이 그리움을 부른다

감악산이 온몸을 드러낸다. 여기서 잠시 멈춰 서서 뒤돌아보면 마을과 저수지가 아름다운 풍경으로 눈에 들어온다.

능선에서 바라보는 마을과 저수지 풍경

장군봉에서 암릉 길을 따라가면 관군의 추격을 피해 임꺽정이 숨어 있었다는 임꺽정굴과 임꺽정봉에 이르게 된다. 암릉 능선을 걸어가면 조망이 탁 트인 임꺽정봉에 도착한다. 정상석 옆에서 사진을 찍는 동안 바람이 시원하게 불어와 땀을 식혀 주었다.

임꺽정봉에서 정상까지는 완만한 능선을 따라 500m 정도 가면 된다.

정상은 군사 시설과 송신탑이 철조망에 둘러싸여 볼썽사나울 뿐 아니라 시야마저도 방해했다.

흔적도 없이 마모되어 글씨를 찾아볼 수 없는 감악산비가 석대 위에 우뚝 서 있다. 양식이나 크기를 볼 때 북한산 비봉에 있는 신라 진흥왕 순수비와 같은 모양이다.

하산은 올라온 방향에서 좌측 방향인 까치봉으로 내려갔다. 이정표에는 산행 코스뿐 아니라 감악산 둘레길 표지도 함께 표기되어 있다. 출렁다리 개통과 동시에 감악산 산허리를 지나가는 21km 둘레길도 함께 열렸다고 설명되어 있다.

정상에서 조금만 내려가면 팔각정이 나오고, 10분 정도 더 내려가면 등산로 길목에 있는 까치봉을 만난다. 좌우 조망을 보며 잠시 숨을 돌리고 다시 30분을 내려가면 손마중길과 묵은 밭이 갈라지는 갈림길이 나온다. 여기서 조금 더 내려가면 처음에 올라올 때 나왔던 정상과 까치봉 갈림길 이정표를 만나 주차장에 도착한다. (2017. 7. 26. 수)

임진강을 바라보며

정상에 올랐더니
산과 산 사이에 흐르는
강이 보인다

잔잔하게 흐르는 강을 보면서

내가 배운 것은
차분해지는 법이다

바람에 등을 기대며
아무 생각 없이
가만히 쉬는 법을 취한다

강물을 보면서
세상에 막다른 길은 없고
돌고 도는 게 삶이라고 배운다

솜털 구름이 천천히 움직이고
날아가는 새들이
바람에 흔들리며 가듯이

세월도
강물도
흔들리면서 천천히 흐른다

이렇게 세상은 흘러가고
흔들리면서
살아가는 거 아니겠는가

감악산 정상에서

07

서해 바다 울리는 태곳적 메아리

강화 마니산(472m)

상방리 주차장 → 매표소 → 단군로 → 웅녀계단 → 372계단 → 참성단 → 정상
→ 계단로 → 주차장 (5.1km, 3h)

　마니산(摩尼山, 472m)은 인천광역시 강화도에 있는 민족의 영산(靈山)이며, 화강암 기암절벽의 능선이 아름다운 산이다. 한반도의 중심으로, 백두산과 한라산의 중간 지점에 있다. 1977년 3월 31일에 국민관광지로 지정되었다.

　마니산은 원래 마리산, 두악산으로 불리었다. '마리'는 머리를 뜻하며 민족의 머리로 상징되어 민족의 영산으로 숭앙되어 왔고, '두악'은 우두머리를 뜻한다.

　마니산에는 단군왕검이 강림한 장소로 높이 5.1m의 참성단(사적 제136호)이 있다. 이곳에서 전국체육대회의 성화를 채화하며, 매년 개천

절에는 제전을 올린다. 또한 마니산은 민족의 성지로 우리나라에서 기(気)가 가장 센 곳이라 하여, 전국 제1의 생기처(生氣處)라고도 한다.

처서가 며칠 지났다. 처서는 입추와 백로 사이에 드는 절기로, 양력으로 8월 23일 무렵이다. 처서는 더위가 한풀 꺾이며 아침저녁으로 제법 신선한 가을바람이 불어오기 시작한다는 뜻이다. 이틀 전 비가 내리더니 갑자기 날씨가 선선해져서 완연하게 가을이 왔다. 아침에는 춥고 낮에는 기온이 30도까지 올라가서 일교차가 크다. 또 새벽에 일어나면 어둠이 채 가시지 않아 사위가 어둡고, 하루해의 길이도 많이 짧아졌다. 처서가 지나고 나니 모기도 바늘의 힘을 잃고 비실대며, 길가의 풀도 더 자라기보다 이제는 결실을 맺으려 한다.

길가의 분홍빛 코스모스가 실바람에 흔들거리고, 여기저기 연보랏빛 구절초가 무리 지어 피어나니 이제는 가을인가 싶기도 하다. 처서가 지나니 백화점 식품 매장 진열대의 사과는 붉은빛을 더하고, 옥수수의 알도 빼곡한 게 튼실하다. 전년보다 이른 추석과 폭염 때문에 과일의 상태가 다소 걱정은 되지만, 농부들이 봄에 열심히 일한 만큼 좋은 결실을 기대해 본다.

각자의 집에서 출발해서 마니산 상방리 주차장에서 8시 40분에 친구들과 만났다. 마니산 등산 코스는 크게 네 방향으로 구분되는데, 정수사와 함허동천, 그리고 상방리에서 시작하는 계단로와 단군로가 있다.

우리 일행은 상방리 매표소에서 표를 끊은 후 가뭄으로 물이 마른 계곡을 끼고 다리를 건너간 후 오른쪽 능선의 단군로에서 산행을 시작했다. 산행을 시작한 후 30여 분 걸으니 웅녀계단이 나왔다. 왜 웅녀계단인지 의견이 분분했지만 답을 내리지는 못했다. 곰처럼 느리게 걷는 길인지 다행히도 웅녀계단 길은 그렇게 힘들지 않았다.

산행 후 약 1시간 정도 지나니 바다가 보이는 전망이 좋은 장소에 도착했다. 바람이 시원하게 불었다. 오른쪽 바다 방향으로는 파란 하늘과 갯벌, 연두색 논이 단정하게 정리되어 보였다. 여기서 정상까지는 1.3km 거리를 더 가야 한다는 이정표가 보인다. 정상까지 계속되는 바다 조망과 시원한 바람, 파란 하늘과 바다가 어우러지는 최고의 가을 산행을 하고 있다.

끝으로 오늘 산행의 하이라이트인 372계단을 올라간다. 정상 아래 데크 전망대에서 허기짐과 목마름을 참지 못하고 배낭을 열어 모든 간식거리를 쏟아 냈다. 웃고 떠들며 간단하게 식사한 후 10여 분만에 단군이 하늘에 제사 지내기 위해 쌓았다는 참성단에 도착했다.

마니산 정상에서 친구들과 함께

참성단은 자연 상태의 돌을 다듬어 견고하고 정교하게 쌓은 제단인데, 지금은 한창 공사를 하고 있어서 출입이 금지되어 있었다.

마니산 정상에 서니 강화도가 한눈에 들어왔다. 강화도 전경과 석모도 해명산, 고려산, 서해의 작은 섬인 신시모도, 장봉도 등 그리고 바다 건너 넓게 펼쳐진 김포평야가 보였다. 하산하는 등산로에는 강화군청에서 세운 마니산에 관한 시가 목판에 적혀 있다.

　　　마니산 상상봉에 앉아 있으니 강화섬이

　　　한 조각배를 띄운 것 같으네

　　　단군 성조께서 돌로 쌓은 자취는

　　　천지를 버티고 있으니

　　　수만 년 동안 물과 더불어 머물러 있네　　　　　-화남 고재형-

　가을 햇살에 부서지는 서해 바다의 은빛 물결이 우리들의 가슴을 뭉클하게 했다. 며칠 사이에 여름이 가을로 계절이 바뀌는 시기라서 더욱 그런가 보다 생각했다. (2016. 8. 26. 일)

능선을 오르면서 보는 서해 바다의 염전

마니산 정상에 올라

정상에 오르니
시야를 가리는 건 구름뿐
바다와 하늘은 하나
바다인지 하늘인지
흰 구름만 유유히 흐른다

불어오는 바람 맞으며
지그시 바라보니
바위 능선은 그 빼어남을
자랑하듯 바다를 향해
힘차게 달려간다

파아란 하늘
푸른 바다보다는
유순한 바위들과
세월을 지켜온 참성단에
조금 더 마음을 준다

마니산에서는
파랑, 초록, 회색이 삼원색
짙고 연함으로

이 모든 아름다움을

표현하고 있다

마니산 암릉 등산로

08

초가을 산행의 낭만을 즐기는

가평 명지산(1,267m)

익근리 주차장 → 승천사 → 명지폭포 → 명지산 → 명지2봉 → 3봉 → 아재비고
개 / → 연인산 → 소망능선 → 백둔리 시설 지구 (16km, 9.5h)

명지산(明智山)은 높이 1,267m로 1991년 9월에 군립공원으로 지정되
었다. 광주산맥에 속한 산으로 경기도에서는 화악산(1,468m) 다음으로
높은 산이다. 가평군 북면의 북반구를 거의 차지할 만큼 산세가 웅장하
고 수려하며, 정상에 오르면 광덕산, 화악산, 칼봉산 등의 고봉과 남쪽
으로 북한강을 바라보는 조망이 좋다.

정상 쪽 능선에는 잣나무, 굴참나무 군락과 고사목 등이 장관이고, 봄
에는 진달래, 가을에는 단풍, 겨울에는 능선의 눈꽃이 볼 만하다. 북동
쪽 비탈면에서는 명지계곡의 계류가 가평천으로 흘러들고, 남서쪽 비탈
면의 계류는 조종천으로 흘러든다.

산이 그리움을 부른다

가평은 서울에서 가깝지만 예로부터 '경기도 속 강원도'라 불리곤 했다. 그만큼 높고 깊은 산이 많다는 뜻이다. 이처럼 산이 높으니 계곡도 깊을 것이다.

오늘의 산행 목적지인 경기도 가평 명지산 입구인 익근리 주차장에는 7시 50분에 도착했다. 산행이 시작되는 등산로 입구 오른쪽에 생태 전시관이 있다. 이른 아침이어서 아직 전시관이 오픈하지 않아 겉모습만 보고 지나갔다.

이른 아침이라 숲속의 공기는 맑고 깨끗해 기분이 상쾌했다. 산행 안내도를 본다. 산행은 곧게 뻗은 도로를 따라 걷다

명지산 등산로 입구에서

가 명지폭포를 거쳐 정상에 오르는 코스를 선택했다. 청정 계곡을 따라 완만하게 등산로가 이어져 있어서 청량한 물소리를 들으며 기분 좋게 산행할 수 있는 편안한 코스였다.

생태관을 지나서 조금 걷다가 아담한 비구니 사찰인 승천사를 만났다. 일주문과 천왕문을 거쳐 경내에 들어서면 거대한 미륵불을 중심으로 범종각, 천불전, 대웅전 그리고 삼성각이 자리하고 있다.

승천사를 지나 40분 정도 걸으니 등산로에서 약간 벗어난 곳에 있는 명지폭포 안내판이 있는 곳에 도착했다. 명지폭포를 구경하기 위해서는 60m 거리의 가파른 계단 길을 내려갔다 다시 올라와야만 했다.

올라가는 등산로 곳곳에 여러 종류의 야생화가 많이 피어 있다. 예

뻔 꽃을 카메라에 담는 여유를 즐기며 산행을 했다. 명지폭포를 지나면서 약간 가파른 등산로가 시작되다가 직선 코스의 2봉에 오르는 길과 능선 코스로 정상인 1봉을 오르는 코스로 나누어지는 삼거리에 도착했다.

시원하게 쏟아지는 명지폭포

계곡이 끝나는 지점 삼거리부터 등산로는 가파르게 고도를 올리기 시작했다. 오늘 포함 3일 동안 연속해서 산행을 했더니 몸이 지치며 힘이 들었다. 정상(1봉)으로 가는 이 코스는 안내 시설물과 등산로 정비가 전혀 되어 있지 않았다. 재원(財源)이 부족한 군립공원의 한계인 것으로 생각되었다. 등산로를 올바르게 가는 것인지 생각하며 산행을 계속하다가 정상 근처에 도착해서야 익근리 주차장을 안내하는 표지판을 만났다.

울창한 숲속 길을 걸어 드디어 명지산 정상인 명지1봉에 도착했다. 사람들이 이렇게 힘들게 정상에 오르는 이유는 간단했다. 힘든 산행의 고통 끝에 마주하는 시원한 바람의 희열을 느끼는 것과 정상석 인증 사진을 찍기 위해서다. 정상에서 바라보니 장쾌한 한북정맥 산줄기 너머 화악산이 보이고, 연인산, 국망봉, 칼봉산 등 드높은 봉우리들이 가슴을 시원하게 했다. 멀리 겹겹의 능선이 파노라마처럼 구름과 함께 조화를 이루며 멋지게 펼쳐졌다.

정상에서 명지2봉까지는 1.3km다. 김밥으로 점심 요기를 간단히 한 후 다시 2봉을 향해 걷기 시작했다. 2봉에 도착하니 정상석은 없고 말뚝에 정상임을 알리는 표식만 세워져 있다. 명지 3봉 정상에는 아무런 표식이 없었다. 그저 조망이 좋고 넓은 암봉으로 이루어져 있다. 봉우리를 내려오니 바로 앞 등산로에 말뚝으로 된 표식이 세워져 있는 명지3봉이다.

명지산 정상

명지3봉에서 연인산으로 가는 능선을 따라 내리막을 걷기 시작했다. 연인산과 연결되는 아재비 고개까지는 1.5km의 거리이다. (2017. 9. 4. 월)

명지폭포

천상에서
거침없이 쏟아진다

아, 상쾌하다
이마에 흐른 땀 씻어 내는 냉기

참 시원하다

하늘이 무너지고
땅바닥이 뒤집어지는 듯

명주 실타래로도
그 깊이를 알 수 없는 심연

만물이 깨어나는 용트림
기세가 등등하다

09

사랑이 꽃피는 연인산을 향해

가평 연인산(1,068m)

익근리 주차장 → 승천사 → 명지폭포 → 명지산 → 명지 2봉 → 3봉 → / 아재비
고개 → 연인산 → 소망능선 → 백둔리 시설 지구 (16km, 9.5h)

　연인산(戀人山)은 경기도 가평군 상판리, 백둔리 경계에 있는 높이
1,068m의 산이다. 1999년 3월 가평군에서 우목봉으로 불리어 오던 산을
'사랑이 이루어지는 곳'이라는 의미의 연인산으로 이름을 바꾸고, 매년 5
월에 철쭉제 행사를 개최한다. 철쭉제를 지낼 때에는 봉우리가 800m를
넘는 장수봉, 매봉, 칼봉 등을 따라 2m 이상의 철쭉이 터널을 이루고 있
는 자생 철쭉을 볼 수 있는 산이다.
　연인산은 수도권에서 승용차로 2시간 이내의 거리이면서 아름다운
비경과 명소들이 많은 산이다. 그중 제일 비경은 '용추구곡'으로 연인산
의 발원지이다. 용추구곡은 연인산의 부드럽고 완만한 능선들이 'ㄷ' 자

형태로 감싸고 있다. 연인산 정상에 오르면 사방의 조망이 막힘이 없이 시원하다.

명지산에서 연인산을 향해 내려가는 길은 완만한 내리막이 계속되었다. 좁은 숲길을 헤치고 걷기를 30여 분 드디어 아재비고개에 도착했다. 여기서부터 연인산으로 가는 길은 촉 감이 좋은 편안한 흙길이 완만하게 계 속되었다.

연인산 정상

아재비고개에서 연인산까지는 2.5km 거리다. 힘들고 지쳐 있는 상태에서 부 지런히 걸었지만 1시간 20분이나 걸려 서 연인산 정상에 도착했다. 생각보다 시간이 많이 걸렸다.

여기 연인산 정상에서도 정상석 주 위에는 날벌레가 많았다. 달려드는 날 벌레들을 쫓아내면서 급하게 인증 사 진을 찍었다. 왜 이렇게 정상 주변에 는 날벌레가 많은지 모르겠다. 지자체 에서 좀 더 방역을 강화하면 좋겠다는 생각이 들었다. 벌레 때문에 정상에서 휴식을 취할 수가 없었다. 바로 백둔리 방향으로 하산하기 위해 서둘러 소망 능선 방향으로 내려가기 시작했다.

연인산 자연휴양림 입구

산이 그리움을 부른다

제법 미끄럽고 경사도가 심한 내리막길이 계속되어 조심스럽게 내려가야 했다. 연인산은 경기도의 명산답게 깊은 원시림을 이룬다. 빠른 걸음으로 중간에 쉬지도 않고 1시간 20분 정도 내려가면 백둔리 시설 지구에 도착한다.

오늘처럼 더운 날씨에 명지산과 연인산을 연계하여 하루에 10시간 가까이 산행을 한다는 게 생각보다 쉽지 않았다. 하지만 하루에 1,000m가 넘는 두 개의 명산을 완주했다는 뿌듯함이 가득한 하루였다. (2017. 9. 4. 월)

가을

아~ 가을!
공기도 신선하고
시원한 바람이 불어온다

하늘은 높고 푸르며
길가 코스모스는 흔들거리고
무궁화도 활짝 피었다

이렇게 좋은 계절에는
산행이 최선이다

이런 날은

조금 길게 산행을 해도 좋겠다

이왕이면
가을을 먼저 느껴 볼 수 있는 곳이면
더욱 좋겠다

10

단풍과 폭포를 보며 소요하는

소요산 주차장 → 매표소 → 일주문 → 자재암 → 선녀탕 → 상백운대 → 칼바위
→ 나한대 → 의상대 → 샘터 하산로 → 샘터 → 주차장 (7.3km, 4h)

소요산(逍遙山)은 경기도 포천시의 종현산과 남북으로 이어져 있으며 동두천시 동북쪽 외곽을 둘러싸고 있다. 주봉인 의상대가 높이 587m이다. 산의 규모가 크지는 않지만 산세가 수려하고 아름다워서 경기의 소금강(小金剛)이라고 불린다.

소요산에는 기기묘묘한 암봉과 바위 능선 사이로 골짜기는 협곡을 이루고 있다. 청량폭포, 원효폭포, 선녀탕 같은 폭포와 바위 절벽이 어울려 깊은 산골짜기에 들어온 기분을 준다. 그래서 한가롭게 노닐며 바람을 쐬기 좋은 산이란 의미로 붙여진 이름이 '소요'인 듯싶다.

실제로 서화담과 매월당이 자주 소요하였다 하여 소요산이라고 불렀

다고도 전한다. 645년 신라의 원효대사가 개산하여 자재암을 세운 이후, 974년(고려 광종 24년)에 소요산이라 부르게 되었다.

　주차장에서 출발해서 5분 정도 걸으면 등산로 오른쪽에 구한말 독립 만세 운동을 이끌었던 홍덕문의 추모비가 세워져 있는데 새벽이라 어두워서 잘 보이지 않았다. 매표소를 지나 아스팔트 포장길을 따라 약 20분 정도 걸어가면 일주문을 만난다. 여기를 지나면 바로 등산로 안내판을 만난다. 정상에 오르는 코스는 여러 코스가 있으나, 선녀탕 방향으로 걸어서 나한대를 지나 정상으로 가는 비교적 짧은 코스를 선택했다.

　일주문을 지나 소요산의 품 안에 들어서면 가파른 절벽을 오르는 108계단을 만난다. 여기서부터 약간의 오르막길을 올라가야 한다. 108계단을 다 올라가면 해탈문을 만난다. 절벽 아래를 굽어보는 자리가 있는데 이곳을 원효대라고 불렀다. 원효대에서 30m쯤 되는 절벽 위를 상백운대라고 하는데, 그 밑으로 선녀탕을 볼 수 있

소요산 등산로 입구에서

다. 원효대사가 수도하던 옥로봉을 넘어 북동쪽으로 나한대, 의상대, 비룡폭포가 있다.

　자재암으로 가는 예쁜 길을 걸었다. 해탈문을 지나게 되면 자재암을

만난다. 참으로 고운 절이다. 촛불을 밝
힌 대웅전 앞을 경건한 마음으로 지나
갔다. 절 앞마당을 지나면 등산로가 나
온다.

자재암 앞의 폭포에서 물 떨어지는
소리가 새벽의 정적을 깨고 경쾌하게
들린다. 돌계단을 시작으로 가파른 등
산로가 시작된다. 계단 길을 오르다 우
측의 선녀탕으로 가는 길에 들어섰다.
계곡을 걷는데 길을 잘못 가고 있다는
생각이 들었다. 약 한 시간 정도 희미
한 등산로를 찾아 가며 가파르게 경사
진 길을 올라갔다.

자재암의 새벽

능선에 도착하니 상백운대라는 표식
이 있다. 당초 계획했던 등산로를 많이
벗어나서 능선에 올라선 것이다. 길을
헤매긴 했어도 정상적인 등산로를 만
나니 반가웠다. 이어서 능선 길을 15

의상대에서 보는 산그리메

분 정도 걸으면 칼바위에 도착한다. 여기서 다시 능선을 10분 정도 걸
으면 삼거리가 나온다. 당초 이 방향으로 올라가려고 했던 코스를 만난
것이다.

여기서 나한대까지는 0.6km 거리다. 계속 칼처럼 날카롭게 누워 있
는 바위 능선을 따라 걸었다. 이어서 앞에 보이는 봉우리를 향해 가파른

경사의 계단을 올랐다. 소요산에서 두 번째 높이의 나한대에 도착했다.
나한대에서 오른쪽 0.2km 지점에 오늘 목적지인 의상대가 있다. (2017.
10. 5. 목)

단풍의 유래를 말하다

시월 나뭇가지마다
촉촉이 젖어 드는
차가운 바람이 잎을 스치며
말 걸어온다

며칠 전부터 온몸이
노곤하더니
얼굴이 노래지고
붉은 반점이 번진다

귀 기울여 보면 알아챌 수 있는
시베리아 벌판의 찬 기운이
피부에 신호가 오고
뼛속부터 시리게 한다

그늘 깊은 적막한

산이 그리움을 부른다

골짜기에서
수백 년을 살아왔고
거센 폭풍우에도 견디어 왔다

그래서
더욱 아름답고 섬세하다

11

울창한 수림과 아름다운 계곡

양평 용문산(1,157m)

주차장 → 용문사 → 갈림길 → 계곡 길 → 마당바위 → 정상(가섭봉) → 상원사
방향 능선 → 용문사 → 주차장 (9km, 7h)

경기의 금강산이라 불리는 용문산(龍文山)은 경기도에서 화악산, 명
지산 그리고 국망봉 다음으로 높으며, 산세가 웅장하고 빼어나며, 골이
깊어서 예로부터 경기의 금강산으로 이름이 높았다.

용문사 은행나무는 경기도 양평군 용문면 신점리에 있으며 천연기념
물 제30호이다. 높이 42m, 가슴 높이의 줄기 둘레가 14m, 수령은 1,100
년으로 추정된다. 가지는 동서로 28m, 남북으로 28m 정도 퍼져 있다.

용문사는 649년(신라 진덕여왕 3년)에 원효대사가 세웠다고 한다. 따
라서 은행나무는 절을 세운 다음 중국을 왕래하던 스님이 가져다가 심
은 것으로 보고 있다. 신라의 마지막 임금인 경순왕의 아들 마의태자가

산이 그리움을 부른다

나라를 잃은 설움을 안고 금강산으로 가다가 심었다는 설과, 의상대사가 짚고 다니던 지팡이를 꽂고 갔는데 그것이 자랐다는 설도 전해진다.

주차장에 주차를 하고 화장실에 다녀온 후 스틱을 펴고 9시부터 본격적인 산행을 시작했다. 입장료 2,500원을 내고 들어가면 용문산 관광단지답게 다양한 스토리를 가진 비석과 조형물, 조경 등이 잘 정비되어 있다.

도로를 따라 걸어 올라가면 울창한 숲 왼쪽으로 시원한 계곡물이 흐르고, 계속 걸어가다

용문산 입구의 조형물

보면 용문사로 들어서는 일주문에 도착한다. 일주문 옆에 있는 등산 안내도를 보면서 오늘의 등산 코스를 확인하며 마음의 준비를 했다.

여러 코스의 등산로가 있지만 1코스인 마당바위 길로 올라가서 2코스인 능선을 따라 내려오는 코스가 일반적이다. 관광단지에서 출발 후 약 30분 정도 지나서 용문사에 도착했다. 용문사의 명물인 1,100년이 넘은 은행나무가 있고, 규모가 상당한 용문사 경내가 우리의 시야를 압도했다.

용문사는 신라 신덕왕 2년(913) 대경대사가 창건하고 고려 우왕 때 지천대사가 개풍 경천사 《대장경》을 옮겨 봉안했다는 유서 깊은 고찰이

다. 조선 초에는 절집 304칸에 300명이 넘는 승려들이 지냈을 만큼 큰 절이었다고 전한다.

본격적인 산행은 용문사와 은행나무 사이로 난 길에서 다리를 건너면서 바로 시작했다. 15분 정도 걸으면 갈림길이 나온다. 오른쪽은 계곡을 끼고 가는 길이고, 왼쪽은 능선을 타고 정상으로 오르는 길이다. 우리는 오른쪽의 계곡 길로 해서 마당바위를 거쳐 정상으로 가는 길을 택했다. 정상까지는 3.4km 거리에 2시간 50분 정도 걸리는 것으로 안내되어 있다.

용문사에서부터 보이던 계곡은 최근 장마로 인해 수량이 풍부했다. 중간마다 작은 폭포를 이루며 능선 정상부 근처까지 계곡 물이 풍성하게 흘렀다. 계곡을 끼고 걷는 등산로는 계속되는 거친 돌길이다. 묵묵히 골짜기를 타고 걷다 보면 커다란 바위 덩어리가 골짜기를 가로막는다. 이 바위가 바로 마당바위다. 주차장에서 여기까지 약 1시간 30분 걸렸다. 마당바위부터는 매우 가파른 길이 정상까지 계속 이어진다. 갈림길에서 2시간 정도 걸어 올라왔더니 능선 길과 계곡 길이 다시 만나는 지점에 도착했다.

여기서부터는 정상을 오르는 능선 길인데, 거친 바윗길과 계단 길이 계속 이어졌으며 간혹 전망이 보이면서 우리가 출발했던 용문사 관광단지가 보였다. 정상인 가섭봉을 900m 앞둔 지점에서 다시 시작되는 바윗길과 경사가 심한 계단 길이 나와 용문산은 그리 만만한 산이 아니라는 것을 재차 알려 주었다.

정상을 10m 앞두고 조망이 제대로 터지는 지역에서 전망 바위를 만났다. 조망을 볼 수 있는 바위에 올라서자 첩첩산중 산줄기가 구름과 함께

수량이 풍부한 용문산 계곡

발아래 펼쳐졌다. 정상을 올라가는 마지막에는 목재 계단과 넓은 데크가 잘 만들어져 있어 조망을 즐기면서 휴식을 취하기 안성맞춤이었다.

주차장을 출발해서 거의 3시간 30분이 걸려서 정상에 도착했다. 정상에 서니 용문산은 기대 이상으로 웅장하고 거대했다. 산 이름 그대로 용의 등줄기를 타고 용머리에 올라서 하늘 문을 열고 들어선 듯 했다. 용문산 정상부는 군부대와 중계소 등이 있어 일반인들의 접근이 허락되지 않는다. 그래서 용문산의 정상석은 가섭봉에 세워져 있다. 그리고 그 옆에는 은행나무 잎을 형상화한 조형물이 같이 세워져 있다.

하산은 오던 길로 1.5km 정도 내려가면 계곡 길로 올라왔던 삼거리를 다시 만나게 된다. 여기서 상원사 방향의 화살표를 보고 능선 길로 하산하였다. 올라올 때와 마찬가지로 하산하는 길도 만만하지는 않았다. 오히려 하산하는 길이 더 어려웠다. 갈림길에서 능선 길로 하산한 지 약 1시간 10분 만에 올라올 때 지나왔던 갈림길에 도

용문산 정상 오르는 길에서

착했다. 다시 계곡을 따라 20분 정도 내려가면 용문사를 만나고, 30분 정도 더 내려가면 용문산관광단지 주차장에 도착한다. (2017. 8. 13. 일)

용문산 오르는 길

초록 물든 천년 향기 내는
용문사 은행나무

오랜 세월 제자리
한결같은 모습으로

찾아오는 사람들 맞이하며
반갑게 미소 짓는다

만물이 결실을 맺기 시작하는
가슴 벅찬 8월

오래된 기억 하나 끄집어내니
알 듯 모르는 듯

그냥 편한 마음으로
아침 풍경 이 숲길을 노래하자

12

가을의 청아한 마음을 담아서

가평 운악산(938m)

하판리주차장 → 현등사 일주문 → 눈썹바위 → 미륵바위 → 병풍바위 → 운악산 정상(동봉~서봉) → 남근바위 → 코끼리바위 → 현등사 → 백년폭포 → 일주문 (8.5km, 5h)

운악산(雲岳山)은 화악산, 관악산, 감악산, 송악산과 함께 경기 5악으로 불리는 5악 중에서 가장 수려한 산이며 또 다른 이름으로 현등산(懸灯山)이라고도 불린다. 조계폭포, 무지개폭포, 무우폭포, 백년폭포 등 폭포를 품은 계곡이 있어 여름철 산행지로 좋지만, 가을의 단풍이 특히 장관이고, 봄이면 산 목련과 진달래가 꽃바다를 이루기도 한다.

운악산의 동쪽 능선에는 입석대, 미륵바위, 눈썹바위, 대슬랩의 암봉과 대규모의 병풍바위 등이 있다.

운악산에는 신라 시대 고찰 현등사가 있어 명산의 품격을 더하고 있다. 현등사의 이름은 폐허인 절터의 석등에서 빛이 발하고 있어 '현등'이라 지어졌다고 한다. 신라 법흥왕 때에 인도의 승려 마라하미를 위하여 창건하였다고 한다.

가을로 들어서는 시월 첫날! 적당한 바람이 불어 걷기 좋은 시원한 날씨, 산행하기 좋은 계절이다. 지친 몸과 마음에 새로운 활력소가 필요한 때 가을의 청량감을 한껏 충전하기 위해 경기도 가평의 운악산을 찾았다.

서울 근교에서는 빼어난 자연 경관으로 이름난 곳이며, 기암괴석의 멋진 자태를 자랑하는 운악산의 아름다운 풍경과 여유를 즐기는 산행이다.

운악산 산행 안내도

주차를 하고 도로를 따라 올라가다 보면 등산 안내도와 운악산이라고 새겨진 커다란 입석이 나온다. 입석에는 다음과 같은 시(詩)가 적혀 있다.

운악산 만경대는 금강산을 노래하고
현등사 범종 소리 솔바람에 날리는데
백년소 무우폭포에 푸른 안개 오르네

이어서 '운악산 현등사'라는 현판이 달린 일주문을 지나면 완전하게 숲속에 들어서는 것이다. 등산 코스가 설명된 안내도를 보고 어느 코스로 산행할 것인가 살펴본다.

산행은 3가지 코스가 있다. 3코스는 전문가 코스라고 적혀 있어 살짝 도전하고 싶은 마음이 생겼으나 우리는 무난한 2코스로 올라가기로 했다.

조금 올라가다 보면 이정표가 나온다. 현등사 1.3km, 운악산 정상 2.94km로 표시되어 있다. 통나무 계단이 듬성듬성한 간격으로 길게 펼쳐졌다. 땀을 흘리며 가파른 경사 길을 오르니 운악산 능선이 비단처럼 펼쳐진 조망이 보였다.

선녀를 기다리던 총각이 바위가 되었다는 눈썹바위를 지나간다. 완만한 오르막 능선의 산길을 계속 걷는다. 운악산 정상 1.55km라는 이정표를 만났다. 잠시 숨을 돌린 후 안전하게 철봉이 설치된 암릉 길을 계속 올라간다.

다시 마을과 주변 산들이 아름답게 조망되는 전망대를 지난다. 암릉과 소나무가 어우러져 멋진 경치를 보여 주었다.

미륵바위

코끼리바위

남근바위

산이 그리움을 부른다

중생대 쥐라기 화강암으로 약 1~2억 년 전에 생성되었을 것으로 추정되는 병풍바위가 웅장하게 펼쳐졌다. 나무 데크를 만들어 놓아 경치를 감상하면서 편안하게 휴식을 취할 수 있었다. 이곳을 지나면서는 나무에 조금씩 단풍이 들어 있었고 소나무와 조화를 이루는 멋진 바위와 절벽들이 나타나기 시작했다.

운악산 암릉에서

이제 정상을 오르기 위해서 깎아지른 듯한 절벽 위 암릉 길을 지나가야 했다. 철 계단과 철봉이 설치되어 있어 안전하게 지나갈 수 있었다.

그래도 밑을 내려다보면 아찔하고 현기증이 나기는 하지만 설악산과 견주어도 뒤처짐이 없을 기암괴석의 절경은 감동을 준다.

정상에 도착했다. 운악산 비로봉이라는 커다란 정상석이 세워져 있어 다른 산의 정상보다 한결 더 돋보였다. 단풍으로 붉게 물든 나무들과 알록달록한 등산복을 입은 사람들로 정상 주변은 분주했다. 기암괴석의 능선, 바위와 어우러진 멋진 소나무들, 여기에 가을의 청아함을 더한 운악산! 가을의 감성이 물씬 풍겨 나는 운악산은 오래도록 기억에 남을 산이다. (2017. 10. 1. 일)

운악산의 아름다운 조망

산이 그리움을 부른다

그리운 운악산

정상 가는 능선 길
걷다 보면

정상 바로 아래 펼쳐진
병풍바위

화려한 기암괴석과 소나무의
아름다움

두 손 모은 미륵바위
누구를 위한 기도인가

깎아지른 바윗길
철봉을 잡고 오르는 정상

비단결 운무 너머
한북정맥 능선의 실루엣

오랜만에 찾은
아름다운 비로봉이다

13

맑은 물 청정 계곡의 산

가평 유명산(862m)

선어치 고개 → 소구니산 → 정상 → 계곡 합수지점 → 마당소 → 박쥐소 → 자연 휴양림 → 주차장 (8km, 5h)

유명산(有明山)은 경기도 양평군 옥천면과 가평군 설악면 사이에 있는 높이 862m의 산이다. 《동국여지승람》에는 산 정상에서 말을 길렀다고 해서 마유산이라고 부른다는 기록이 있다. 지금의 이름은 1973년 엠포르산악회가 국토 자오선 종주를 하던 중 당시 알려지지 않았던 이 산을 발견하고 산악회 대원 중 진유명이라는 여성의 이름을 따서 붙인 것이라고 한다.

동쪽으로 용문산(1,157m)과 이웃해 있고, 약 5km에 이르는 계곡을 거느리고 있다. 산줄기가 사방으로 이어져 있어 얼핏 험한 산으로 보이나 능선이 완만해서 가족 산행지로도 적합하다.

산이 그리움을 부른다

유명산은 그렇게 높지는 않으나 기암괴석과 울창한 수림, 맑은 물, 긴 계곡을 따라 연이어 있는 크고 작은 폭포와 소(沼) 등이 한데 어울린 훌륭한 경관을 지닌 산이다.

소구니산 정상에서 친구들과 함께

'하늘이 서너 치(선어치) 정도 보인다'는 선어치 고개 도로 옆에 주차를 시키고 울창한 숲 사이로 난 약간 경사진 등산로를 따라 약 1시간 정도 걸으면 해발 800m의 소구니산을 만난다. 여기서부터 다시 50분, 1.2km 정도 더 걸으면 억새가 넓게 펼쳐진 광활한 초원 지대인 유명산 정상에 도착한다.

정상에는 돌을 쌓아 만든 제단 위에 가로형 정상석이 만들어져 있고, 건너편 용문산 정상의 군부대가 보이는 능선의 조망이 일품이다. 하산은 경사가 있는 능선 코스와 계곡 코스가 있다. 우리는 하산하는 중에 족욕을 하면서 휴식하기 위해서 조금 더 시간이 걸리더라도 오른쪽의 계곡 코스로 내려갔다.

유명계곡은 입구지계곡이라고도 불리는데, 길이가 약 5km로 비교적 규모가 큰 편이다. 이번 여름에 비가 많이 내려 수량이 풍부해서 계곡 산행을 즐기기에 아주 좋았다. 박쥐소, 용소, 마당소 등 아름다운

유명산 정상

소(沼)와 담(潭)이 이어지면서 수려한 경치를 자랑한다.

계곡의 등산로는 완만한 경사이지만 대부분 거친 돌길로 이루어져 있어 미끄러지지 않도록 조심스럽게 하산하느라 생각보다 시간이 더 걸렸다. 살짝 내린 비로 인해 돌길이 제법 미끄러웠다. 하산을 하던 다른 등산객 한 분이 돌길에 미끄러져 넘어졌다. 우리 일행은 본인들이 넘어진 것처럼 걱정을 하고 다치지 않은 것에 자기 일처럼 가슴을 쓸어내렸다.

유명산은 산림청과 블랙야크가 100대 명산으로 선정했으며, 가평 8경 중 하나에 들어가 있어 그 뛰어난 아름다움과 가치를 짐작할 수 있었다. 수려한 계곡과 더불어 기암괴석, 빽곡한 숲이 이루어 내는 멋진 경관의 유명산과 함께했던 행복한 하루였다. (2017. 8. 27. 일)

유명산 계곡

산이 그리움을 부른다

유명산 계곡에서

유난히 비가 많았던 여름이라
부딪치고 깨지며
콸콸 소리 내어 흐르는 계곡

물에 비치는 주변의 나무들
더욱 푸르게 보여
그저 풍덩 하고 싶은 마음

계곡에 온몸을 담그지 않고
발목만 적셔도
행복에 겨운 시간

다시 태풍이 올라오며
내리는 장맛비가
누구에게는 재난일 수 있지만

물놀이 즐기는 동심은
이 시간도 축복
누군가에게는 참 시원한 계절이다

유명산 정상에서 용문산 방면 조망

유명산 계곡에서 휴식을 취하는 모습

산이 그리움을 부른다

14

청명한 하늘과 바람이 사랑스러운

남양주 천마산(812m)

수진사 입구 주차장 → 임도 → 계곡 숲길 → 천마의 집 → 헬기장 → 임꺽정바위
→ 정상 → 돌핀샘 → 숲길 → 청소년 수련장 → 주차장 (약 10km, 5h)

천마산(天摩山)은 경기도 남양주시 화도읍과 오남읍 경계에 위치하는데 1983년 군립공원으로 지정되었다. 한북정맥에 맥을 대고 있으며, 산세가 험하고 복잡하다 하여 예로부터 소박맞은 산이라고 불렸다. 고려 말 이성계가 이 산이 매우 높아 손이 석자만 길어도 하늘을 만질 수 있겠다 하여 천마산(하늘을 만질 수 있는 산)이라고 했다는

천마산 정상에서

데에서 이름이 비롯되었다고 한다.

천마산은 서울 근교에서 비교적 높은 산으로서 형세가 험하다고는 하나 주 능선 길은 암릉과 흙길이 교대로 있어 비교적 편안한 등산로이다. 또한 천마산의 산세는 무척 아름답고, 나무가 울창하여 사계절 많은 등산객들이 찾는다. 서울 근교의 당일 산행지로 인기가 있다.

풍요로운 결실을 상징하는 민족 최대의 명절 추석! 연휴 첫날, 직원들과 함께 서울 근교의 천마산을 다녀왔다. 고개를 들어 하늘을 보면 푸르다 못해 눈이 시리다. 매년 맞이하는 가을이지만 올해는 유난히 더운 여름을 보내서인지 청명한 하늘과 바람이 더욱 사랑스럽다.

정상에는 벌써 단풍에 붉게 물든 나무들이 기암괴석들과 어울려 아름다운 풍경화를 그리고 있어 등산객들의 마음을 설레게 했다.

이번 가을에는 모두들 너무 욕심부리지 말자고 다짐한다. 사람이 살아가는 데는 그다지 많은 게 필요하지 않고 적당한 게 최선이다.

벌써 올해의 달력이 3분의 2가 지났다. 앞만 보고 달려온 지난 시간을 뒤로 하고, 높고 푸른 하늘을 바라보며 잠시 행복한 여유를 가진다. 추석을 맞이해서 주변을 돌아보며 내가 가진 것에 대한 감사와 고마움을 전하고 싶다. 또한, 더불어 사는 삶 속에서 최고의 행복을 느끼는 가을이 될 수 있으면 좋겠다.

천마산에서 보는 시내 조망

'더도 말고 덜도 말고 늘 한가위만 같아라'라는 말이 있다. 어렵고 힘들다고 너무 움츠러들지 말자. 우리 모두 가슴 따뜻하고 훈훈한 추석 명절을 보내자. (2015. 9. 26. 토)

천마산

들었는가
솜털 같은 꽃잎 하나 틔우는
고요의 숨소리

숲속의 모든 생명들이
태어날 때 내는
묵언의 소리

겨우내 침묵하던 나무
살아 있음을 알리는
신비와 경이로움

온 세상을 차갑게 몰아친
먹구름 속 천둥과 비
때론 폭설과 추위까지

어머니 품인 양
새 생명을 품어 안는
사랑의 결실

자연 속 신비로움이여
그 이름
천마산이어라

15

경기 최고봉에서 아름다운 일출

화천 화악산(1,446m)

화악터널 주차장 → 갈림길 → 군사 도로 → 갈림길 → 너덜길 → 중봉 정상 →
(back) → 임도 → 주차장 (9.5km, 3h)

화악산(華岳山)은 경기도 가평군 북면과 강원도 화천군 사내면 경계
에 위치한 산이다. 경기도의 최고봉으로 경기 5악(화악산, 운악산, 관악
산, 송악산, 감악산) 중에 으뜸이다. 정상 신선봉(1,468m), 서쪽에 중봉
(1,446m), 동쪽의 응봉(1,436m)과 함께 삼형제봉이라고도 한다.

정상(신선봉) 주변은 군사 지역으로 출입이 금지되어 있어 군사 도로
가 있는 곳까지만 갈 수 있다. 그래서 서남쪽 1km에 있는 중봉(1,446m)
에 화악산의 정상을 대신하는 정상석이 세워져 있다.

화악산 주 능선에 오르면 가평, 춘천 일원을 볼 수 있고, 여기서 발원
하는 물은 화악천을 이루며, 가평천의 주천이 되어 북한강으로 흘러든

다. 중봉 남서쪽 골짜기에는 태고의 큰골 계곡이 있고, 남동쪽은 오림골 계곡, 북쪽에는 조무락골 계곡이 있다.

오늘 새벽 산행은 경기의 최고봉인 가평 화악산이다. 일반적인 코스가 아닌 힘이 조금 적게 드는 편안한 길의 최단 코스로 산행을 했다.

서울에서 4시 30분에 출발해서 화천 화악터널 앞 주차장에 도착했다(가평을 지나서 화천 터널 앞). 우측에 주차장과 화장실이 있다. 산행은 6시 30분에 출발했다. 시작하는 지점은 해발 860m이다. 화악산은 1,400m가 넘는 산이지만 사실상 높이 600m 정도만 더 오르면 정상이다. 진짜 등산로라고 할 수 있는 산길이 시작과 끝에 조금 있지만 대부분은 군사용 차도로 된 오르막을 걸어가야 한다.

주차장 화장실 옆, 뒤쪽으로 올라가는 길과 도로 건너편의 임도를 걷는 길, 이렇게 두 갈래의 들머리가 있다. 주차장 옆으로 올랐다가 도로 건너편 임도로 내려오는 코스가 좋다. 주차장 뒤편의 등산로는 가파르긴 하지만 거리가 짧고 약 400m 정도 오르면 주차장 도로 건너편에서 올라오는 임도와 만난다.

넓은 군사 도로를 계속 걷다 보면 내려다보이는 능선과 단풍의 풍경이 아름답다. 길을 걷는 도중 동쪽 매봉 능선에서 해가 떠올랐다. 비가 온 후여서 날씨가 차갑지만 공기가 맑아서 일출이 깨끗하게 보였다.

길을 걷는데 기온이 많이 내려가서 물이 흐르는 도로 옆 바위 밑에는 고드름이 달려 있다. 도로가 끝나면 넓은 평지의 갈림길을 만난다. 여기서 왼쪽의 안내 표지를 보고 중봉으로 올라가는 입구를 잘 찾아야 한다. 중봉까지는 약 200m 거리인데 가파른 너덜길이 나왔다. 커다란 바위에 쇠고리 발 받침이 있는 구간을 지나고 로프가 매어져 있는 곳을 두 번이나 지나갔다.

화악산 정상 중봉에 도착했다. 정상에는 작은 면적의 나무 데크가 만들어져 있고, 철조망이 둘러쳐져 있으며 그 안에 군부대 초소가 있다. 중봉에 서면 석룡산 줄기와 그 너머 국망봉 능선과 운무에 쌓인 광덕산과 상해봉의 장쾌한 풍경이 펼쳐진다.

경기 최고봉 화악산 정상에서

아침 햇살에 화악산 능선 조망이 눈부시게 아름답다. 경기도의 최고봉이라 하는데 너무 쉽게 도착해서 산행에 대한 아쉬움이 많이 남았다.

내려갈 때는 포장도로가 끝나는 지점에서 낙엽이 쌓여 운치가 있는 왼쪽의 임도를 따라 내려갔다. 한반도의 중심점이라는 경기 최고봉으로서의 화악산 중봉! 파란 하늘과 조화를 이룬 멋진 경치의 화악산을 마주하게 됨에 그저 감사할 뿐이다. (2017. 11. 11. 토)

가을이 떠나가다

단풍이 가을을 껴안는다

알록달록한 스카프 펄럭이며

바람에 몸을 맡긴다

낙엽 먼저 떠나 버린
아쉬운 계절 뒤에

간절한 그리움만 남기며
숲속을 걷는다

아침 바람에 물결치는
단풍의 황홀함

애절하게 우는 풀벌레 소리에
가을은 깊어만 간다

진한 사랑이 있고 난 후
헤어짐도 있는 것

아, 가을은 이렇게
그리움만 남겨 두고 떠나는구나!

강원도

—

16

능선의 실루엣이 환상적인 조망

홍천 가리산(1,051m)

자연휴양림 → 합수곡 → 가섭고개 → 2봉, 3봉 → 가리산 정상 → 무쇠말재 →

합수곡 → 자연휴양림 (8km, 5h)

가리산(加里山)은 강원도 춘천시와 홍천군에 걸쳐 있는 산이다. 대체로 육산(흙이 많은 산을 일컫는 말)이고, 홍천강의 발원지 및 소양강의 수원(水源)을 이루고 있다. 높이는 1,051m이며, 태백산맥의 줄기인 내지산맥에 속하는 산으로, 북쪽에 매봉(800m), 서쪽에 대룡산(899m), 동쪽에 가마봉(1,192m) 등이 솟아 있다.

산 이름인 '가리'는 '단으로 묶은 곡식이나 땔나무 따위를 차곡차곡 쌓아 둔 큰 더미'를 뜻하는 순우리말로써 산봉우리가 노적가리처럼 고깔 모양으로 생긴 데서 유래되었다고 한다.

능선은 완만한 편이나 정상 일대는 좁은 협곡을 사이에 둔 3개의 암봉

산이 그리움을 부른다

으로 이루어져 있으며 강원 제1의 전망대라고 할 만큼 조망이 뛰어나다.

　가리산 자연휴양림은 숲이 울창하다. 곳곳에 산림욕장, 피톤치드 등 숲에 대한 안내문이 세워져 있다. 휴양림 입구에서 보면 느끼겠지만 숲이 없는 가리산은 상상이 되지 않는다.

　인류 문명의 발상지는 강이다. 하지만 강은 계곡을 끼고 있는 숲으로부터 생겼다고 볼 수 있다. 고대 그리스 철학자인 플라톤은 역사상 최초의 대학인 '아카데미아'를 숲속에 세웠다. 괴테나 릴케와 같은 대문호(大文豪), 로댕과 같은 위대한 작가들에게도 숲은 휴식과 사색의 장소였다.

　산행은 자연휴양림에서 출발해서 정상을 거쳐 다시 주차장으로 내려오는 원점 회귀 산행이다. 숲속으로 들어서자 왼쪽의 계곡을 끼고 있는 초록 빛깔의 나무들이 우리를 반겨 주고, 등산로 주변에는 이름 모를 야생화가 듬뿍 피어 있다. 등산로를 따라 예쁘게 핀 노란 야생화를 감상하며 쉬엄쉬엄 올라가기 시작했다.

가리산 자연휴양림

　고개를 넘어가자 통나무로 만든 의자가 나왔다. 배낭을 내려놓고 잠시 휴식을 취했다. 오늘은 승용차를 이용한 개별 산행이니까 서울로 돌아가는 산악회 버스 출발 시간 때문에 서두를 게 없으니 천천히 걸을 생각이다.

시원한 바람이 불었다. 그냥 피부에 와 닿는 바람의 느낌이 좋았다. 우리는 숲속 길을 천천히 걸었다. 한참을 걸었더니 합수곡 분기점이 나왔다. 휴양림에서 출발해 30여 분이 지났다.

합수곡에서 가섭고개까지는 가파른 등산로였다. 휴양림에서 거의 두 시간 정도 걸려서 가섭고개에 도착했다. 이곳은 자연적으로 계단식 분지가 형성된 특이한 지형이다. 이런 지형에 연유해 이 산을 가리산이라 부른다.

가섭고개에서 정상까지는 편안한 능선 길이라 정겹기만 한데 저 멀리 보이는 정상의 바위산들이 유난히 돋보여 우리들의 발걸음을 재촉했다. 걷다 보니 어느새 능선 앞에 가리산 봉우리가 빼꼼히 고개를 내밀고 있었다.

등산로 주변에는 생강나무, 굴참나무 등이 울창한 숲을 만들어 내고 있었다. 해발 900m 능선 길은 마치 늦가을 숲을 걷는 듯 낙엽이 수북이 쌓여서 푹신한 카펫 위를 걷는 느낌이었다. 이렇게 평탄하고 부드러운 숲길을 동행자와 함께 도란도란 이야기를 나누며 걷다 보니 가리산의 뾰족한 바위 봉우리는 점점 가까워지고 있었다.

어느새 까칠한 바윗덩어리의 봉우리 앞까지 가까이 왔다. 여기까지 오는 동안 어쩐지 편하게 능선 길을 걷는다고 생각했다. 아니나 다를까 까칠한 암릉 오르막길이 떡하니 앞에 버티고 있다. 험한 바위 봉우리이지만 다행히 철봉과 밧줄, 쇠 받침 등 안전시설물이 잘 설치되어 있어서 위험하지는 않았다.

가리산 정상의 명물인 큰바위얼굴이 있는 2봉과 바로 옆의 3봉은 험한 암릉이기 때문에 미끄러지지 않도록 조심해서 올라가야 했다. 3봉 정

산이 그리움을 부른다

상 주변에 있는 나무 그늘에서 휴식을 취하며 첩첩산중으로 펼쳐진 조망을 감상했다.

가리산 큰바위얼굴

가리산은 대부분이 육산인 것에 비해 정상 부근은 3개의 바위 봉우리가 우뚝 솟아 있는 암봉으로 유독 돋보인다. 부드러운 능선을 지나서 정상 부문만 뾰족한 암릉의 산으로 되어 있어 모든 기운이 이곳 암릉 봉우리에 집중되어 있는 것 같다.

산길을 걷다가 시야가 열리는 곳에 이르면 자신도 모르게 탄성을 지를 때가 있다. 여기 가리산 정상에서 겹겹의 능선을 굽어보면 막혔던 가슴이 탁 트이는 듯한 느낌을 갖는다.

가리산 정상

정상부는 모두 험한 바위 봉우리로 되어 있어서 주의해야 했다. 정상에서 보는 첩첩산중 능선의 실루엣이 환상적이다. 마치 연녹색의 융단을 깔아 놓은 듯하다. 북쪽으로는 아름다운 소양호와 용화산, 동쪽으로는 설악산과 방태산, 서쪽으로 연인산, 남쪽으로는 치악산이 보여 예로부터 강원 제1의 조망이라 불렸다는 말은 사실이었다.

하산하는 길에서 소나무와 참나무가 서로 붙어 크게 자란 연리목(連

理木)을 보았다. 어떤 인연이 있기에 이 나무들은 이렇게 얽혀 한 몸이 되었을까? 연리목을 보면서 하나가 된 사랑, 상대를 초월해 절대 경지에 이른 어떤 존재의 힘을 느꼈다.

약간 까칠한 비탈길을 내려서면 무쇠말재, 합수곡을 거쳐 자연휴양림까지는 편안한 등산로가 계속 이어진다. 아름다운 계곡을 끼고 천천히 길을 걸을 때는 여유를 갖고 주변 풍경의 아름다움을 감상한다. 숲속에 들어가서 심호흡을 하는 것만으로도 기분이 좋다.

하산 길 등산로의 합수곡 주변에는 여러 종류의 야생화가 군락을 이루며 피어 있어서 눈을 즐겁게 해 주었다. 맑고 깨끗한 계곡의 물소리는 발걸음을 가볍게 했다. 숲속 나무들과 함께 호흡하며 천천히 걸어 자연휴양림 입구까지 내려왔다. (2017. 9. 3. 일)

숲 속에서

숲속은 한낮인데도
아무 소리
들리지 않아
어두운 밤인 듯
적막하다

이 적막 속에
바람이 어디서 부는 걸까

나뭇잎 흔드는 기척
반가운 마음에
설렌다

구름 한 점 없는
빈 하늘
새는 어디서 날아왔는지
바람 지나가듯
날아간다

17

이끼 계곡과 주목이 멋진 숲길

정선 가리왕산(1,561m)

장구목이 입구 → 이끼계곡 길 → 임도 갈림길 → 주목군락지 → 삼거리 → 가리
왕산(상봉) → 삼거리 → 중봉 → 오장동 임도 → 숙암분교 (12km, 7h)

가리왕산(加里王山)은 강원도 정선군 정선읍과 북면 및 평창군 진부
면 사이에 있는 높이 1,561m의 산이다. 태백산맥의 중앙부를 이루며, 상
봉 외에 주변은 중봉, 하봉, 청옥산, 중왕산 등 높은 산들에 둘러싸여 있
다. 청옥산(靑玉山)이 능선으로 이어져 있어 같은 산으로 보기도 한다.

가리왕산의 이름은 산의 모습이 큰 가리(볏집 또는 나무를 쌓은 더미)
같다고 하여 붙여졌다. 실제로는 옛날 맥국(貊國)의 갈왕(葛王)이 이곳
에 피난하여 성을 쌓고 머물렀다고 하여 갈왕산이라고 부르다가 이후
가리왕산으로 이름을 바꿔 불렀다는 게 정설이다. 지금도 북쪽 골짜기
에는 갈왕이 지었다는 대궐 터가 남아 있다.

산이 그리움을 부른다

계곡 산행의 적기인 여름은 지났지만 맑은 물이 흐르는 청정의 이끼 계곡 코스의 입구인 장구목이에서 산행을 시작했다. 숲에 들어서니 투명한 아침 햇살이 나뭇잎 사이로 비치고, 울창한 원시의 숲 계곡답게 바위마다 진녹색의 이끼들이 무성하다. 가리왕산의 이끼 계곡은 들머리에서 2km가 넘게 이어졌다. 그만큼 이곳은 원시의 숲을 간직하고 있다는 것이다.

청량한 계곡 물소리와 시원한 바람을 온몸으로 느끼며, 청정의 이끼 계곡을 끼고 있는 가리왕산 숲길을 계속 감탄을 하며 걸었다.

가리왕산의 이끼 계곡

장구목이 들머리에서 약 2.6km 올라온 곳에서 장구목이 임도를 만났다. 이곳에서 정상까지는 1.6km 거리가 남았다. 좌측은 관찰원 관리사 임도, 우측은 마항지사 임도를 가리키고 있었으며, 정상을 가려면 임도를 가로질러 맞은편 등산로에 들어서야 한다.

가리왕산 정상에 오르는 길은 비교적 가파르며 끝없는 오르막길이다. 오르막 중반부터는 주목 군락지가 있다. 멋진 주목을 사진으로 담아 가면서 가파른 길임에도 그렇게 힘든 줄 모르고 정상을 향해 걸었다.

정상 부근인 삼거리에 도착하니 울긋불긋 단풍이 전체 산 능선을 물들이고 있어 가리왕산은 벌써 가을이 시작됐음을 알려 주고 있었다.

드디어 장구목이 고개에서 출발해서 정상까지 4km 거리를 약 3시간 정도 걸려서 정상인 상봉(上峯, 1,561m)에 도착했다.

가리왕산 정상

날씨가 맑지는 않았으나 정상에 서니 탁 트인 풍광이 아름답게 보이고, 겹겹의 능선 조망이 장쾌하게 보였다. 정상에는 '휴양림 매표소까지 6.7km, 숙암분교 7.2km'라는 안내 표지가 세워져 있다.

우리는 오던 길로 0.2km 거리의 갈림길로 다시 되돌아가서 커다란 나무 그늘 아래에서 간단하게 점심 식사를 했다.

숙암분교로 가는 코스를 택해 중봉을 향해 걸었다. 중봉까지는 2km의 거리인데 완만한 능선을 걷는 코스이나 울창한 나무로 인해 조망은 없었다. 삼거리에서 출발하여 약 40분 정도 걸렸다.

중봉 삼거리에서 7km 거리의 숙암분교 하산지를 향해 내리막길을 내려가기 시작했다. 안내 이정표도 거의 없고 등산로마저 희미해서 등산객이 거의 이용하지 않는 코스인 것 같았다. 때로는 가파른 내리막길을 내려가기도 했다. 임도로 나왔다가 다시 숲이 울창한 임도 건너편 숲속의 등산로를 찾아가며 중봉에서 하산하기 시작해서 약 3시간 만에 도착지에 내려섰다. (2017. 9. 27. 일)

산이 그리움을 부른다

가리왕산에 올라

정말 오래 되었구나
이끼 계곡

이번 여름 내린 비로
물살이 제법

청정 계곡 이끼도 푸르고
바위도 푸르다

정상 오르는 길
주목 여럿을 만나니

살아도 죽은 것처럼
너는 살아 있다

드디어
정상 만나기 전 삼거리

여기에서 쉬어 가며
숨 한번 고르자

산정을 불태우고 있는
울긋불긋한 단풍

이제야
너를 만나서

네 인생살이 모습을
마음에 담는다

가자
다음 봉우리로

가야 할 길이라면
어서 가자

숨이 탁 멎을 즈음
정상에 도착

산정에서
펼쳐진 멋진 전경을 보니

아~ 감탄
황홀한 이 느낌

가리왕산의
푸르름 속으로 빠져든다

산이 그리움을 부른다

18

봉우리가 기묘한 절경을 이루다

황둔리 주차장 → 능선 → 칼바위 구간 → 감악 1, 2, 3봉 → 원주 감악산 정상 →
제천 감악산 정상(945봉) → 백련사 → 감악고개 → 감바위골 → 삼거리 → 황둔
리 주차장 (6km, 4h)

감악산(紺岳山)은 강원도 원주시 신림면 황둔리 마을의 남쪽에 위치
하며 충북 제천시와 경계 지점에 있는 높이 930m의 험준한 산으로 주변
에 가마바위, 감바위가 있어 감봉, 감악봉으로도 부른다.

감악산 자락은 민간신앙, 천주교, 불교가 한데 자리할 만큼 성스러운
곳이다. 서쪽의 신림면은 신성한 숲이라는 이름의 마을이다. 남쪽 봉양
쪽에는 배론성지가 있는데, 대원군 때 천주교인들이 박해를 피해 생활
했던 곳을 성지화한 곳이다. 그리고 감악산 정상 부근에 백련사가 있으
며, 의상조사가 창건했다고 전하는데 창건 시 아래 연못에서 백련이 피

어나 그렇게 이름을 붙였다고 한다.

　감악산이라고 하면 최근 출렁다리로 유명한 파주 감악산을 떠올리지만, 이번 9월부터 블랙야크 100대 명산에 새로 추가된 원주 감악산도 있다. 인근에 있는 치악산의 명성에 가려 빛을 발하지 못했지만 암릉과 조망이 치악산 못지않게 멋진 명산이다.

　신림면 황둔리 감악산 팬션의 주차장에 차를 세웠다. 캠핑장 앞에 있는 다리를 건너 감악식당 앞에서 우측으로 들어서면 등산로 입구가 있다. 능선 코스의 시작 구간 초입은 가파른 경사의 육산으로 미끄럽다. 만약 이 코스로 다시 하산한다면 매우 조심해야 한다.

　산행을 하는 중 등산로 주변 곳곳에는 구절초가 피어 가을 미모를 한껏 뽐내고 있다. 활짝 핀 구절초가 다른 산에서 보던 꽃보다 꽃잎이 더 크고 화려해서 오랫동안 기억에 남겠다는 생각이 들었다.

　가파른 오르막 구간을 치고 올라가서 능선에 올라서면 길은 완만해진다. 여기서부터는 붉게 물들기 시작하는 단풍이 발걸음을 붙잡는다. 능선을 걷다가 조망이 터지기 시작하는 곳에서는 멀리 치악산 시명봉과 남대봉 능선이 보였다. 그리고 응봉산과 매봉도 보였다. 잠시 휴식을 취하며 멀리 보이는 풍경을 카메라 액정 속에 담아 본다.

　가파른 오르막길에는 길게 로프가 매어져 있어서 몸을 매달듯이 힘들게 올라가야 했으나 대체로 안전하게 산행을 할 수 있었다. 계속 길을 걸어가다가 거대한 암벽을 만났다. 등산로를 우회하여 올라갔다. 암봉에 서니 응봉산, 매봉 아래로 들머리인 창촌마을이 조망된다. 계속 이어지는 로프는 1봉을 향하는 오름 구간이다. 멀리 치악산과 남대봉, 상원

　　　　　　　　산이 그리움을 부른다

사가 눈에 들어온다.

길을 가다 보면 험한 바윗길 옆에 누운 채 쓰러진 소나무가 악착같이 수명을 연장하며 살아가고 있다. 이런 게 삶이라는 교훈을 주는 것 같다. 쇠 발판과 로프가 있는 구간을 지나면 바로 정상이다.

드디어 감악3봉을 지나 정상에 도착했다. 원주 감악산 정상에서 바라보니 막힘없이 펼쳐진 풍경에 눈이 깨끗하게 정화가 되는 기분이 들었다. 너른 바위에 배낭을 풀고 가져간 간식과 커피를 마시며 휴식을 취했다.

정상에서 바로 로프를 잡고 가파르게 내려간다. 감악산에는 원주 감악산과 제천 감악산이라고 부르는 정상석이 2개 있다. 계곡 길로 내려가는 삼거리를 지나 제천 감악산 정상으로 향한다. 통천문을 지나고 아찔한 절벽 구간을 로프를 잡고 지나갔다. 정상 아래 거대한 암릉을 지나 제천 감악산 정상(945m)에 올랐다.

감악산 정상

바로 뒤에 있는 5m 높이의 암봉에 올라섰다. 백련사와 겹겹이 펼쳐진 능선이 멋지게 보였다. 월출봉(동자바위), 감악3봉, 2봉과 매봉산 너머로 치악산 비로봉이 보였다.

암봉에서 내려와 백련사 코스로 내려갔다. 부드러운 흙길로 비교적 완만한 길이다. 내려가는 등산로 곳곳에는 구절초가 많이 피어 있어 가을 산행의 운치를 더해 준다.

다시 갈림길에서 우측의 백련사로 내려가는 이정표가 나왔다. 내려가는 동안 편안한 흙길이 계속되었다.

백련사에 도착했다. 감로수 샘터가 만들어져 있는데 가뭄으로 샘물이 없었다. 이곳 백련사는 충북 제천시에 속한다. 신라 문무왕 시절 의상 조사가 감악산의 산세가 수려하고 천년 영기가 서려 있어 수도 도량으로 적절함을 직관하여 백련지 동쪽에 작은 암자로 창건하고 백련암이라고 했다.

백련사 계단을 내려와서 포장도로를 따라 조금 내려가면 도로 끝에 감악산 등산 안내도가 있다. 이곳에 도착해 보니 완만한 경사의 포장도로가 이어져 있어 승용차를 타고 이곳까지 올라왔으면 산행이 쉬웠겠구나 하고 생각했다.

산을 등지고 오른쪽의 오솔길이 '황둔'으로 내려가는 등산 코스다. 편안한 숲속 길이 완만

감악산 백련사

하게 계속 펼쳐져서 백련사 스님들이 사색하며 걷는 수행길이라고 했다. 조금 내려가면 감악산 정상으로 가는 길과 천삼산, 창촌마을로 가는 사거리가 나온다. 여기서 창촌 방향으로 내려간다.

숲속의 편한 길을 도착지 가까이 거의 내려가면 계곡을 만난다. 여름이라면 차가운 계곡물에 발을 담그고 쉬었다 가면 너무 좋겠다는 생각이 들었다. (2017. 10. 3. 화)

산이 그리움을 부른다

치악산 백련사

계절이 바뀔 때마다
옷 갈아입는 단풍나무

소슬한 바람 불어
나뭇잎 술렁이는 소리

묵언 수행 중이던 바위가
환한 미소로 맞는다

눈을 감으면
신라 스님의 그 환한 웃음

부처님 은혜로
자비로운 기운이 넘치고

무심한 독경 소리만
절간에 울린다

천 년을 하루처럼 살아가는
오늘이 있어

이제는 귀 하나만 열어 놓은
산이 되겠다

19

계수나무 향이 나는 숲

평창 계방산(1,577m)

운두령 → 쉼터 → 전망대 → 계방산 정상 → (back) → 전망대 → 운두령 (8.2km, 3h)

계방산(桂芳山)은 한라산, 지리산, 설악산, 덕유산에 이어 우리나라에서 다섯 번째로 높은 산이다. 눈이 많이 내리는 겨울철에 눈꽃 산행지로 유명하다. 불교 유적이 많은 오대산의 유명세에 가려 주목을 받지 못하다가 2000년 초부터 눈꽃 산행지로 입소문을 탔고, 2011년에는 오대산 국립공원에 편입되면서 많은 등산객들이 찾고 있다.

또한 계방산은 1,577m의 고산(高山)임에도 산행 들머리를 운두령 (1,087m)에서 시작하면 정상이 가깝고 전반적인 산세가 육산이어서 산행이 그렇게 힘들지는 않다. 특히 겨울철 설경이 아름다우며 백두대간을 한눈에 조망할 수 있다.

산이 그리움을 부른다

계방산 정상에 서면 동서남북으로 장엄한 산 능선이 시원스레 펼쳐진다. 북으로는 방태산, 설악산, 소계방산이 장쾌하게 펼쳐지고, 남으로는 태기산, 발왕산, 가리왕산 등이 사방팔방으로 첩첩산중을 이루고 있다.

산행 코스를 단순하게 잡았다. 운두령 주차장에서 전망대를 거쳐 정상에 올랐다가 승용차가 주차되어 있는 운두령으로 다시 그대로 내려오는 코스이다.

산행 시작점인 운두령은 해발 1,087m의 고(高)지대로 정상까지는 표고차(고도가 낮은 곳과 높은 곳의 차이) 490m에 불과해서 쉽게 오를 수 있다. 겨울철에는 정상에 오르는 중간의 능선에 화려한 설경과 상고대가 펼쳐져 저절로 탄성을 자아내게 한다.

산행은 주차장 도로 건너편의 나무 계단을 오르는 것에서 시작한다. 약 30m 정도 가파른 계단을 오르면 정상으로 가는 능선이 이어진다. 길은 외길이며 안내 표시가 잘 되어 있어 편안하게 산행을 할 수 있다. 얼마간 걸으면 가파른 오르막길이 시작되는데, 여기서 20분 정도 더 오르면 편평한 쉼터가 나온다.

운두령에서 시작하는 계방산 등산로 입구

능선 등산로에는 발목 높이의 흰 눈이 수북이 쌓여 있다. 출발 지점부터 아이젠을 차고, 바람을 피하기 위해 모자와 목도리를 두르고 산행을 시작했다. 쉼터에서 오른쪽 위를 바라보면 1,496봉 전망대와 정상이 보인다.

약 1시간 정도 걸으면 나무 데크로 만들어 놓은 넓은 전망대를 만난다. 여기 전망대에서 우측을 보면 희미하지만 설악산 봉우리와 능선이 보인다.

오늘 날씨는 바람이 몹시 불고 추웠다. 승용차에 보이는 온도계는 영하 19도를 가리켰다. 시야가 탁 트인 곳에서는 바람이 불어 체감 온도는 20도가 넘게 느껴졌다. 날씨가 춥다 보니 오히려 정상을 오르는 길의 나무에는 상고대가 활짝 피어 환상적인 풍경을 연출했다. 전망대에서 동쪽 능선을 보면 계방산 정상이 우뚝 서 있다. 전망대에서 정상까지는 약 30분쯤 걸린다.

정상에 올라서니 세찬 바람으로 몸을 가누기가 어려웠다. 사진을 찍는데 손가락이 잘려 나가는 듯한 아픔을 느낄 정도로 추웠다. 다시 서둘러 운두령 휴게소 방향으로 내려가는데 이제야 단체 버스를 이용한 많은 등산객들이 올라온다. 서로 마주치면서 좁은 눈길의 등산로를 걷게 되니 혼잡했다. 다져진 눈 사이의 좁은 길을 비켜 주며 산행을 하다 보니 시간이 많이 지체되었다. 하지만 이렇게 추운 날씨에도 불구하고 계방산의 설경이 아름다워 오래 기억될 산행이다. (2017. 12. 19. 일)

계방산 정상 전경

산이 그리움을 부른다

상고대

숨이 막힌다
눈이 열린다
새하얀 절정!

머리 위에 피어난 수정 눈꽃
하얗게 터지는 폭죽!

파란 하늘이 열리고
오! 저기 저렇게 빛나고 있는

계수나무 눈꽃
별들의 만다라!

금별 은별 모든 은하수
빛나는 이 아침!

꽁꽁 얼어 버린 계방산은
겨울 왕국이다

20

제대로 즐기는 설산

진고개 휴게소 → 노인봉 정상 → 진고개 (8km, 3h)

노인봉(老人峰)은 높이 1,338m로 오대산 국립공원권에 속하며 황병
산의 아우 격인 봉우리다. 황병산과 오대산의 중간 지점에 있으므로 소
금강 계곡 등산로의 분기점이 되기도 한다. 소금강은 1970년 우리나라
명승 1호로 지정되었다. 일부에서는 연곡 소금강, 오대산 소금강, 청학
동 소금강이라고도 부른다.

금강산의 축소판이라고 하는 '소금강'이란 이름은 율곡 이이가 청학동
을 탐방하고 쓴 《청학산기》에서 유래되었으며 무릉계곡 바위에 '소금강'
이라는 글씨가 남아 있다.

이 산에서 흘러내린 물은 하류로 내려가면서 낙영폭포, 만물상, 구룡
폭포, 무릉계로 이어진다. 산의 정상에는 기묘하게 생긴 화강암 봉우리

산이 그리움을 부른다

가 우뚝 솟아 그 모습이 사계절을 두고 멀리서 바라보면 백발노인과 같이 보인다 하여 산 이름이 붙여졌다.

진고개에서 등산로 입구에 들어서니 기온이 내리면 생기는 상고대와 산 정상을 포근하게 감싸는 운무가 햇빛을 받아 눈이 시리도록 빛나고 있다.

겨울 산에는 눈이 내린 풍경보다 더 아름다운 모습은 없다고 생각한다. 그만큼 눈이 내린 겨울 산을 좋아한다. 이럴 때 산 정상에 있으면 산에 서 있는 것이 아니라 산의 품에 안겨 있다는 표현이 더 적합하다.

하얀 눈은 겹겹의 산 능선을 덮어 버렸고, 그 겨울 산을 구름이 또 덮고, 그 구름과 산 사이에서 사람들이 즐기고 있었다. 이렇게 산 정상에서 강렬하게 몰아치는 바람을 등지고 설산 (雪山)을 즐기기에는 너무나 아쉬운 게 많다. 시간이 지나면 사라지는 설경이지만 그 눈이 빛을 다할 때까지 맘껏 즐기기에는 시간이 너무 부족하다. 그래서 하얗게 얼어붙은 설산은 황홀하고 눈이 부시지만 한편으로는 장엄하고 처연하다.

노인봉 정상

하얀 눈 위에
또박또박 발걸음을 찍는다

하늘과 땅 사이에
무슨 일이 있었던 것일까

팝콘처럼 날리는 눈싸라기
길 위에 쌓이며

가난한 이들을 위해
잔칫상을 차린다

　겨울 산의 표정은 엄하기보다는 오히려 온화하다. 밤새 바람이 불어 댔지만, 그 난관을 이겨 내고 기어이 상고대와 눈꽃을 만들었다. 첩첩 겹겹의 능선을 하얗게 만들어 한 폭의 동양화로 아름답게 되살아나게 했던 것이다. 하늘을 찌를 듯한 험준한 바위도 부드럽게 만들고, 꽃도 나뭇잎도 없이 헐벗은 겨울 산을 부드럽고 온화한 모습의 명산으로 탈바꿈을 시켰다.

노인봉에서 보는 조망

　오대산 노인봉 산행은 올 겨울의 첫 눈 산행지다. 며칠 전에 내린 눈으로 오대산 일대는 기대 이상으로 하얀 눈 세상으로 변해 있었다. 하얗게 산을 덮어 버린 입구부터 뽀드득거리

　　　　　산이 그리움을 부른다

는 눈을 밟고, 겨울 산행을 즐기며 가파른 등산로를 걸어올라 드디어 칼바람 거센 노인봉 정상에 섰다. 그리고 오대산의 설경을 사진만이 아닌 내 마음속에 깊이 담았다. 오랜만에 보는 설경이 황홀하게 아름다웠다.

(2017. 12. 19. 일)

눈꽃 산행

새벽 추위로 상고대를 기대했는데,
눈꽃이 하얗게

잣나무 신갈나무 등 나무에
왕관을 씌웠고

차가운 칼바위 외로운 영혼을
달래 주고 있다

머리와 목덜미에도
예쁜 눈꽃이 피어

살며시 머리를 흔들어 보니
등 타고 내려오는

써늘한 땀이
새삼 겨울임을 일깨운다

눈 속에 감춰진 도토리
숲속의 다람쥐는

눈 내린 세상을 원망할 것인가
나는 마냥 좋은데

21

동양 최대 규모의 환선굴과 함께

예수원 → 구부시령 → 덕항산 정상 → 쉼터 → 예수원 (4.2km, 2h)

덕항산(德項山)은 100대 명산에 속하는 산으로 태백산맥에 속해 있으며 백두대간의 분수령을 이룬다. 해발 1,000m 이상의 산지로는 남한에서 가장 넓은 면적의 노출된 석회암벽이 분포하는 석회암 지대 중 하나이다.

덕항산은 동양 최대의 동굴인 환선굴이 자리 잡고 있어 삼척에서 군립공원으로 지정하여 관리하고 있다. 병풍암이 동남으로 펼쳐져 한국의 그랜드캐니언으로 불리는 아름다운 산이다. 환선굴 주변에는 주요 민속자료로 지정되어 있는 너와집, 굴피집, 통방아 등 민속 유물이 보존되어 있다. 옛날에는 화전을 할 수 있는 편평한 땅이 많아 덕메기산이라 하였으나, 한자로 표기하면 덕하산이 되었고, 오늘날 덕항산으로 변천

되었다고 한다.

어제 1박 2일로 통영 마리나리조트와 미륵산, 동피랑 벽화마을을 다녀와서 피곤하기는 했지만 직원들과 함께 이른 새벽에 서울을 출발해서 삼척의 덕항산을 찾았다.

양평휴게소에 들러 아침 식사로 양평을 대표하는 음식인 육개장을 먹고 다시 출발하는데 나도 모르게 차 안에서 잠시 잠이 들었다. 며칠간의 바쁜 일정으로 피곤했었나 보다. 눈을 뜨니 승용차의 창밖으로 낯익은 마을 풍경이 보였다. 차량은 강원도 사북을 지나고 있었는데, 이내 삼척을 향해 산골 마을로 들어선다. 구불구불 가파른 고개를 넘어 덕항산 산행 출발지인 예수원에 도착했다.

덕항산은 예수원에서 올라 구부시령을 거쳐 덕항산 정상을 찍고, 댓재 방향으로 가다가 쉼터에서 예수원으로 다시 내려오는 코스가 최단거리의 산행이다.

요즘 전국적으로 미세 먼지가 연일 극성이지만 이곳 삼척에는 미세 먼지가 없는 청정의 날씨다. 강산에 새싹이 움트는 봄이 왔다. 우리 눈앞에도 봄이 활짝 펼쳐지고 있다. 등산로 주변의 산수유가 노란 꽃망울을 터트리기 시작했다. 여기저기 오솔길 주변에는 초록색 새싹이 돋아나고, 싱그러운 봄냄새, 흙냄새가 났다.

정현종 시인이 "파랗게 땅 전체를 들어 올리는 봄 풀잎"이라고 노래를 했는데, 이렇게 산길을 걸으면서 봄의 풀잎을 보고 있으면 생명의 신비를 느끼게 되고, 또 생명의 위력을 느끼게도 된다.

예수원 건물을 보니 예사롭지가 않았다. 돌을 쌓아서 건축을 했는데

산이 그리움을 부른다

아름답다기보다도 외부와 단절된 요새 같은 느낌이 들었다. 기도원 인근에서 작업을 하는 인부에게 등산로 입구를 물어보고 곧바로 산행을 시작했다. 넓은 등산로를 10여 분 걸으니 갈림길이 나왔다. 어느 방향으로 올라가든지 정상을 갈 수 있는데, 오른쪽 나무에 산악회 리본이 많이 달려 있어서 그쪽 방향을 택했다.

해발 800m의 비교적 높은 곳에서 산행을 시작하다 보니 완만한 등산로가 계속되었다. 약 25분 정도 지나 백두대간 갈림길인 구부시령에 도착했다. 우측으로는 건의령 방향으로 가는 길이고, 왼쪽으로는 덕항산을 거쳐 두타산 산행이 시작되는 댓재로 가는 길이다.

구부시령에서 덕항산까지는 약 30분 정도 걸린다. 주변의 키가 큰 나뭇가지 윗부분에는 약재로 쓰이는 겨우살이가 풍성하게 매달렸다. 유난히도 덕항산에는 겨우살이가 많이 보였다. 이곳이 그만큼 사람들의 손을 타지 않은 청정지역이라는 증거일 것이다.

정상에는 그 흔한 정상석 하나 없이 조그만 철판에 덕항산 정상이라고 쓰여 있을 뿐이었다. 계속해서 백두대간 길인 댓재로 가는 등산로를 걸었다. 정상에서 0.4km를 가면 쉼터가 나오고, 여기서 왼쪽으로 난 조그만 오솔길을 따라 내려가면 산행 출발지였던 예수원에 도착한다. (2018. 4. 16. 월)

덕항산 정상인 표지목에서

봄 바람

봄바람은
고양이 솜털처럼 부드럽다
막 돋아나는 여린 나뭇잎을
부드럽게 어루만져 주기 때문이다

봄바람은
은은한 냄새가 난다
산기슭 여기저기
여러 야생화를 만나기 때문이다

봄날에는
땅도 부드럽다
겨우내 거칠었던 대지가 깨어나고
아지랑이 피어오르기 때문이다

봄날에는
언제나 환한 웃음을 웃자
너로 인해 사람들이
행복할 수 있기 때문이다

세상도

산이 그리움을 부른다

그대와 함께 웃는다

웃는 그대는 봄꽃

삶에 지친 누군가에게 위로를 준다

22

속세의 번뇌를 버리고 불도수행

동해 두타산(1,353m)

백두대간 댓재 → 통골재 → 두타산 → 산성 갈림길 → 산성터 → 무릉길 → 산성터 → 무릉계곡 → 삼화사 → 주차장 (12.4km, 6.5h)

두타산(頭陀山)은 청옥산(靑玉山)과 한 산맥으로 이어져 산수가 아름다운 명산이며, 사계절 등산 코스로 이름이 높아 많은 등산객이 찾는다.

깎아지른 암벽이 노송과 어울려 금방이라도 무너질 듯 아슬아슬하게 물과 어울린 무릉계곡의 골짜기는 절경이다. 동해와 불과 30리 거리에 있어 산과 바다를 함께 즐기려는 피서객들에

두타산 정상

게 아주 인기가 높은 산이다.

산 이름인 두타(頭陀)는 '속세의 번뇌를 버리고 불도수행을 닦는다'는 뜻이다. 두타산에는 두타산성, 사원터, 오십정 등이 있으며, 계곡에는 수백 명이 함께 놀 수 있는 반석이 많아 별유천지를 이루고 있다.

백두대간인 댓재에서 완만한 등산로를 오르기 시작했다. 조금 오르니 햇댓등(댓재에서 0.9km)에 도착했다. 산행하는 길은 넓었고 완만했으나 내리막길을 내려갔다가 다시 올라가는 반복 산행에 힘은 들었으나 재미가 있었다.

약 3.6km의 완만한 등산로를 걸으면 통골재에 도착한다. 여기 통골재에서 두타산까지는 1.2km 거리다. 음지에는 아직도 눈이 쌓여 있었고, 낙엽이 쌓인 바닥에는 얼음도 있어 조심해야 했다. 아주 완만하고 편안한 산행 길이다. 이렇듯 댓재에서 시작하는 산행 길은 편안하고 운치가 있어서 좋았다. 드디어 파란 하늘 아래 우뚝 서 있는 두타산 정상에 도착했다.

우리는 청옥산으로 가지 않고 두타산성을 거쳐서 무릉계곡과 삼화사 방향으로 하산하기로 했다. 계속되는 자갈, 바윗길에 걸음이 많

두타산 무릉계곡

이 느렸으나 등산로 중간마다 피어 있는 진달래꽃이 많은 위안이 되었다.

가파르고 험한 능선을 계속 내려오느라 발에 너무 힘이 들어가 발목이 아프고 짜증이 날 무렵 산성 12폭포의 절경이 나왔다. 중국 장가계와 비교해도 뒤처지지 않는 두타산의 절경이 펼쳐진 것이다. 12폭포의 절경을 감상하면서 잠시 휴식을 취했다. 이어 조금 더 걸어 내려가니 두타산성이 나오고 소나무와 어우러진 멋진 암벽과 바위 경치에 다시 감탄이 저절로 나왔다.

두타산 기암 절벽

바위 위에 멋지게 뒤틀린 소나무가 위용을 자랑하고 건너편 산 정상 부근에 절 암자가 보였다. 나중에 확인해 보니 관음암이라 한다.

무릉계곡을 따라 내려오는데 하산하는 길이 험해서 조심스럽고 힘이 들었다. 그래도 두타산의 숨어 있는 절경을 감상했다는 뿌듯함과 덕항산을 포함하여 하루에 두 개의 산을 완등 했다는 기쁨에 힘든 산행도 보람으로 승화되는 순간이었다. (2018. 4. 16. 월)

산이 그리움을 부른다

계곡을 걸으며

산과 산 사이
깊은 골짜기

맑은 물이 흐르는 이곳
청정 계곡

청명한 물빛에 끌려
길을 멈추고

찬 계곡물에
발 담그며 쉬어 간다

하늘이 어두운 것은 골이 깊고
신록이 푸르기 때문

우렁차게 흐르는 물소리
스치는 바람이 찬데

정상 올라가는 나를 위해
계곡은 생기를 주니

다시 발걸음 옮기며 힘을 얻고
나무들은 응원한다

23

흐르는 물소리에 세상 소음을 잊다

인제 방태산 주억봉(1,444m)

자연휴양림 → 제2주차장 → 삼거리 → 매봉령 → 구룡덕봉 → 주억봉 삼거리 →
주억봉 → 삼거리 → 계곡 → 제2주차장 (10.7km, 6.5h)

　방태산(芳台山)은 강원도 인제군 인제읍과 상남면에 걸쳐 있는 산이
며, 높이는 1,444m이다. 깃대봉, 구룡덕봉과 능선으로 연결되어 있는
오지의 산으로 골짜기와 폭포가 많아 계절마다 빼어난 경관을 볼 수
있다.

　산의 정상부 모양이 주걱처럼 생겼다고 해서 주억봉이라고 부른다.
몇몇 지도에서 방태산이라고 표기되어 있으나, 원래는 주억봉 서쪽의
봉우리가 방태산이다.

　산 주변에는 방동약수 외에 가리봉 남동쪽 기슭에 필레약수와 설피밭
에서 방동교까지의 방태천 구간을 이르는 진동계곡이 있어 피서객과 야

영객이 많이 찾아온다. 숙박은 자연휴양림을 이용하거나, 방태천과 미사리 부근의 펜션을 이용할 수 있다.

방태산 계곡 산행은 서울-양양 고속도로 개통으로 더욱 접근성이 좋아져 여름철 계곡 산행으로 전국 각지에서 많은 사람들이 찾는다. 주변에 자작나무 숲, 곰배령, 아침가리 계곡이 가까이 있으며, 양양에서 가까워 계곡과 바다 여행을 함께 즐길 수 있는 가족 휴양지로 손색이 없는 곳이다.

등산 코스는 방태산 자연휴양림에서 출발하는 5시간이 걸리는 코스가 있고, 개인 산장에서 오르는 코스가 있는데 가장 무난하고 큰 어려움 없이 다녀올 수 있는 코스가 자연휴양림에서 오르는 코스이다.

휴양림 매표소에서 산행을 시작한다. 포장도로와 비포장도로를 반복해서 2km 이상을 걷다 보면 등산로 입구인 제2주차장이 나온다. 조금 걸어가면 매봉령, 구령덕봉을 지나 주억봉으로 돌아 내려오는 방태산 탐방로를 안내하는 표지가 있는 삼거리가 나온다.

가파른 오르막길을 잘 올라가는 사람은 주억봉 정상으로 가는 짧은 코스의 오른쪽 방향으로 올라가도 좋고, 숲길 능선의 완만하고 여유로운 코스를 즐기겠다

방태산 계곡

면 매봉령, 구룡덕봉을 거치는 왼쪽 방향의 길로 들어가야 한다.

우리는 조금 길더라도 완만한 왼쪽 코스를 선택했다. 매봉령으로 오르는 녹음이 짙은 완만한 숲길을 계곡 물소리를 들으며 계속 걷다 보면 눈앞이 확 트이는 매봉령 능선에 이르게 된다. 등산 안내 앱인 '트랭글'을 확인하니 출발지에서 3.2km, 1시간 35분이 걸렸다.

매봉령 정상에서 구룡덕봉까지는 완만한 오르막과 평지가 이어지는 능선 길인데, 능선 하나를 넘으면 원둔고개에서 구룡덕봉으로 이어지는 임도에 이르게 된다. 임도를 따라 조금 더 가게 되면 헬기장과 함께 넓은 전망대가 나오는데 이곳이 구룡덕봉 정상이다. 정상이라는 표지석은 없으나 전망대가 만들어져 있고 안내판이 세워져 있다. 오늘은 날씨가 맑아 전망대에서 설악산 대청봉이 손에 잡힐 듯 가깝게 보였다.

구룡덕봉을 지나 주억봉으로 가는 삼거리까지는 거의 평지나 다름없는 좁은 오솔길이다. 주억봉에 오르는 구간 중 가장 무난하고 쉬운 길이라고 생각된다. 주억봉 삼거리에 도착하니 많은 등산객들이 휴식을 취하며 점심 식사를 하고 있다. 여기서 주억봉까지는 0.4km 거리다.

약 10여 분 가파른 경사 길을 치고 올라가면 드디어 목적지인 주억봉 정상에 도착한다. 주차장에서 8시 20분에 출발해서 중간에 몇 번 휴식을 취하며 천천히 걷다 보니 정상에는 12시에 도

방태산 정상

산이 그리움을 부른다

착했다. 출발지에서 3시간 40분 정도 걸렸다.

정상에는 나무로 만든 주억봉 표지목이 세워져 있는데, 실제 주억봉 표지석은 10m 떨어진 배달은석으로 가는 길목에 세워져 있다.

자연휴양림으로 직접 내려가는 길은 가파르고 미끄러워 조심해야 했다. 가파른 길을 어느 정도 내려가면 계곡 물소리가 들리기 시작한다. 길을 내려가다 중간쯤 계곡에서 발을 담그며 잠시 쉴 생각을 했다. 하지만 조금 더 내려가서 넓은 바위가 있는 계곡에서 편안하게 쉬려고 부지런히 걸었다. 시원한 계곡물에 발을 담그고 즐길 생각을 하니 걸음이 빨라지기 시작했다.

매봉령과 주억봉이 갈리는 삼거리를 지나 하산 방향 우측의 넓은 바위와 계곡이 나왔다. 신발을 벗고 등산복을 입은 채로 그냥 물속에 풍덩 들어가 땀에 젖은 몸과 뜨거운 마음의 열기를 식혔다. (2019. 7. 22. 월)

방태산 계곡에서

유난히 큰 비가 많았던
여름이라

콸콸 소리 내며 흐르는 계곡에
물이 넘치고

주변 울창한 나무에 생기가 돌아

더욱 푸르다

계곡에 몸을 담그고 쉬어 가니
행복한 시간

그냥 마음 편하게 이곳
이 순간을 즐기자

산행의 피로를 풀 수 있도록
계곡이 주는 선물이다

24

바람과 눈꽃이 만든 설국

평창 백덕산(1,350m)

문재터널 → 헬기장 → 삼거리 갈림길 → 당재 → 작은당재 → 먹골 삼거리 → 백덕산 정상 → (back) → 문재터널 (12.5km, 5h)

백덕산(白德山, 1,350m)은 산줄기가 육중하고 골이 깊어 해발 1,000m가 넘는 고산(高山)다운 산세를 지니고 있으며 정상은 바위봉으로 이루어져 있다. 백덕산 북서쪽 산줄기 3km 지점에 위치한 사자산(獅子山)은 원래 산 밑의 법흥사가 신라 구산선문(九山禪門)의 하나인 사자산과의 본산이었던 관계로 이름이 유래되었다.

백덕산은 가을의 단풍과 겨울의 설경이 극치를 이룬다. 능선 곳곳에 단애를 이룬 기암괴석과 송림이 어울려 있을 뿐만 아니라 법흥사(法興寺)를 거쳐 올라가는 주 계곡 쪽에는 태곳적 원시림이 그대로 보존돼 있어 가을 단풍이 장관을 이룬다.

겨울이면 적설량이 많아 눈꽃 산행으로 유명한 강원도의 백덕산을 찾았다. 산행의 출발지인 백덕산 북쪽의 문재터널에 도착했다. 문재터널 입구에 등산 안내도와 이정표가 세워져 있어 쉽게 등산 코스를 파악할 수가 있었다. 산불 감시 초소를 지나 약 10분 정도 오르면 '백덕산 5.6km'라고 적힌 거리 이정표를 만나고 이내 임도를 만난다.

산기슭에는 흰 눈이 수북이 쌓여 있어 겨울 설산만이 지닌 특유의 멋진 장면을 이루고 있다. 저 멀리 해발 1,000m가 넘어 보이는 능선에도 며칠 전 내린 흰 눈으로 장관을 이루고 있었다.

산행 시작 후 땀으로 등이 젖을 정도가 되었을 즈음 굴참나무가 빼곡한 숲을 이루고 있는 능선 길을 지나 해발 925m 봉우리에 올라섰다. 산죽과 침엽수가 우거진 숲을 가로질러 오솔길처럼 경사가 완만한 능선 길이 이어졌다.

백덕산 능선에 있는 서울대 배지 모양의 나무

백덕산 정상석

산이 그리움을 부른다

빈 가지만 남은 앙상한 나무 터널 숲길을 지나 해발 1,005m 높이에 만들어진 헬기장에 올라섰다. 백덕산을 오르는 중에 그나마 사방이 탁 트인 이곳에서는 남서쪽으로 원주 치악산이 조망되고, 1,500m가 넘는 계방산, 오대산, 방태산 등 산군들이 엷은 운무 속에 아름다운 풍경을 보여 준다.

눈 쌓인 능선을 계속 걸어서 백덕산과 사자산을 이어 주는 삼거리 길목에 섰다. 갈림길 이정표가 눈 속에 외롭게 서 있다. 뚜벅뚜벅 숲속의 눈길을 걸어 당재에 도착했다. 당재에는 나무로 된 이정표가 설치되어 있다. 오랜 세월의 모진 풍파를 견디지 못하고 허물어진 이정표는 고목나무를 닮아 있었다.

당재에서 잡목이 울창하게 숲을 이루고 있는 길을 걸어 능선에 올랐다. 마치 바위가 떡을 쌓아 놓은 떡시루처럼 옹기종기 높게 층을 이루고 있다.

백덕산에는 '살아서 천년, 죽어서 천년'을 산다는 주목이 많이 자생하고 있다. 주목나무 숲을 뒤로하고 눈이 덮인 능선 길을 내려가니 봉우리를 올라서기 전의 안부이다. 안부에서 능선 길을 이어 걸으면 해발 1,145m 봉우리다.

멀리 남쪽으로 백덕산 정상이 보였다. 1,145봉에서 서쪽에 높게 서 있는 봉우리가 사자산(1,181m)이다. 남서쪽으로는 소백산이 아름답게 보인다. 동쪽으로는 하늘 높이 솟아 있는 백덕산의 산그리메가 길게 파노라마를 이룬다.

눈 쌓인 능선 길을 지나 조심스럽게 내려가니 당재 삼거리 갈림길이다. 경사가 완만한 언덕길을 오르면 소나무가 멋진 전망대에 올라서게 된다. 소나무 사이로 사자산이 조망되고 그 아래 남서쪽으로 구봉대산이 희미하게 보인다.

　다시 산죽 사이로 난 완만한 능선 길을 오르면 작은 당재 삼거리를 만난다. 여기서 백덕산 정상까지는 왕복 1km 거리, 약 40분 정도 걸린다.

　정상을 향한 길에는 흰 눈이 수북하게 쌓여 미끄럽지만 바람이 불지 않아 대체로 포근한 날씨의 산행이었다. 정상은 사방이 확 트여서 조망이 일품이며, 남쪽은 깎아지를 듯한 절벽이 절경을 보여 주었다. 백덕산 정상을 두고 사방이 병풍처럼 산으로 둘러싸여 있다. 잠시 조망을 즐긴 다음 아쉽긴 하지만 올라왔던 길 그대로 다시 내려갔다. (2018. 1. 20. 토)

눈 쌓인 백덕산 정상에서

　　　　　　　　　　　　　　　　　산 이 　그 리 움 을 　부 른 다

새벽, 설산을 오르다

기다림과 외로움이 습성인 듯
하얗게 밤을 새우고

눈 내린 새벽 숲
어떤 숙연함을 만난다

깊은 생각에 잠겨
아무도 찾지 않은 눈길 걸으며

나무와 바위를 만나
침묵을 배운다

하늘 아래 그 어디에서든
행복하자고

여명이 밝아 오는 숲속에서
기도한다

하지만 허망한 생각은 가끔
쓸쓸하니

한나절 바람이라도 만나려
산에 오른다

25

구름 흘러가듯 내 마음도 흐른다

정선 백운산(884m)

백룡동굴 주차장 → 성터 → 칠족령 → 전망대 → 동강 조망 능선 → 백운산 정상
→ 삼거리 → 문희마을 → 주차장 (약 8km, 4h)

　백운산(白雲山)은 강원도 정선군 신동읍과 평창군 미탄면의 경계에
있으며, 흰 구름이 늘 끼어 있다는 데에서 그 이름이 유래되었다고 한
다. 백운산은 정선에서 흘러나온 조양강과 동남천이 합쳐져서 이루어
진 영월 동강을 따라 크고 작은 6개의 봉우리가 병풍처럼 이어져 있다.

　동강 쪽으로는 칼로 자른 듯한 급경사의 절벽으로 이루어져 있으며,
동강이 산자락을 굽이굽이 감싸고 흐르므로 동강을 배경으로 하는 경
관이 아름답고 조망이 멋지다. 백운산 산행의 진미는 뱀이 똬리를 튼 것
같은 굽이굽이 돌아가는 동강의 강줄기를 끼고 있는 능선을 따라 걸으
면서 계속 조망할 수 있다는 것이다.

이제는 완연한 가을이다. 한낮의 뜨거운 태양 빛도 적당하게 와 닿고 아침저녁으로는 바람이 제법 차가운 날씨다. 천고마비의 계절이라 하는 가을에는 눈이 부시게 파란 하늘과 상쾌한 바람에 기분이 좋다.

가을이 한층 무르익어 가는 울창하고 호젓한 칠족령 숲길을 걸어가니, 이제 막 단풍이 들기 시작하는 나무들이 반갑게 가을맞이를 한다. 바람에 솜털 휘날리는 억새가 등산로를 장식하기 시작하고, 길에서 만나는 연보랏빛 구절초며 신갈나무, 생강나무, 굴참나무 등이 조금씩 물들기 시작한다.

강을 향해서 숲으로 난 등산로를 따라 어느 정도 더 깊이 들어가자 숨이 살짝 가파른 고개를 만나고, 여기에서 10여 분 정도 더 걸으면 칠족령에 닿는다. 그렇게 힘들지는 않으나 여기까지 오르는 모든 과정을 보상이라도 하듯이 칠족령에서 바라보는 동강의 풍경은 기가 막히게 절경이다.

칠족령부터는 동강 강줄기를 따라 계속되는 능선을 걸으면서 몇 개의 봉우리를 오르락내리락 하며 걷는다. 많은 어려움 끝에 정상에 도착했다. 산을 휘돌아 흐르는 강물과 하늘이 허락한 만큼만 그 강

칠족령에서 바라보는 동강

물 속에 몸을 담고 오랜 세월 자리를 지키며 제 모습을 비추고 있는 산들이 보인다. 또 오랜 세월 강물은 흐르고 있지만 한 번도 같은 강물이 아니고 매번 새로운 강물이 변함없이 계속 흘러가고 있는 동강의 절경이 너무나 아름답다.

백운산 정상석

정상에서 문희마을 방향으로 내려가다 보면 가파른 등산로이지만 지그재그로 완만하게 길을 만들어 그다지 어렵진 않았다. 주차장 가까이 내려가면 백운산장 펜션이 아름답게 지어져 있어 하루쯤 머물고 싶도록 등산객들을 유혹한다. (2015. 10. 3. 토)

언제나 산이 그리워

나는 언제나 산이 그리워
길을 떠난다

낙엽 밟으며
고적하게 걷는 산길

계곡 건너

산이 그리움을 부른다

오솔길 지나 억새 능선을 넘다가

산허리 휘감겨 돌아 나가는
운무를 만난다

바위에 앉아
잠시 숨을 돌리면

어디선가 바람 불어와
바스락 소리에 정적을 깨면

내 고이 간직하던
추억이 되살아난다

거친 기암괴석들
그 바위 틈새 지키고 있는

늙은 소나무에
바람이 지나가며 속삭인다

산은 말이 없다
나도 그렇다

푸른 하늘 보면서
꿈을 갖는다

내일이면 다시 태양이 솟으리
그러면 또 나는

언제나 그러했듯이
산에 오른다

산이 그리움을 부른다

26

운무에 잠긴 의암호의 절경

주차장 → 등선폭포 매표소 → 등선폭포 → 흥국사 → 용화봉 → (back) → 흥국
사 → 등선폭포 매표소 (6km, 3h)

삼악산(三岳山)은 높이가 656m이고, 최고봉은 용화봉이다. 경춘국도
의 의암댐이 바로 서쪽에 있으며, 북한강으로 흘러드는 강변을 끼고 남
쪽으로 검봉산, 봉화산이 있다. 주봉인 용화봉과 함께 청운봉(546m),
등선봉(632m) 3개의 봉우리를 삼악산이라고 이름을 붙였으며, 3개의
봉우리에서 뻗어 내린 능선이 암봉을 이룬다.

산의 규모가 크거나 웅장하지는 않지만 경관이 수려하고 기암괴석으
로 이루어져 있어 많은 등산객이 찾는다. 삼악산의 명소 가운데 하나인
등선폭포는 높이 15m의 제1폭포 외에 제2, 제3폭포가 더 있고, 그 외에
비선, 승학, 백련, 주렴폭포 등과 그 밖의 크고 작은 폭포와 담소 등이 계

속된다. 정상에서는 의암호와 북한강이 내려다보인다.

삼악산 등산 코스는 승용차 회수를 위해 등선폭포 매표소에서 흥국사를 거쳐 용화봉 정상에 올랐다가 그대로 다시 내려오는 원점 회귀의 산행이다.

매표소에서 출발해서 상가를 지나 약 3분 정도 걸으면 바로 등선폭포에 도착한다. 희미한 어둠 속에서 갑자기 나타난 협곡, 기암절벽의 풍경은 환상적이다. 입구에서 이렇게나 가까이 멋진 폭포와 협곡이 있다는 게 믿기지 않을 정도이다. 중국의 장가계와 우리나라 청송의 주왕산과 비슷한 분위기를 느꼈다.

이어서 철제 계단 난간을 잡고 올라가는데 절벽 사이로 멋진 제2등선폭포가 수줍은 듯 숨어 있다. 다시 가파른 층계를 조금 더 올라가야 한다. 층계 위에서 제2폭포를 내려다보려고 했는데 날이 밝지 않아 아직 어두워서 잘 보이지 않았다. 계곡을 흐르는 물소리만 우렁차게 들렸다.

절벽 사이로 여명의 보랏빛 하늘이 얼굴을 내밀기 시작했다. 계속해서 작은 폭포와 담, 소, 탕들이 연이어서 나타났다. 신선이 학(鶴)을 타고 나는 듯한 승학폭포, 흰 비단 천을 펼친 것 같은 백련폭포, 용이 솟아 날아오를 것만 같은 비룡폭포 등과 그 밖에도 선녀가 목욕하던 연못인 옥녀담 등이 이어졌다. 이처럼 등선폭포 코스는 아름다운 협곡과 이 협곡 사이사이로 등선폭포를 포함해 등선 8경으로 불리는 크고 작은 폭포와 담, 소들이 절경을 이루고 있었다.

계곡이 끝나는 지점에서 맑은 아침 공기를 마시며 숲 사이 오솔길을

삼악산 등선폭포 옆에서

조금만 걸으면 흥국사가 나온다. 여기서 왼쪽으로는 등선봉, 오른쪽으로는 정상인 용화봉을 오르는 길이 나누어지는 곳이다.

흥국사는 궁예가 창건한 사찰로 이곳은 궁예가 왕건을 맞아 싸운 곳이기도 하다. 궁예는 이곳 터가 함지박처럼 넓어서 '와데기'라고 불리는 곳에서 기와를 구워 궁궐을 지었고, 그 뒤 흥국사를 창건하고 나라의 재건을 기원하였다고 한다.

흥국사에서 정상까지는 1.3km 거리가 남았다. 약 40분 정도를 더 걸으면 주봉인 용화봉에 도착할 것 같다. 흥국사에서 약 10여 분 걸으면

삼악산 정상에서 바라보는 풍경

작은 규모의 초원과 쉼터를 지나게 되고, 다시 330개의 돌계단을 오른 후 잠시 오솔길을 걸으면 아주 넓은 초원을 만나고 이정표가 나온다. 여기서 가파른 바윗길을 조금 더 걸으니 드디어 정상이 나왔다. 매표소에서 출발해서 1시간 20분 정도 걸린 것이다.

삼악산 정상에서 바라보는 의암호의 절경이 정말 환상적이다. 멀리 북배산, 화악산 등이 운무에 살짝 가린 풍경도 오늘 같이 날씨가 좋아야만 볼 수 있는 환상적인 풍경이었다. 삼악산은 작지만 기암절벽과 폭포, 정상에서의 조망이 일품인 정말 멋진 산이다. (2017. 10. 7. 토)

아직 꿈 꿀 시간은 남아 있다

이제는 우리가 지나온 삶을
되돌아볼 때

후회 없는 삶을 살았다
말할 수 있어야

산이 그리움을 부른다

이제는 당신이 나를
이끌어 줄 때

할 수 있다는 자신감을 주고
믿어 주고

살아갈 날이 더욱 아름답다고
기대할 수 있어야

무엇을 위해 살면 좋을까
어떻게 살아야 할까

가고 싶은 여행도 가고
책도 읽으며

마음껏 놀아 가면서도
마음에 묻어 둔

꿈을 향해서
후회 없는 삶을 살아야겠다

27

늘 그립고, 새롭고, 아름다운

오색 탐방지원센터 → 설악폭포 → 대청봉 → 중청 대피소 → 끝청 → 갈림길 →
한계령 주차장 (14km, 10h)

설악산(雪岳山, 1,708m)은 강원도 속초시, 양양군, 인제군, 고성군에
걸쳐 있다. 남한에서는 한라산(1,950m), 지리산(1,915m)에 이어 세 번
째로 높은 산이다. 신성하고 숭고한 산이라는 뜻에서 예로부터 설산(雪
山), 설봉산(雪峰山), 설화산(雪華山) 등 다양한 이름으로 불렸다.

《동국여지승람》에 의하면 한가위에 덮이기 시작한 눈이 하지에 녹는
다고 하여 설악이라 불린다고 했다. 또 한편에서는 산마루에 오래도록
눈이 덮이고, 암석이 눈같이 희다고 하여 설악이라 이름 짓게 되었다.

백두대간의 중심부에 있으며, 북쪽으로는 향로봉(1,293m), 금강산,
남쪽으로는 점봉산(點鳳山, 1,424m), 오대산(1,563m)과 마주한다. 최

고봉은 대청봉(大靑峰, 1,708m)이다. 대청봉 남쪽에 한계령, 북쪽에 마등령, 미시령 등의 고개가 있다.

설악산 정상

산이 높으면 골도 깊다는 말이 있는 것처럼 설악산이나 지리산 같은 큰 산은 몇 번을 가더라도 깊고 큰 산의 어떤 마력 같은 기운에 빨려 온몸에 전율이 오고, 가면 갈수록 다시 가고 싶고 깊은 맛이 우러나는 산이다.

설악산 들머리인 오색 탐방지원센터 입구에서 산행은 시작된다. 오색 ~대청봉 코스는 가파른 계단 길로 대청봉 정상에 오르는 가장 짧은 코스이다. 숨 가쁜 호흡을 가다듬으며 올라가다 보면 허벅지 근육이 팽팽하게 당겨지는 느낌이 든다. 그만큼 경사가 급해서 힘들다는 얘기다. 아무리 자주 산을 가는 사람이더라도 가파른 산을 오를 때마다 힘이 드는 것은 당연하다. 만약 산행이 힘들지 않다고 말한다면 그 사람은 인조인간이거나 거짓말쟁이다.

어느 정도 거리를 올라왔을까. 우거진 숲 사이로 맑고 푸른 하늘이 보였다. 건너편 산 능선이 한 폭의 수채화처럼 아름답게 보이고, 아침을 반기는 산새들의 청아한 노래 소리가 여기저기서 들려왔다.

설악폭포에 이르자 어제 내린 비 때문인지 계곡에는 거센 물줄기가 하얀 포말을 일으키며 계곡을 따라 힘차게 흘렀다. 커다란 암벽에는 크고 작은 폭포가 여러 개 생겨서 살아 꿈틀대며 움직이는 작은 용처럼 보였다.

8부 능선쯤 올라왔다고 생각되었다. 날씨가 흐린 관계로 산봉우리들은 구름 속에 잠겨 있어 그 모습을 좀처럼 보여 주지 않았다. 구름 속의 설악산 모습은 검은 먹물로 그린 수묵화처럼 펼쳐져 있다. 이쯤이면 먼 산과 가까운 산의 능선이 겹겹이 포개지며 아름다운 장면이 보여야 하나 그렇지 않아서 많이 아쉬울 뿐이다. 골짜기를 타고 불어오는 바람이 진득하게 엉겨 붙은 땀을 말끔하게 씻겨 준다. 오히려 새벽 추위와 부는 바람에 온몸을 오그라들게 하였다.

오색에서 출발하여 거의 5시간이나 걸려서 설악산 정상인 대청봉에 도착했다. 정상에 도착하자 몸을 가누지 못할 정도로 거세게 바람이 불었다. 정상석을 배경으로 어렵게 인증 샷만 찍고 바람을 피해 봉우리 뒤에서 김밥으로 점심을 대신했다.

설악산 대청봉에서 직원들과 함께

산이 그리움을 부른다

설악산 정상에서

대청봉을 중심으로 그 북서쪽인 인제 방면을 내설악이라 하고, 속초 시와 양양군 일부, 고성군으로 이루어진 북동쪽을 외설악, 남쪽 장수대 와 오색지역을 남설악이라 불러 설악을 크게 3개 지구로 구분한다.

대청봉에 서면 운무 사이로 하얀 뼈를 드러낸 공룡능선의 용트림이 옹골차게 보였다. 그 너머로 울산바위와 속초 앞바다의 풍경까지 아름 답게 보였다. 가슴이 뻥 뚫리는 쾌감을 느끼며 중청 대피소로 내려갔다. 중청 대피소를 거쳐 바로 서북능선을 타기 위해 소청 갈림길에서 끝청 과 한계령 방향을 가리키는 이정표를 따라 걸었다.

서북능선을 걷다 보면 설악산의 전망을 감상하기 좋은 장소가 몇 군 데 있다. 그 모습이 운무에 가렸다가 끝청을 지날 즈음에 갑자기 구름이 걷히면서 용아장성, 공룡능선의 아름다운 기암 모습이 나타나서 눈이 황홀해졌다. 갑자기 나타난 외설악의 아름다움을 감상하며 걷는 짜릿 함에 온몸이 정화되는 느낌이다.

대청봉에서 공룡능선 배경

서북능선 구간은 완만하기는 했으나 뾰족한 바윗길과 미끄러 운 자갈길로 이루어져 걷는 데 매 우 어려움이 많았다. 하지만 길 을 걷는 중 그윽한 향기의 야생화 들이 지천에 피어 있어 지루하다 거나 힘든 줄 모르고 몸과 마음을 다스리며 하산을 했다. (2017. 7. 16. 일)

산이 그리움을 부른다

대청봉에 오르다

어둠 속 랜턴 불빛 아래
가쁘게 숨을 쉬고

스틱에 몸을 기대어
오랜 시간 능선을 오르며

설악폭포를 지나서
대청봉에 오른다

누가
이 야생화의 이름을 아는가

활짝 핀 꽃들이
벌과 나비들을 부르니

가만히 바라보던 눈가에
미소가 흐른다

하늘과 맞닿은 여러 겹 능선이
발아래 아득하니

기억 속 전설을 끄집어내어
설악산 정기로 다스려

저 푸른 동해 바다를 품고
기지개를 편다

설악에만 있다는
'덧없는 사랑' 꽃말 바람꽃

중청 가는 길에
무리지어 피어 있고

바람 불어 시원하니
마음이 편안하고 청정해진다

28

석가모니의 진신사리를 모셔 놓은

평창 오대산 비로봉(1,563m)

주차장 → 상원사 → 중대 사자암 → 적멸보궁 → 비로봉 → 상왕봉 → 북대 삼거리 → 임도 → 상원사 주차장 (12km, 5h)

오대산(五臺山)은 강원도 강릉시, 홍천군과 평창군에 걸쳐 있는 산으로 1973년에 국립공원으로 지정되었다. 오대산은 태백산맥이 남쪽으로 뻗어 내려오다가 서쪽으로 그 분기점에 이룩해 놓은 명산이다. 주봉인 비로봉(毘盧峰)을 중심으로 북쪽으로 두로봉, 상왕봉, 남쪽으로 호령봉, 동쪽으로 동대산을 포함한 5개의 연봉이 오대산의 주축을 이룬다.

명칭의 유래는 태백산맥 줄기에 있는 심산봉에 동·서·남·북·중대의 오대(五臺)가 있다고 하여 전해지는 이름이다.

오대산은 명산으로 꼽히는 성스러운 산으로 지혜의 완성을 상징하는 문수보살이 상주하는 곳으로, 신라 시대부터 불교가 시작되어 불교의 성지로 자리 잡은 곳이다. 석가모니의 진신사리가 봉안된 적멸보궁이 있고, 월정사와 상원사가 있다.

  새해 들어 두 번째 산행은 눈이 많이 내린 강원도의 설산(雪山)에 올라 가기로 했다. 앙상한 가지에 눈꽃이 활짝 필 때 산행을 하면 화려하게 꽃을 피우는 봄꽃 산행만큼 멋지고 아름답다. 봄꽃보다 아름다운 것이 단풍이라 했다. 하지만 더 아름다운 것이 눈꽃이다. 그리고 겨울 눈 산행은 뽀드득하는 소리를 들으면서 눈을 밟고 능선을 걸어가는 운치가 백미다.

오대산 중대사자암 전경

산이 그리움을 부른다

오대산도 눈 내린 풍경이 아름답기로 명성이 있다. 월정사에서 상원사까지 걷는 9km의 선재길 트레킹이 유명하고, 상원사에서 적멸보궁을 찍고 비로봉에 올라 상왕봉까지 걷는 완만한 능선 길은 최고의 명품 산행 길이다. 더구나 오대산이 있는 평창 진부는 2018년 2월 9일부터 열리는 평창 동계올림픽의 주 무대이다.

상원사 주차장에서 10시부터 산행을 시작했다. 천천히 걸으며 상원사는 대충 눈으로 훑으면서 편안한 오르막길을 500m 정도 걸으니, 중대사 자암에 도착한다. 계단형으로 불사 건축물이 세워져 있어 그 웅장함이 산을 덮을 듯 위용을 자랑하고 있다.

계단을 지나 조금 더 오르면 부처님 사리가 보관된 적멸보궁이 보인다. 여기서 몇 걸음만 계단을 올라가면 된다. 우리는 바로 우측으로 난 샛길로 들어가서 비로봉을 향해 오른다. 여기서부터는 무릎까지 빠질 정도로 제법 눈이 많이 쌓였다.

경사가 가파르면서 본격적인 눈길 산행이 시작된다. 경사가 있는 계단 등산로를 숨을 헐떡이며 약 1.5km 정도 부지런히 올랐다. 비로소 파란 하늘이 열리면서 비로봉에 섰다.

정상에 서면 사방으로 탁 트인 조망이 멋지다. 멀리 발왕산이 눈에 들어오면서 하얀 스키 슬로프가 햇빛에 반사되어 반

비로봉 정상에서 친구와 함께

짝거렸다. 노인봉과 두로봉, 상왕봉. 그 사이 주문진 방향으로 동해 바다가 보일 정도로 시야가 깨끗했다.

비로봉 정상에서 상왕봉까지는 2.3km 거리이다. 널찍한 능선 길에는 눈이 수북해서 걷기에 편안했다. 뽀드득뽀드득 눈 밟는 소리를 들으며 설산을 즐기면서 걸었다. 계속 뽀드득 소리가 나는 눈길을 걸어가다 보면 천년 세월을 지켜 온 주목 군락지를 지난다.

오대산 상왕봉

두로령 0.9km를 남겨 놓고, 이정표를 따라 우측으로 난 오솔길로 내려가면 상원사로 가는 6.1km 거리의 길이다. 약 1.5km 정도의 완만한 경사를 내려가면 두로령에서 내려오는 임도를 만나게 된다. 임도를 따라가다 보면 오른쪽 샛길로 빠지는 경사가 가파른 지름길(약 2km 정도 단축)도 있으나, 우리는 시간적 여유가 있어서 편안한 임도 길을 따라 천천히 내려갔다.

상원사에 도착하니 산행 거리가 총 12km다. 산행 시간은 5시간이 걸렸다. 상당히 여유롭고 편안했던 산행이었다. 겨울 산행으로는 미세 먼지와 바람도 없이 날씨가 너무나 좋았던 행복한 산행이었다. (2018. 1. 7. 일)

산이 그리움을 부른다

오대산 비로봉

철없는
사랑이었던가

일방적 사랑으로
헤어짐에 아쉬움 없어라

하늘에
흰 구름 흐르고

바람이 시원한
비로봉

천년을 헤매이다
다시 이곳을 찾아와도

당신을 보듬어 안아 주는
따스한 숨결이다

29

소양호 푸른 물빛 넘나드는 암릉 길

배후령 → 1~4봉 → 청솔바위 → 정상 → (back) → 배후령 (4km, 2h)

오봉산(五峰山)은 춘천시 북상면과 화천군 간동면 사이에 접해 있다. 높이가 779m로 그렇게 높지는 않으나 산 전체가 기암(奇巖)과 기봉(奇峯)으로 잘 어우러져 오밀조밀한 멋스러움이 있다. 소양호에서 배를 탈 수 있는 즐거움과 다양한 볼거리가 있어 많은 사람들에게 인기 있는 산이다.

오봉산은 소양강댐 건너 청평사 뒤에 솟은 비로봉, 보현봉, 문수봉, 관음봉, 나한봉의 다섯 봉우리를 말한다. 옛 이름은 경운산이었다. 특히 봄이면 진달래, 철쭉이 온 산을 분홍빛으로 수놓아 황홀한 절경을 이룬다. 기차와 배를 타고 가는 철도 산행지, 산과 호수를 동시에 즐길 수 있는 호반 산행지로 많이 알려져 있다.

산행은 해발 고도 600m인 배후령에서 시작했다. 배후령에서 시작하는 오봉산은 산행 거리가 짧아서 한 시간 정도만 걸으면 정상에 오를 수가 있다.

오봉산 등산로 입구인 배후령에는 제법 넓은 주차 공간이 있다. 주차 후 간단한 동작으로 몸을 푼 후 등산 장비를 챙겨서 바로 산행을 시작했다.

시작과 동시에 약간의 오르막이 시작되었다. 오르막 바윗길에 안전 산행을 위한 철봉 가이드가 설치되어 있었다.

능선에 올라서니 경안산 방향으로 가는 갈림길이 나오고 이내 평탄한 길

암릉과 소나무

이 이어진다. 멋진 소나무들이 능선 길 바위 위에서 자태를 뽐내고 있다. 구불구불한 배후령 고개를 뒤로하며 능선을 따라 걸어가다 보면 오봉산까지는 1.73km 남았다는 화살표 안내판이 나왔다. 능선 양옆으로 약간 조망이 터지고 조금 더 걸으니 오봉산 2지점에 도착했다. 여기서 정상인 3지점까지는 약 20분 정도 걸린다.

길을 걷다 아래를 내려다보니 멀리 용화산과 배후령 길이 구불구불 보였다. 소나무 사이로 아름다운 소양호도 보였다. 오늘은 날씨가 맑아 조망도 좋고 푸른 하늘도 청명하게 보였다. 정상을 향해 가다 보면 바위에 뿌리를 내리고 있는 멋진 소나무를 몇 번씩 만나게 된다. 약간의 오르막 내리막이 계속되더니 어느새 정상에 도착했다. (2017. 8. 14. 월)

소양호 품은 하늘 정원

여름의 기온이 천천히 낮아지고
막바지 연초록색 나뭇잎이
그 빛을 더해 가며

기암괴석의 능선 길 바위에
멋진 소나무들
오봉산을 아름답게 꾸민다

바람 불어와 온 몸을 적실 때
막 잠에서 깨어난 새들
숲을 날아다니며 축가를 부른다

처서 지난 지 며칠
이 계절엔 굳이
오랜 시간 산행을 하지 않아도 좋다

그저 마음에 드는
보고 싶은 장면이 있으면
바라만 봐도 좋다

소양호가 내려다보이는

산이 그리움을 부른다

바위에 앉아
따뜻한 커피 한잔 곁들이며

시원한 바람과 더불어
휴식 취하는 시간
모든 게 잘 풀릴 것 같은 기분

천금을 주고도 살 수 없는
푸른 하늘과 강물이
조화를 이루는 아침이다

오봉산 정상에서 보는 소양호

30

호수의 풍광과 어우러진 기암 절경

춘천 용화산(878m)

큰고개 → 명품송 → 갈림길 → 용화산 정상 → 큰고개 (3km, 2h)

용화산(龍華山)은 파로호, 춘천호,
의암호, 소양호 등이 접해 있어 호수의
풍광과 함께 산행을 즐길 수 있는 호반
산행, 기암과 바위가 연이어지는 바위
산행으로 일품이다. 용화산 정상에 오
르면 물내가 물씬 풍기는 호수의 바람
이 시원하기 이를 데 없다.

용화산 정상

동서로 내리뻗은 아기자기한 능선과
암벽, 특히 하늘을 찌를 듯이 높이 솟
은 용암봉을 비롯한 곳곳의 암봉들이 아름답다. 기암괴석이 눈앞에 펼

산이 그리움을 부른다

쳐지고, 발길 닿는 곳마다 바위 또 바위, 용화산은 이렇듯 아기자기하고 스릴 넘치는 등산로를 자랑한다.

용화산 암릉에서

산행 출발지인 용화산 큰고개는 해발 573m로 제법 높은 지대이기 때문에 약 300m만 오르면 정상에 도착할 것이라 생각하니 발걸음이 가볍다. 들머리에 들어서니 정상까지 1km 거리라는 이정표가 서 있다.

처음 시작하는 길에는 나무 계단을 잘 만들어 놓았으나 얼마 지나지 않아서 바로 급경사 바윗길에 쇠줄을 잡고 숨 가쁘게 올라야 하는 구간이 나왔다. 부슬부슬 부서지는 마사토 굵은 모래알들이 암릉 길에 많이 깔려 있어서 미끄러지지 않도록 조심해야 했다.

정상을 향해 오르는 도중에는 산 전체가 바위산이라 암릉에 노출되었다. 역시 이렇게 적당한 암릉이 있어야 산을 타는 재미가 있다. 그리고 조망이 좋아 멀리 배후령과 소양호가 운무에 덮여 멋진 풍경을 보여 주었다. 이렇게 운무가 많이 덮이는 아름다운 장면은 이른 아침에 산행을 해야만 볼 수 있는 풍경이다.

돌출된 바위를 휘감고 있는 명품 소나무 앞에서 멋진 포즈를 취하며 사진을 찍는다. 새벽 여명에 빛나는 기암괴석과 속살을 드러낸 암릉을 걸어가면서 용화산의 유명세를 실감했다.

이른 아침임에도 불구하고 용화산 주변의 산간 도로 곳곳에는 승용차가 많이 주차되어 있어 궁금증이 일었다. 서울을 향해 출발할 때 인근 주유소에서 주유를 하면서 그 이유를 물었다. 용화산에는 자연 송이버섯이 많아서 지역의 주민들이 송이를 채취하려고 도로 옆에 주차를 했기 때문이라고 주유하는 직원이 말해 주었다. 송이버섯은 해가 뜨기 전 이른 새벽에 채취해야 상품 가치가 있다고 했다. 역시 부지런한 새가 먹이를 찾는다는 옛말하고도 일맥상통하는 장면이다. (2017. 9. 16. 토)

가을과 산

하늘이 맑은 날은
바람이 되어

겉치레를 벗어 버리고
편하게 날아 보자

구름처럼
솔개처럼

아무런 구속 없이
바람이 되어 날아 보자

언덕을 만나면 넘어가고
강을 만나면 날아가고

길을 잃으면
잃은 대로 가자

오늘같이
하늘이 맑은 날

구름처럼
바람처럼

훨훨 날아
어디든 가고 싶다

31

온천과 아름다운 계곡을 품고 있는

울진 응봉산(999m)

덕구온천 → 탐방지원센터 → 능선 → 헬기장 → 정상 → 계곡 방향 → 덕구계곡
→ 원탕 → 용소폭포 → 주차장 (11.5km, 5.5h)

강원도 삼척시와 경북 봉화군, 울진
군에 걸쳐 있는 응봉산(鷹峰山)은 낙동
정맥의 한 지류로 산세가 험준하고 폭
포와 계곡, 온천을 품고 있는 아름다운
산이다. 응봉산의 지명은 매와 닮은 산
에서 유래했다고 전해지며, 예전에는
매봉으로 불렀다.

산맥이 남서쪽 통고산으로 흐르고,
동쪽 기슭에는 덕구계곡이 있고 그 너

응봉산 계곡에서 솟구치는 뜨거운 용천수

산이 그리움을 부른다

머 남동쪽에는 구수곡계곡이 있어 맑은 물이 항상 흐르고 있다. 특히 덕구 및 구수곡계곡의 상단부에는 울진 금강송 천연림이 있으며 동남쪽 계곡 절벽 등에는 천연기념물인 산양이 서식한다.

응봉산 정상에서 동해 바다가 보이며 주변에 덕구온천, 덕풍계곡, 구수곡 자연휴양림이 있다.

용봉산 정상

떠나가는 여름의 뒷모습과 상큼하게 다가오는 가을을 느껴 보고 싶은 마음으로 찾은 산이다. 울창한 숲에서 뿜어 올리는 신선한 공기가 출발부터 기분 좋은 발걸음을 만든다.

서두를 필요가 없어서 천천히 산행을 시작했다. 푸른 나무들과 파란 하늘, 계곡에서 들려오는 물소리까지 살아 있는 모든 것들이 아름다운 가을이다.

정상에 올라서니 멀리 산 능선이 실루엣으로 보인다. 동쪽으로는 푸른 바다가 광야처럼 펼쳐져 있고, 저 멀리 북쪽의 설악산까지는 보이지 않더라도 마음은 끝없이 그쪽으로 이어진다. 사실 응봉산 정상에서의 조망은 별로다. 하지만 천연 온천물을 가진 덕구온천 계곡과 반대편 울창한 원시림의 덕풍계곡을 품고 있는 최고의 명산이다.

정상에 오른 후 계곡 길로 하산하기 시작했다. 가파른 경사의 등산로 주변에는 신갈나무 숲이 계속 이어진다. 길가에는 야생화가 피어 가을임을 알려 주고, 등산로 바닥에는 잘 익어 떨어진 도토리가 발길에 채였다.

시원하게 흐르는 계곡이 나왔다. 신발을 벗고 발을 담그니 온몸이 짜 릿하도록 물이 차다. 계절의 감각을 느낄 수 있는 순간이었다. 아직 어 두워질 시간이 아닌데도 계곡 주변이 어둑한 분위기다. 울창한 숲이 해 를 가리기 때문이다.

응봉산 덕구계곡

초가을의 산행은 그 어느 때보다도 운치가 있다. 높고 푸른 하늘과 산 행 내내 시원한 바람이 함께하기 때문이다. 또 길을 걷다가 만나는 야생

산이 그리움을 부른다

화의 수줍은 모습을 만나는 것은 덤으로 주어지는 행복이다.

떠날 줄을 알면서도 호들갑을 떨며 아우성치던 더위는 언제 그랬느냐 며 이렇게 우리 곁에 가을이란 신선한 모습으로 찾아왔다.

초가을 산행, 울창한 숲으로 인해 산에서의 오후는 생각보다 일찍 어두 워진다. 여유를 접고 서둘러 산을 내려가야 하는 이유이다. 한낮의 햇살 이 보여 준 멋진 풍경들을 되새김하면서 오늘 하루의 산행을 마감한다.

(2018. 9. 2. 일)

응봉산에서 느끼는 소확행

계곡을 흐르는 물소리 들으며
능선 거슬러
푸른 하늘을 바라보며
숲속 길을 따라 걷다 보니
흰 구름 머무는 곳
여기가 정상이네

먼 산그리메 바라보니
노래가 나오고
커피 향처럼 부드러운 바람이
얼굴을 스치며
파란 하늘 흰 구름이

마음을 편안하게 한다

산정에 서서
산천을 두루 굽어보다가
말 없는 바위
더불어 고고한 소나무와
정상에서 보내는 시간
참으로 행복하다

바람에 흔들거리는
야생화를 보며
흐르는 계곡 물길을 따라
산길 걸으며
당신과 함께한 오늘이
진정한 행복이다

산이 그리움을 부른다

32

조망이 아름다운 치악 능선

황골 탐방지원센터 → 입석사 → 황골 삼거리 → 쥐너미재 → 비로봉 삼거리 →

비로봉 → (back) → 입석사 → 황골 탐방지원센터 (8km, 5h)

강원도 원주시, 횡성군, 영월군 수주 면의 경계에 위치한 치악산(稚岳山)은 우리나라 5대 악산 중 하나이며 치악 산맥을 이루고 있다. 원주시를 기점으로 동남방 12km 떨어진 태백산 줄기의 치악산은 병풍과 같이 남북으로 길게 뻗쳐 있다.

주봉은 비로봉(1,288m)이라 불리며 남쪽 능선 끝이 남대봉(1,182m)이다.

치악산 정상 비로봉

이 두 봉우리는 14km의 능선으로 이어져 있다. 이곳은 원주에서 서울로 통하는 교통의 요충지일 뿐 아니라 분지가 많아서 강원도의 곡창지대 역할을 하고 있다.

이 산의 옛 이름은 적악산으로 가을의 빼어난 단풍에서 비롯한 이름이다. 그러나 뱀에게 먹힐 뻔했던 꿩을 구해 준 선비가 그 꿩의 보은으로 위기에서 목숨을 건졌다는 '상원사 종소리' 전설을 따라 치악산이라고 불리고 있다.

치악산은 사다리병창 코스로 여러 번 갔었는데 이 코스는 초보자들과 같이 갈 때는 너무 가파르고 힘들다. 전년에 친구들과 이 코스로 산행을 했었다가 무리해서, 일행 중 다리에 근육 경련이 생겨 고생하면서 겨우 하산했던 아픈 기억이 있는 악산(惡山)이다. 그래서 오늘 산행에서는 사다리병창이 있는 구룡사~비로봉 코스를 피해서 반대편 방향의 황골 탐방지원센터에서 출발하는 코스를 선택했다.

이곳 탐방지원센터까지 오는 도로가 시골길 특유의 한적한 풍경을 보여 주고 있다. 길가에는 아담하고 멋진 카페가 많이 있고, 다른 지방과 다르게 엿 공장도 몇 개가 보였다.

입석사로 올라가는 도로는 차단기가 내려져 있다. 스님과 불교 신도에게만 도로가 개방된다고 한다. 시간을 줄여 좀 더 단축 산행을 하려고 입석사까지 승용차로 가려던 계획을 포기했다. 주차장에서 출발해 약간 경사진 도로를 따라 1.6km 거리를 더 걸어가면 입석사가 나온다.

입석사는 신라 고찰로 알려져 있으며, 사찰 왼쪽 30m 부근에 거대한 바위인 입석대와 마애불 좌상이 있다.

산 이 그 리 움 을 부 른 다

입석사에서 입석대까지는 계단 길이 만들어져 있으며, 입석대에서 내려다보는 황골 조망이 멋지다.

해발 720m인 입석사에서 산행을 시작해 비로봉까지 거리는 약 2.5km다. 전체 산행 거리 중 초반 0.6km는 아주 가파른 경사의 너덜 오름길이 계속된다.

황골 삼거리까지는 가파르기로 소문난 사다리병창 코스보다는 아니지만 급경사의 등산길이 계속되었다. 산행 내내 오른쪽 계곡에서 흐르는 물소리가 청량하게 들렸다. 숨이 가슴까지 차오르는 힘든 산행을 이겨 내고 입석사에서 약 1시간 정도 걸려서야 황골삼거리에 도착했다.

고개를 들어 나뭇잎 사이로 능선을 바라보니 멀리 정상인 비로봉이 멋지게 조망되고, 우뚝 서 있는 2개의 돌탑이 귀여운 아기 도깨비 뿔처럼 보였다.

여기서부터 구룡사 길과 만나는 비로봉 삼거리까지는 편안한 길이 계속 된다. 조금 걸어가면 조망이 터지는 쥐너미재가 나온다. 아파트가 즐비하게 세워져 있는 원주 시내가 보였다.

비로봉 삼거리에서 가파른 계단 0.3km를 올라 드디어 치악산 정상인 비로봉에 도착했다. 사방으로 탁 트인 일망무제 조망이 훌륭하다. 남쪽으로 길게 뻗어 나간 치악산 주 능선의 모습이 장쾌하게 보였다. 향로봉, 남대봉, 시명봉이 시야에 들

치악산 정상에서 보는 조망

어오고 그 뒤로는 벼락바위봉, 백운산이 마루금을 그리며 아름다운 풍경화를 만들어 낸다.

맑은 가을날, 여기 비로봉에 서니 치악산의 녹색 능선에 푸른 하늘이 곱게 내려앉았다. 그리고 언제나 그 자리에 우뚝 서 있는 비로봉의 돌탑은 가을의 감흥에 젖어 행복해 보였다. 또한 외로운 산사람이 독백하듯이 풀어내는 산에 대한 그리움은 농익은 가을 속으로 빠져들고, 저 멀리 이어지는 겹겹 녹색의 능선은 온몸이 가을빛에 젖어 든다.

다른 때와 달리 오늘은 정상에서 제법 오래 머물렀다. 하지만 이곳 비로봉 정상에 계속해서 머물 수는 없었다. 올라왔던 길 그대로 다시 내려갔다. 올라올 때와 마찬가지로 조심스럽게 바위 너덜길을 내려가면서 익어 가는 가을의 정취를 만끽하며 치악산 산행을 마무리한다. (2018. 7. 3. 일)

치악산

그대는 보았는가
가을이면
이름 모를 꽃들이 피고 지는
아름다운 山

뜨거운 폭염과
거센 비바람도 이겨 내고
우뚝 선 돌탑

산이 그리움을 부른다

멋진 조망이 있는 비로봉

저 멀리 운무에 갇혀
희미하게 보이는
설악의 자태를 그리워하며
무한 사랑을 보내는

여기
그대와 나
치악산을
진정 사랑하노라

치악산 정상에서 친구들과

33

큰 기운이 느껴지는 민족의 영산

태백 태백산 장군봉(1,567m)

유일사 매표소 → 쉼터 → 주목군락지 → 장군봉 → 천제단 → (back) → 주목군
락지 → 쉼터 → 유일사 매표소 (8.5km, 3.5h)

태백산(太白山)은 높이 1,567m로 태백산맥의 주봉이다. 이곳에서 소
백산맥이 갈라져 나와 남서쪽으로 발달했다. 예로부터 삼한의 명산, 전
국 12대 명산이라 하여 '민족의 영산'이라 일컫는다. 능선은 북서-남동
방향으로 뻗어 있으며, 곳곳에 암석이 노출되어 있고 깊은 계곡들이 발
달했다.

태백산은 겨울의 눈과 설화가 환상적이다. 주목과 어우러진 설화는
동화 속의 설경이다. 적설량이 많고 바람이 세차기로 유명하여 눈이 잘
녹지 않고 겨울 내내 계속 쌓인다. 세차게 몰아치는 바람이 눈을 날려
설화(雪花)를 만든다.

산이 그리움을 부른다

며칠 전 강원 산간에 5cm 정도의 눈이 내렸다. 산행 시작점인 유일사 매표소에는 아침 8시에 도착했다. 도립공원에서 국립공원으로 바뀐 후 입장료는 받지 않는다.

태백산 등산 코스 중 제일 많이 이용하는 유일사 코스는 산행 시작점 높이가 해발 900m 정도가 된다. 여기서부터 약 2.3km 거리의 포장 임도를 따라 오른 후 천제단까지의 1.7km가 제대로 된 등산로인데, 해발 1,567m의 높은 고도에 비해 들머리의 고도가 높아서 등산로가 비교적 완만하여 가족 산행지로 인기가 많다.

산행이 시작되는 임도에는 눈이 제법 많이 쌓여 있어서 시작부터 안전하게 아이젠을 착용했다. 길을 걷다 보면 넓은 임도가 끝나는 지점에 쉼터가 있다. 여기서부터 정상인 천제단으로 이어지는 등산로가 계속된다.

유일사 쉼터를 지나면서 조금씩 눈이 내리기 시작했다. 나뭇가지 위에 하얗게 눈이 내려 쌓이기 시작했다. 눈꽃이 살짝 피면서 바람도 은근하게 불어오니 산을 오르는 마음이 상쾌해지며 더욱 힘이 났다.

오늘은 전국적으로 비가 내렸는데 이곳 태백에는 눈이 내렸다. 포근한 날씨에 편안하게 산행을 하면서 '살아서 천년, 죽

태백산 정상

어서 천년'이라는 멋진 주목나무의 자태를 틈틈이 사진에 담았다. 뒤돌아보면 맞은편에 웅장한 함백산이 아름다운 설산의 모습을 보여 준다.

태백산에서도 제일 높다는 장군봉 전경이 눈꽃으로 장관을 이루었다. 편평한 등산로를 따라 천제단을 향해 걸어가는데, 아주 강하게 부는 바람을 맞으며 약 300m 정도 더 걸어가서 천제단에 도착했다. 몸을 가눌 수 없을 정도로 아주 강한 바람이 불어 100대 명산 인증 샷도 겨우 찍을 수 있었다.

태백산 정상부에 위치한 천제단은 천왕단을 중심으로 북쪽에 장군단,

태백산 정상에 있는 천제단

산이 그리움을 부른다

남쪽에는 그보다 작은 하단의 3기로 구성되었으며, 적석으로 쌓아 신역(神域)을 이루고 있다. 천제단에서는 매년 개천절에 제의(祭儀)를 행하는데 이를 천제 또는 천왕제라고 한다.

정상 일대는 바람을 막아 줄 가림막이 없어 거센 바람이 계속 불어 댔다. 정상부는 내리는 눈과 바람으로 조망을 볼 수가 없었다. 그저 뿌연 안개 속에 빠져 있는 듯했다.

이곳에 계속 머무를 수가 없어 바로 하산하기 시작했다. 다시 왔던 길을 되돌아 능선을 걸어 내려가며 쏟아지는 눈꽃 산행의 백미를 즐기면서 내려갔다. 내려와서도 너무나 아름다운 태백산의 설경이 오랫동안 눈에 아른거렸다. (2017. 12. 24. 일)

그런 게 인생이다

태백산 가는 길 위에
내가 있다

바람이 부나
비가 오나

정상 향해 오르는
그 산길

항상 그 자리에
주목처럼 내가 있다

어느 날
잠에서 깨어나

문득
네 생각을 한 적이 있다

그래 인생 별거 없어
비바람 견뎌 내는

바위에 새겨진 글씨처럼
구름 뚫고 나온 달처럼

생(生)의 장롱 속에
묻혀 있다가

우연히 발견되어 느끼는 새로움
그런 게 인생이다

34

동강의 아름다운 비경을 간직한

영월 태화산(1,027m)

흥월분교 → 1010봉 → 태화산 정상 → (back) → 흥월분교 (5.2km, 2.5h)

태화산(太華山)은 영월군 영월읍과 충북 단양군 영춘면 경계를 이루는 산이다. 《신증동국여지승람》에 대화산이라는 이름으로 전하는 산이다.

정상에서 북서쪽으로 뻗은 능선 끝에는 U자형으로 곡류하는 남한강이 흐르고 영월읍을 두루 굽어보기 좋은 위치에 성터가 남아 있다. 이는 '태화산성'인데 고구려 시대의 토성으로 간혹 기와 파편이 발견되기도 한다.

서쪽을 제외한 삼면이 남한강으로 에워싸여 주 능선에서 조망되는 동강(東江) 풍광이 남다르게 아름다운 곳이다. 사계절 변화무쌍한 부드러운 능선 길은 굽이쳐 흐르는 동강과 아름다운 비경을 보여 주는 산이다.

내비게이션에 영월군 흥월리 687번지를 찍고 가다 보면, 큰 도로가 끝나는 지점에서 왼쪽으로 작은 도로를 타고 조금 가면 주차를 할 수 있는 공간이 나온다. 주차를 하고 바로 옆에 있는 안내도를 보니 태화산 정상에 오를 수 있는 최단 코스로 1.7km 오르면 1010봉이 있고, 여기서 왼쪽 능선으로 0.5km 더 가면 정상이다.

산행 들머리는 주차한 곳에서 10m 정도 더 가면 전봇대에 등산로라고 표시되어 있는 곳이다. 왼쪽으로 난 등산로를 따라 들어가면 계속해서 몇 개의 등산로 표지가 세워져 있어 산행 들머리를 찾기는 쉽다.

시작부터 눈이 쌓여 있으나 조금 올라가면 양지바른 지역이라 눈이 거의 없다가, 1010봉의 8부 능선 정도 가면 다시 눈길이 나오고 정상까지 계속 눈길이 이어진다. 1010봉에 이르면 단양으로 가는 길과 정상으로 가는 길이 갈라지는 삼거리 이정표가 나온다.

정상으로 가는 능선을 따라 걸으면 좌우 늘어선 나무들 때문에 조망이 거의 없다. 정상에는 표지석이 2개가 서 있다. 키가 작은 정상석은 단양군에서 세운 것이고, 키가 큰 멋진 정상석은 영월군에서 세운 것이다.

여기서 하산 길은 직진 방향이다. 능선을 타고 우측 동강 방향으로 내려가면 고씨동굴로 내려갈 수 있다. 승용차 회수를 위해서 다시 왔던 길로 되돌아서 내려간다. 총 5.2km, 2시간 30분의 최단 거리 코스를 산행하고 내려가는데 약간 아쉬움이 남는 산행이었다.
(2018. 2. 17. 토)

태화산 정상

이게 바로 삶이네

이제는 눈 내리지 않아도 좋은 계절
어제 설날도 지나고

오늘은 그 흔한 카톡이나
문자도 없네

기다리면 기다릴수록
그리움만 차고

어둠이 내리는 저녁
막걸리 한잔이 그리운데

이런 날에는 다들 어디에서
쉰 소리나 하는지

하지만, 너무 외로워하진 말게
이게 바로 삶이네

35

크고 작은 여덟 봉우리가 형제처럼

홍천 팔봉산(327m)

매표소 → 1봉~8봉 → 홍천강 자락길 → 주차장 (3.0km, 3h)

홍천 팔봉산(八峰山)은 홍천강 중간쯤에 위치한 산이다. 바위로 이루어진 크고 작은 여덟 봉우리가 형제처럼 솟아 있어 팔봉산이다. 산의 높이는 327m로 낮지만 바위와 암벽으로 이루어진 주 능선이 마치 병풍을 펼친 듯한 산세로 예부터 '소금강(小金剛)'이라 불릴 만큼 아름답다.

팔봉산은 흔히 두 번 놀라게 하는 산으로 알려져 있다. 낮은 산이지만, 산세가 아름다워 놀라고, 일단 산에 올라보면 암릉이 줄지어 있어 산행이 만만치 않아 두 번 놀란다는 것이다. 그래도 이 산이 인기가 높은 것은 주 능선 좌우로 홍천강이 산을 끼고 도는 풍경이 아름답고, 정상에 올라서 바라보는 전망이 더 없이 좋으며 여름철 산행 후 물놀이도 겸할 수 있는 곳이다.

산이 그리움을 부른다

새벽 일찍 도착하니 팔봉산 매표소가 닫혀 있었다. 입장료 1,500원을 절약했다고 생각하며 등산 안내도를 대략 살펴본다. 오늘의 산행 코스를 정하고, 남근목이 지키고 서 있는 팔봉산 등산로 입구를 통과했다.

출발해서 20분 정도 걸으면 1봉을 오르는 지점에 도착한다. '갈 만한 길과 험한 길'이라는 1봉에 오르는 갈림길 표지가 나온다. 일단 안전을 위해 편한 길을 선택했다. 편한 길이라 하더라도 방심할 틈을 주지 않는다. 암봉 밑에서는 철봉 가이드를 잡고 가파른 암벽을 올라야 한다. 탁 트인 절경이 나오고 곧이어 1봉에 도착했다. 팔봉산은 산과 강이 어우러져 아름다운 수채화를 펼쳐 놓았고, 멀리 대명 비발디스키장의 하얀 슬로프가 눈에 들어왔다.

2봉 정상으로 가는 길도 역시 암벽 구간으로 험하다는 안내 현수막이 걸려 있다. 다시 안전하게 우회해서 2봉을 오른다. 2봉 가는 길에 노란 생강나무 꽃이 피어 있어 이미 봄이 우리 곁에 와 있음을 알려 준다.

2봉 정상에는 '삼부인당'이라는 당집이 세워져 있다. '3부인 (이씨, 김씨, 홍씨)신'을 모시는 곳으로, 지금으로부터 약 4백

팔봉산 오르는 중간에 암벽 옆에서

년 전 조선 선조 때부터 팔봉산 주변 마을 사람들이 마을의 평온을 빌고 풍년을 기원하며 액운을 예방하는 당굿을 해 오던 곳이다. 또 2봉 정상

에는 전에 왔을 때 없었던 철골 전망대가 만들어져 있으며, 산림청 깃발과 태극기가 세워져 바람에 휘날리고 있었다.

2봉에서 내려오면 바로 앞에 3봉이 있다. 3봉 오르는 암벽에는 약 20m의 철제 사다리가 세워져 있다. 바로 2봉에 연속해서 3봉을 만나게 된다. 3봉에 올라서니 발밑으로는 홍천강이 유유하게 흐르고 있었다.

팔봉산을 끼고 유유히 흐르는 홍천강

다시 4봉을 가기 위해 3봉을 내려가서 3봉과 4봉 사이에 설치되어 있는 약 20m 철제 다리를 건넜다. 이어 철제 사다리 계단을 오르면 바로 4

산이 그리움을 부른다

봉이 기다리고 있다. 진행이라고 표시된 화살표를 보고 길을 찾아 다시 가파른 암벽을 내려서면, 바로 앞에 있는 5봉을 올라가게 된다.

조그만 5봉 표지석은 홍천강을 배경으로 소나무와 잘 어울려 암벽 위에 세워져 있다. 철봉을 잡고 가파른 암벽을 내려서면 바로 앞에 6봉으로 건너가는 철제 다리를 지나 가파르고 험한 암벽을 오른다. 6봉 정상에 오르면 여기에도 30센티 정도의 조그만 표지석이 암릉 위에 서 있다.

마찬가지로 6봉에서 내려서서 조금 올라가면 7봉도 나타난다. 여기도 역시나

팔봉산의 아름다운 암릉

조그만 바위 위에 정상석이 작게 세워져 있다. 진행 방향이라는 화살표를 따라 7봉에서 내려서면 또 약 20m 되는 철제 다리가 나오고, 이어 8봉 오르는 길과 하산하는 갈림길이 나온다.

갈림길에는 '팔봉산 등산로 코스 중 8봉은 가장 험하고 안전사고가 자주 일어나는 코스입니다. 현 시점에서 하산하여 주시기 바랍니다.'라는 안내 경고판이 있다. 하지만 지난 산행에서 이 구간을 올라갔었는데 그렇게 위험하지가 않아서 이번에도 그냥 올라가기로 했다.

마지막 팔봉산의 8봉에 올라섰다. 이렇듯 8개의 봉우리를 오르는 것이 우리네 80세 인생같이 생각되었다. 힘들고 어려운 산행에 대한 보상인 듯 산바람 강바람이 이마의 땀을 씻어 준다.

가파른 하산 길은 중간마다 돌계단이 되어 있어 그렇게 힘들이지 않고 20분 정도 내려가니 유유히 흐르고 있는 홍천강가에 내려섰다. 강가 자락 길을 따라 약 500m를 걸어가면 주차장이 나온다.

팔봉산은 봉우리마다 모두 바위로 되어 있어 둥근 톱날처럼 역동적이고 스릴이 넘치는 명산이었다. 암벽을 타고 봉우리를 넘나드는 아기자기한 재미와 함께 홍천강을 조망하면서 산행하는 멋진 아침이었다.

(2018. 3. 18. 일)

숲길 걸으며

아무도 없는 새벽 숲길 걸으면
공기가 달콤하고
숲 냄새가 싱그럽고

청량한 소리를 내며
물이 흐르고
새소리에 귀가 트인다

바닥이 맑게 비치는데
단 몇 초도
손 담글 수 없게 물이 차고

숲길을 걷는데
스며드는
아침 햇살에 눈이 부시다

봄이 시작되었지만
계곡 찬 기운에 몸이 움츠러들어
바람막이를 꺼내 걸치니

다시 기분이 상쾌해지고
잘 왔다는 생각
멀더라도 나서길 너무 잘했다

36

여름에는 야생화, 겨울에는 설산이 매력

만항재 → 기원단 → 함백산 → 중계소 → 임도 → 만항재 (6.4km, 2.5h)

함백산(咸白山)은 높이 1,573m로 우리나라에서 여섯 번째로 높은 산이다. 부근은 국내 유수의 탄전 지대이며 산업선인 태백선 철도가 산의 북쪽 경사면을 지난다. 오대산, 설악산, 태백산 등과 함께 태백산맥에 속하는 고봉이다. 북서쪽 사면에는 신라 시대에 건립한 것으로 알려진 정암사가 있는데, 이곳에는 정암사 수마노탑과 정암사의 열목어 서식지가 있다.

함백산은 산 전체의 사면이 급경사로 산세가 험준하다. 북서쪽 사면을 흐르는 계류들은 정선군 사북읍에서 남한강의 지류인 동남천에 흘러들며, 서남쪽 사면을 흐르는 계류들은 정선군 상동읍에서 남한강의 지류인 옥동천에 흘러든다.

산행은 만항재(1,330m)에서 시작한다. 우리나라에서 차로 오를 수 있는 포장도로 중 가장 높다고 한다. 사실 만항재는 우리나라 최대 야생화 군락지로 유명하고, 여름에도 시원한 바람이 불어 많은 등산객들이 찾는다.

만항재에 도착하니 승용차 2대가 주차되어 있었다. 설날 연휴임에도 모두 귀향하느라 등산객들이 거의 없었다. 입구부터 아이젠을 차고 산행을 시작했는데 생각보다 눈이 없었다. 양지바른 곳은 눈이 녹아서 흙바닥이 보이고, 눈이 녹은 물로 땅이 질척거려서 산행이 불편했다.

완만한 숲속 눈길을 약 40분 걸으면 기원단을 만나게 된다. 이곳의 함백산 기원단은 옛날 백성들이 하늘에 제를 올리며 소원을 빌던 민간 신앙의 성지였다고 전해 온다.

기원단을 지나서 조금 걸어가면 함백산 정상부에 있는 KBS, MBC 중계소로 올라가는 임도를 만난다. 여기까지는 자동차로 올라올 수 있다. 차량 4대가 세워져 있고 몇 명의 등산객들도 만났다. 여기서부터 정상까지는 약 1km 거리다. 그러나 중계소로 올라가는 임도를 따라가면 약 2km 거리이다. 우리는 산 능선으로 올랐다가 임도를 따라 내려오기로 했다.

중간 정도 오르니 멀리 산 능선이 푸른 하늘과 어울려 시야를 시원하게 만든다. 하이원리조트 방향으로는 거대한 바람개

함백산 정상부에 있는 중계소

비 풍차 2개가 돌아가고 있고, 스키장 슬로프가 잿빛 산에 흰색의 포장도로처럼 빛나고 있었다.

함백산 정상에서

정상에 도착했다. 발밑으로는 태백 선수촌 훈련장과 KBS, MBC 중계소가 보이고, 멀리 태백산과 바람의 언덕이라고 불리는 매봉산 방향에는 십여 개의 풍차가 돌아가고 있었다.

내려가는 길은 정상적인 등산로보다 1km 정도 더 길지만 완만한 임도로 내려갔다. 함백산을 중심으로 하는 임도를 따라 내려가면서 보이는 사방이 탁 트인 시원한 조망이 좋았다. (2018. 2. 15. 목)

함백산

밤새
눈이 내린
만항재

주목의 자태는

산이 그리움을 부른다

세월이 써 내려간
詩다

정상에서
우리를 맞이하는
바람이

화폭 가득
그림을
그린다

함백산 정상 전경

충청북도

37

아홉 봉우리가 병풍을 두른 듯

보은 구병산(876m)

구병리 마을회관 → 쌀개봉 → 풍혈 → 구병산 정상 → 백운대 → 구병리 마을
(4km, 2h)

구병산(九屛山)은 충북 보은군과 경북 상주군의 속리산 국립공원 남쪽 국도변에 자리 잡고 있는 높이 876m의 산이다. 주 능선이 동쪽에서 서쪽으로 길게 이어지면서 마치 병풍을 두른 듯 아홉 개의 봉우리가 연이어져 있어 매우 아름다운 경치를 이루고 있다.

구병산은 근처에 있는 속리산에 가려져 일반인에게 잘 알려지지 않아 산 전체가 조용하고 깨끗하다. 산 자체로 볼 때 크게 내세울 것은 없으나 암산으로 이루어져 산행이 생각보다 쉽지 않다.

구병산은 대개 적암리에서 오르는 코스를 이용하는데, 산행을 위해

산이 그리움을 부른다

인터넷을 검색해 보니 구병리 마을에서 오르는 최단 코스가 있다는 것을 알게 되었다.

구병리 마을회관으로 내비게이션 목적지를 맞추고, 새벽 공기를 가르며 보은으로 달려 8시경에 도착했다. 마을은 대부분 펜션으로 이용해서인지 길가마다 예쁜 꽃들이 심어져 있고, 집이 잘 단장된 예쁜 마을임을 보여 주고 있었다.

산행 들머리에는 마을을 가로지르며 흐르는 작지만 맑고 깨끗한 냇물이 흐르고 있어 마을의 정취를 더해 준다. 더운 여름에는 산행에 지친 발을 담그고 잠시 쉬어 가기에도 좋을 듯 보였다.

마을 길을 따라 올라가다 보면 산행 안내 이정표가 나온다. 외길이라서 도로로 된 마을 길을 따라 끝까지 올라가면 된다.

조금 걸어가면 1코스와 2코스로 나누어지는 갈림길이 나오는데, 1코스는 오른쪽으로, 2코스는 냇물을 건너 산 방향으로 등산로가 있다. 대부분의 등산객들은 1코스로 올랐다가 2코스로 내려온다고 한다.

길을 따라 오르면 다시 산행 안내판이 나온다. 이때부터 그냥 길을 따라 걸으면 된다. 조금 오르다 보면 구병산 정상으로 가는 길과 풍혈(風穴)로 가는 갈림길이 나온다. 구병산에는 4곳의 풍혈이 있는데 그 풍혈에서는 시원한 바람이 나온다.

산행 거리가 짧다 보니 등산로는 대체로 가파른 편이다. 그래도 길을 가다 보면 가끔 평지의 오솔길도 나온다. 신선한 아침 공기가 마음을 상쾌하게 하고 촉촉한 물기를 머금은 나뭇잎들은 제각기 가진 색을 빛내며 반겨 준다.

제법 땀을 흘리고 숨을 헐떡거릴 즈음 쌀개봉을 지난다. 특별하게 아

름답지도 않고 표시도 없어 그냥 지나
치기 쉽다.

구병산 정상

드디어 정상에 도착했다. 정상부는
세 평 정도의 편평한 공간이다. 정상에
서서 사방을 둘러보니 멀리 속리산 방
향인 듯 조망이 시원스럽고 멋지다. 하
산은 2코스를 이용하기로 했다. '트랭
글' 앱의 지도를 따라 853봉을 향해 가
다가 백운대에서 왼쪽 갈림길로 내려
갔다. 조금 걷다가 한 번 더 트랭글 앱의 등산 지도를 확인하면서 구병
리로 하산을 했다.

짧은 산행 코스지만 100대 명산에 선정될 정도로 아름답고 멋진 명산
이었으나 산행 안내 표식이 많이 부족했다. 구병산이 있는 서원리, 구병
리 마을은 동네도 아담하고 예쁘다. 정상에서의 조망도 멋진 산행이었다.

(2018. 4. 30. 일)

구병산에서 봄을 그리다

벌써 봄이 왔지만
어제 내린 비와 강풍으로
춥고 시리다

산이 그리움을 부른다

너는 어디에서 와
어디로 가는지
사람들은 궁금해하는데

아는 게 너무 없어
너에게 가는 길은
아직도 멀다

오늘은 왠지
더 산행하고 싶지 않아
여기 신선이 놀다 간 자리에서

경치나 감상하며
낡은 시집을 벗 삼아
시간을 보낸다

38

비단을 수(繡)놓은 듯 아름다운

단양 금수산(1,016m)

상학 주차장 → 남근석 공원 → 설담 전망대 → 망덕봉 갈림길 → 금수산 정상 →
금수산 삼거리 → 임도 → 상학 주차장 (5km, 4.5h)

금수산(錦繡山)은 충북 단양군 적성면에 있는 높이 1,016m의 산이다.
멀리서 보면 산 능선이 마치 미녀가 누워 있는 모습과 비슷하다고 하여
'미녀봉'이라고 부르기도 한다.

월악산 국립공원의 북단에 위치하며 주봉은 암봉으로 되어 있다. 원래
는 백암산이라 하던 것을 이황이 단양 군수로 있을 때, 산이 아름다운 것
을 "비단에 수(繡)를 놓은 것 같다"고 하여 금수산으로 개칭했다고 한다.

산기슭에는 푸른 숲이 우거져 있는데, 봄에는 철쭉, 여름에는 녹음,
가을에는 단풍, 겨울에는 설경이 아름다워 많은 등산객들이 사계절 즐
겨 찾는 산이다.

산이 그리움을 부른다

새벽까지 비가 내려서 조금 걱정이 됐는데, 고속도로를 내려오는 중 원주 지역은 하늘이 맑게 개어 산행 목적지인 금수산도 날씨가 좋을 것으로 기대가 되었다. 하지만 이곳 금수산 입구 상학 주차장에 도착하니 비는 그쳤지만 회색 하늘빛에 약간 흐린 날씨다. 오히려 산행하기 좋은 날씨라고 위안을 삼았다.

산행은 우측 능선을 타고 정상에 올랐다가 왼쪽의 금수산 삼거리로 하산하여 펜션 단지를 지나서 내려오는 코스로 정했다. 주차장에서 포장도로를 따라 20여 분 정도 올라가면 남근석 공원이 나온다. 커다랗고 멋진 남근석 작품이 하늘을 뚫을 정도로 기세가 등등하다.

여기서 다시 10분 정도 더 걸으면 설금전망대가 나온다. 설금이란 이 지역이 동남향의 따뜻한 지역이어서 옛날부터 서리와 눈이 늦게 내리는 곳이라 하여 설금이라는 옛 지명으로 불린다. 여기서 내려다보는 적성면 지역의 조망이 시원하다. 다시 10여 분 더 올라가면 해발 770m, 금수산 정상 1.2km 라고 표시된 안내목이 나온다.

여기서부터 거칠고 가파른 돌길이 계속된다. 중간에 나무 계단이 간혹 있으나 정상까지 미끄러운 바윗길이 이어졌다. 안내 표지목 지점에서 40분 정도 부지런히 올라가서 드디어 망덕봉과 금수산 정상으로 가는 길이 나뉘는 갈림길 지점에 도착했다. 이곳은 운무로 인해 한 치 앞을 보기 어려웠으나 시원하게 불어 주는 바람으로 힘든 산행에 위로가 되었다.

금수산 정상에 도착하니 멋진 암릉 주변으로 넓은 공간의 나무 데크를 만들어서 4년 전에 왔을 때 보다 훨씬 더 안전하였고, 주변의 조망을 둘러보면서 휴식을 취하기 좋게 만들었다. 정상까지는 주차장에서 출발하여 약 2시간이 걸렸다.

    정상 주변의 운무로 인해 전망이 좋지는 않았지만 가까이 있는 가파른 암릉과 그 사이에 뿌리 내리고 살아가고 있는 소나무들이 당당하고 멋지게 보였다. 정상에서 간단하게 간식을 하고 하산하기 시작하는데 초입부터 가파른 내리막길이다. 비가 내려서 바위와 돌길, 흙길이 미끄러워 아주 조심하면서 내려갔다.

    정상에서 30분 정도 내려가면 상학 주차장과 상천 주차장으로 갈라지는 금수산 삼거리가 나온다. 여기서 왼쪽의 상학 주차장 2.3km 표지를 보고 내려가기 시작했다. 5분 정도 내려가니 전망이 확 터지는 전망 바위가 나왔다. 모처럼 환한 날씨를 맞아 시야가 맑아지면서 마을이 조망되고 건너편 능선들이 아름답게 보였다.

    다시 30분 정도 내려가면 임도를 만난다. 산행 안내 리본이 많이 달려 있는 좁은 숲속 길을 따라 조금만 더 내려가면 펜션 단지가 나오고, 처음 산행을 시작했던 상학 주차장이 나온다. (2017. 10. 2. 월)

금수산 정상

산이 그리움을 부른다

금수산 정상에서 바라보는 마을 조망

정상에서 망덕봉으로 이어지는 능선

이 길 아니네

이 산길 처음 온 것 같지 않은데

처음 온 거라면
이렇게 익숙할 수 있을까

그럼 언제 왔었을까

저 바위와
저 나무
저 하늘의 구름이 너무나 익숙한데

이 길이 아니네……

아득하다
기억이 나지 않네

길을 따라 계속 걸어가지만
익숙하지 않네

잘못 들어서면 낭패

처음부터 다시 시작하든지
목적지를 바꿔야 하는데

사방 천지가 막막하고
빛은 점점 희미해져 가는데
길을 잃었다

익숙한 듯 익숙하지 않은 산길
스스로 찾아야 하는데

가던 길 되돌아오지 않으려면
속도보다 방향이 중요하다

39

용추폭포의 미모에 흠뻑 빠지다

주차장 → 마당바위 → 벌바위 → 용추계곡 → 용추폭포 → 월영대 → 피아골 → 대야산 정상 → 밀재 → 다래골 계곡 → 월영대 → 용추폭포 → 용추계곡 → 마당바위 → 주차장 (8.4km, 4h)

대야산(大耶山)은 백두대간에 자리 잡고 있으면서 문경의 산 중에서도 그 명성을 높이 사고 있는 명산이다. 충청 북도 괴산군 청천면과 경상북도 문경 시 가은읍에 걸쳐 있다. 높이는 931m 이다. 속리산 국립공원에 속해 있으며 백두대간의 백화산과 희양산을 지나 속리산을 가기 전에 있다.

대야산 정상

산이 그리움을 부른다

대야산은 계곡이 아름다운 산으로 경북 쪽에는 선유동계곡과 용추계곡, 충북 쪽으로 화양구곡이 있다. 대하산, 대화산, 대산, 상대산 등으로도 불리지만 1789년 발행된 '문경현지'에 대야산으로 적혀 있다.

대야산 산행은 일반적으로 이화령을 넘어 문경시를 지나 가은읍 벌바위에서 시작한다. 계곡을 따라 난 신작로를 걸어가면 서쪽으로 기암이 두드러진 산이 보인다. 이 계곡이 용추계곡인데 입구에 '문경팔경'이라고 새긴 비석이 있다.

울창한 숲으로 둘러싸인 암반 위를 사시사철 옥처럼 맑은 물이 흘러내리는 계곡에는 무당소, 용추폭포, 월영대 등의 아름다운 비경이 숨어있다. 용추계곡의 비경 중 으뜸으로 꼽히는 용추폭포는 3단으로 되어 있으며, 회백색 화강암 한가운데로 하트형의 독특한 탕을 이루고 있어 보는 이로 하여금 신비로움을 느끼게 해 준다.

이곳은 두 마리의 용이 승천했다는 전설이 서려 있는 곳으로 폭포 양쪽의 바위에는 용이 승천할 때 떨어뜨렸다고 전하는 용의 비늘 자국이 아직도 남아 있다.

용추에서 약 20분을 오르면 바위와 계곡에 달빛이 비친다는 월영대가 나온다. 이곳 월영대는 다래골과 피아골의 합수점이자 정상에 오르는 산행 갈림길이다.

대야산 용추계곡

월영대에서 왼쪽으로 계곡을 따라 약 50분 정도 걸어가면 밀재가 나온다. 여기에서 약 1시간 정도 더 걸으면 정상에 도착할 수 있다. 그러나 정상에 오르는 더 짧은 코스는 피아골 방향으로 오르는 코스다. 정상 가까이 약 0.5km 거리를 남기고는 경사가 심하다. 예전에는 길도 험해서 바위를 기어오르고 수풀을 헤치며 가야 했으나 지금

대야산의 기암괴석

은 안전하게 나무 계단을 설치해서 편안하게 오를 수 있다.

정상은 10평 정도의 바위로 삼각점과 산 이름을 적은 속리산 국립공원에 속하는 봉우리들을 설명하는 나무 안내판이 서 있고 백두대간의 올망졸망한 봉우리들이 조망된다. 정상을 가운데 두고 북쪽에는 불란치재, 남쪽은 밀재가 있다. 대부분 하산은 남쪽 능선을 따라 밀재 쪽으로 내려가는데 총 산행 시간은 4시간 안팎이 걸린다. 밀재는 경북과 충북의 경계를 이루는 백두대간 구간 중에 있는 고개이다. (2018. 6. 30. 토)

대야산 계곡에서

땀에 젖은 몸

어렴풋이 윤곽이 드러날 때
모자 벗어 나뭇가지에 걸어 놓고
틈새 비추는 햇빛에
춤추는 초록을 건져 올린다

햇빛 없는 울창한
숲속에서
원시의 강한 생명력이
평범한 일상을
붉은 열정으로 불태운다

장맛비로 불어난
차가운 계곡물에
온종일 걷느라 부르튼 발 담그며
이끼 풀어 영양분 많은 물을
흠뻑 적신다

생동감이 넘치는
오늘 하루
힘차게 내딛는 발걸음
뜨거운 열정
파이팅을 외친다

40

깨달음과 즐거움을 누리는 매력

단양 도락산(964m)

내궁기 마을 → 능선 삼거리 → 도락산 정상 → (back) → 주차장 (4.7km, 3.5h)

도락산(道樂山, 964m)은 충청북도 단양군 단성면과 대강면 사이에 위치하며, 월악산 국립공원의 동남쪽에 위치한다. 월악산과 소백산이 이어지는 단양의 아름다운 산세가 끝없이 춤을 추며 일부가 월악산 국립공원 범위 내에 포함되어 있다.

도락산 정상

도락산의 정상 부근은 암벽 능선으로 이루어져 있어 비교적 힘든 코스라고 할 수 있지만, 반면에 아름다운 기암 절경에 취해 그 매력에 흠뻑 빠

산이 그리움을 부른다

져드는 산이다. 큰 암반이 있는 신선봉은 도락산에서 전망이 제일 멋진 곳이라고 할 수 있다.

산을 끼고 북(北)으로는 사인암이, 서(西)로는 상선암, 중선암, 하선암 등 이른바 단양팔경의 4경이 인접해 있으므로 주변 경관이 더욱 아름답다.

도락산은 우암 송시열이 '깨달음을 얻는 데는 길이 있어야 하고 또한 즐거움이 뒤따라야 한다'는 뜻에서 산 이름을 지었다고 한다. 우암 송시열 선생의 인품을 도락산에 올라가 음미해 보면 감명 깊게 느낄 수 있는 곳이다.

도락산 산행은 대부분 상선암 주차장에서 출발하여 정상을 거쳐 원점 회귀하는 코스를 이용하지만, 험난하기는 해도 도락산 암릉을 즐길 수 있는 최단 코스로 오르려고 한다.

며칠 전 강원, 충북 지역에 많은 눈이 내려 내궁기 마을로 가는 아스팔트 도로에 눈이 쌓이고 바닥이 얼어서 승용차가 올라갈 수 없었다. 길가에 주차를 하고 도로를 따라 0.7km 정도를 걸었다. 펜션 옆 왼쪽으로 도락산 등산로라는 안내판이 보였다.

제법 눈이 많이 쌓인 등산로를 앞서 지나간 등산객의 발자국을 따라 약 500m 정도 올라가면 갈림길에 산행 안내목이 있다. 여기서 오른쪽 방향으로 도락산 표시가 되어 있는데 직진하는 방향에도 발자국이 있었다. 잠시 어느 쪽으로 갈까 갈등하다가 직진 방향의 발자국을 따라 올라갔다. 약 200m 정도를 올라왔다고 생각되는데 발자국이 끊겼다.

이제는 뒤로 가지도 못하고 난감했다. 같이 간 일행과 협의를 한 후 그냥 앞으로 눈길을 헤치며 등산로를 찾아 오르기 시작했다. 이 길이 정상적인 등산로가 맞나 싶을 정도로 가파른 오르막이 펼쳐졌다. 그냥 능선을 향해 오르다 보면 정상적인 등산로를 만날 것이라는 희망으로 굳세게 올라갔다.

올라가다 보니 정상적인 등산로를 만났다. 능선을 걷다 보면 멋진 소나무가 계속 나타나고, 푸른 하늘과 숲에서 뿜어내는 아침 공기가 신선함을 더해 준다. 정상까지 가파르게 경사진 산길인데 눈이 많이 쌓여 있어서 산행이 힘들었다. 가파른 암벽이 계속되는데 철봉에 몸을 매달리듯 하며 힘겹게 올라갔다. 곧이어 도락산 주 능선을 만났다.

도락산 능선에서

산이 그리움을 부른다

능선에는 멋진 바위의 암릉과 기이한 소나무 등이 계속 나타나고, 신갈나무, 졸참나무 등 아름다운 숲길이 이어졌다. 가파른 경사의 눈길은 미끄럽지만 중간에 나타나는 탁 트인 조망과 파란 하늘은 몸과 마음을 가볍게 만든다. 눈앞에는 거대한 암반에 노송들이 멋진 자태를 뽐내고 있고, 멀리는 아름다운 설경의 월악산이 멋진 자태를 보여 주고 있었다. 황정산, 수리봉, 작성산, 문수봉, 용두산 등의 연봉이 줄지어 보였다.

계속해서 짧지만 험난한 코스가 이어졌다. 하지만 능선부터 정상까지의 300m 정도는 길이 편안했다. 약 20m 정도가 되는 구름다리를 이용해 반대편 바위 능선으로 건너갔다. 곧이어 정상에 도착했다.

정상은 나무들로 사방이 막혀 있어 조망이 없었다. 이곳에서 땀을 식히고 휴식을 취했다. 미끄러질까 많은 긴장을 하면서 올라왔던 길 그대로 천천히 내궁기 마을로 내려가서 산행을 마쳤다. (2018. 3. 10. 토)

봄의 느낌

그 누가
알아주지 않아도

나는
외롭지 않아

3월이지만

하늘은
가을보다 더 맑고 높다

보이고
들리는 모든 것이 사랑

나뭇가지 끝에서 움트는
꽃망울을 보며

봄이 오는 소리를 듣는다

산이 그리움을 부른다

41

수려한 경관으로 사랑받는 속리산

상주 속리산 문장대 ~ 천왕봉(1,058m)

화북탐방지원센터 → 오송폭포 갈림길 → 문장대 → 청법대 → 신선대 → 입석대 →
비로봉 → 법주사 갈림길 → 천왕봉 → 상환석문 → 법주사 → 주차장 (16km, 7h)

속리산(俗離山)은 산세가 수려하여
한국 8경 중의 하나로 예로부터 많은
사람들의 사랑을 받아 왔다. 천왕봉,
비로봉, 문장대, 관음봉, 입석대 등 아
홉 개의 봉우리로 이루어진 능선이 장
쾌하게 펼쳐져 있다.

속리산은 신라의 진표 율사와 관련
있는 설화가 있다. 스님이 구봉산에 오
르기 위해 보은에 다다랐을 때 들판에

속리산 국립공원 간판 앞에서

서 밭갈이하던 소들이 무릎을 꿇고 스님을 맞았으며 이를 본 농부들이 줄줄이 속세를 떠나 출가했다고 해서 속리(俗離)라는 이름이 붙여졌다고 한다.

문장대(1,054m)는 원래 큰 암봉이 하늘 높이 치솟아 구름 속에 감춰져 있다 해서 문장대라 하였다가 세조가 속리산에서 요양할 적에 꿈속에 어느 귀인이 나타나 근처 영봉에 올라 기도를 하면 좋은 일이 생길 것이라 했다. 그 말을 듣고 정상에 올라 보니 삼강오륜을 명시한 책 한 권이 있어 그 자리에서 세조가 하루 종일 책을 읽었다 하여 문장대라 불리게 되었다.

속리산 문장대에서

문장대를 오르는 동안 햇빛을 가려 줄 숲 그늘이 많고 완만한 코스인 화북분소에서 산행을 시작했다. 산행을 시작해서 약 1시간 정도 오르자 전망을 볼 수 있는 커다란 바위가 나타났다. 여기 바위에 올라서니 멋진 기암들이 보이기 시작하고, 흰 구름 파란 하늘이 시원하게 보인다. 이처럼 멋진 경치를 보면서 준비해 간 과일 간식을 먹으면서 잠시 휴식을 취했다.

경사가 가파르고 나뭇잎이 울창한 숲길을 한참 걸어 올라가니, 시야가 확 트이며 넓은 공터가 나타나고 파란 하늘과 닿을 듯 우뚝 솟은 거대한 암릉 위에 사

산이 그리움을 부른다

람들이 많이 모여 있다.

여기서 우측으로 약 200m 정도 올라가니 우뚝 솟은 문장대가 나타났다. 철 계단을 통해 정상에 올라가니 희미한 운무 속에 모든 세상이 발 아래 붕붕 떠 있는 느낌이 들었다.

문장대는 자주 구름과 운무에 덮여 있어 운장대라고도 한다. 구름이 많은 오늘이 바로 그날이다. 하여간 여기 문장대에서 바라보는 많은 기암 봉우리와 백두대간의 능선 풍경이 장관이나 오늘은 운무로 인해 짐작으로만 감상할 뿐이다.

안내판 사진에는 관음봉, 묘봉, 상학봉으로 뻗어 내린 암릉 능선이 장쾌하고, 서북릉과 남쪽으로 내달리는 주릉이 꿈결처럼 펼쳐져 있다.

속리산 암봉 능선

신선대, 비로봉을 거쳐 천왕봉까지 등반하기 위해 부지런히 움직였다. 평지와 약간의 오름길을 30여 분 걸으니 옛날 신선들이 놀던 곳이라는 신선대에 도착했다. 신선대에서 문장대 방향을 바라보니 이제는 운무가 걷혀 파란 하늘을 배경으로 문장대 주변 풍경이 멋지게 조망되었다.

천왕봉은 여기서 약 2.5km 거리다. 계속 이어진 멋진 암릉의 경치를 감상하면서 1시간 정도 부지런히 걸었다.

속리산 천왕봉은 삼파수의 꼭짓점이라고 한다. 이곳에 물을 부으면 동쪽으로는 낙동강, 북쪽 혹은 서쪽으로는 한강, 남쪽으로는 금강 수계로 접어든다는 뜻이다.

여기 천왕봉이 속리산의 정상이라 할 수 있으며, 구병산 쪽으로 휘돌아 가는 첩첩의 능선이 아름답게 조망되었다. (2018. 1. 28. 일)

속리산

드러나는 산의 풍경보다
안으로 감추어진 멋진 경치가 있는
그런 산이 있다

바로 속리산이다

이런 산은
겉모습이 아닌 내면을 보라

산이 그리움을 부른다

가르쳐 준다

정상에 올라섰을 때
그 상쾌함

산그리메를 바라볼 때
그 아늑함

이렇게 아름다운 산정에
같이 있다는

이보다 더 소중한 시간이
어디 있겠는가

파란 하늘은
가늠할 수 없을 정도의 넓이로
펼쳐져 있고

곁에는 말 없는 바위가
부러운 듯
시샘하고 있다

속리산 정상 천왕봉

속리산 정상에서 바라보는 암릉 조망

산이 그리움을 부른다

42

청송과 기암괴석이 멋진 능선

충주 월악산(1,097m)

주차장 → 신륵사 → 능선 길 → 신륵사 삼거리 → 철 계단 → 영봉 → back → 신
륵사 삼거리 → 송계 삼거리 → 마애봉 → 마애불 → 덕주사 주차장 (8km, 4h)

월악산(月岳山)의 주봉인 영봉(靈峰)의 높이는 1,097m이다. 달이 뜨
면 영봉에 걸린다 하여 월악이라는 이름이 붙었다. 삼국 시대에는 월형
산(月兄山)이라 일컬어졌고, 후백제의 견훤이 이곳에 궁궐을 지으려다
무산되어 와락산이라고 하였다는 이야기도 전해진다.

월악산 정상의 영봉(靈峯)은 암벽 높이만도 150m나 되며, 이 영봉을
중심으로 깎아지른 듯한 산줄기가 길게 뻗어 있다. 청송과 기암괴석으
로 이루어진 바위 능선을 타고 영봉에 오르면 충주호의 잔잔한 물결과
산야가 한눈에 들어온다.

봄에는 다양한 봄꽃과 함께하는 산행, 여름에는 깊은 계곡과 울창한

수림을 즐기는 계곡 산행, 가을에는 충주호와 연계한 단풍 및 호반 산행, 겨울에는 설경 산행으로 인기가 높다.

월악산은 정상까지 오르기 위해서는 가파른 철 계단이 많이 있어 힘들기는 하나 산 정상에서의 경관이 워낙 아름다워 많은 등산객들의 사랑을 받고 있다.

오늘도 새벽 4시 30분에 집을 나서 월악산을 향해 출발했다. 몇 해 전에 덕주사에서 시작해서 월악산의 정상인 영봉에 오른 적이 있었다. 이번 산행은 신륵사에서 시작하여 신륵사 삼거리, 영봉에 오르고 다시 그대로 되돌아 내려와서 신륵사 삼거리를 지나 덕주사로 내려오는 코스를 선택했다.

월악산 덕산 분소에서 조금 더 올라와 신륵사 주차장에 도착하니 7시 20분이었다. 토요일인데도 불구하고 조금 이른 시각이어서인지 사람들이 없었다.

신륵사 코스는 짧은 코스여서인지 처음에는 완만하게 시작하더니 바로 가파른 오르막길이 시작되었다. 나무 계단과 돌계단 그리고 가파른 흙길이 계속되었다. 덕주사, 동창교 코스와 만나는 신륵사 삼거리까지 계속 가파른 등산로다.

입구에서 신륵사 삼거리까지는 2.8km, 1시간 30분이 걸렸다. 오르는 길에 나뭇가지 너머로 잠깐 영봉이 보이고, 곧이어 장쾌한 월악산 봉우리들이 운무와 어우러져 멋진 장관을 연출했다.

마지막으로 영봉 바로 아래 부분에서 데크 계단이 시작되었다. 안전하게 펜스가 설치되어 있고, 계단이 끝났나 싶었는데 다시 마지막 계단

산이 그리움을 부른다

월악산 운무

이 나왔다. 계단을 오르면서 잠시 걸어온 길을 되돌아보면 운무에 싸인 월악산의 멋진 풍경이 다시 보여 감탄을 자아내게 했다.

영봉에 도착했다. 신륵사에서 여기까지는 3.6km, 1시간 40분 정도 걸렸다. 신의 영험함이 느껴지는 그 이름 영봉, 발아래에는 말로 표현하기 어려운 멋진 조망이 펼쳐졌다. 청풍호가 보이고 충주 시가지, 제천의 산간 지방 마을들의 평화로운 모습이 보였다.

하산은 덕주사로 내려가기로 했다. 신륵사 코스보다는 1.3km 더 길더라도 코스가 멋지고 좋을 것으로 생각해서다. 그러나 오판이었다. 처음에는 완만했지만 내려갈수록 가파르고 나무 계단과 철 계단이 많아 산행이 불편했다. 거의 다 내려갔을 구간에는 바닥이 미끄러운 돌길이어서 더욱 힘들었다.

월악산 정상에서

마애불에 도착하니 몇 년 전에 왔을 때와는 많이 달라졌음을 느낄 수 있었다. 스님이 참선할 수 있도록 암자가 2개 세워져 있었고 불경 소리가 계속 들렸다. 송계 삼거리에서 4.1km라는 안내 표지를 보고 내려왔는데 생각했던 것보다 좀 더 지루하고 힘들었다. 그래서 이쪽 코스보다는 신륵사에서 오르고 신륵사로 내려가는 왕복 코스를 추천하고 싶다. (2018. 5. 7. 월)

월악산 영봉

오랜 세월 제자리에서
침묵으로 버텨 온

구름과 어울려
한 폭의 아름다운 풍경화

산이 구름인지, 구름이 산인지
구분이 어렵다

해 뜨기 시작하는 아침
정상에 서니

어두운 밤 보내며 차가워진 공기
뼛속 깊이 파고들고

겹겹의 산봉우리
비단처럼 구름이 덮는다

서서히 아침이 밝아 오면
가만히 열리는 하늘

햇살 받으며 아름답게 빛나는
구름 속 산봉우리

영봉에 오르는 아침 시간이
참 여유롭다

산이 그리움을 부른다

43

슬랩(slab)을 타고 올라가는 재미

영동 천태산(715m)

영국사 → A코스 능선 → 75m 암벽 → 681봉 삼거리 → 천태산 정상 → 헬기장 → 갈림길 → D코스 능선 → 남고개 → 영국사 → 주차장 (4.5km, 2.5h)

천태산(天台山)은 충북 영동군 양산면과 충남 금산군 제원면에 걸쳐 있는 높이 715m의 산이다. 주변에 영국사를 비롯하여 양산 8경의 대부분이 있을 만큼 산세가 빼어나 충북의 설악산이라 불린다.

천태산은 4개의 등산 코스로 이루어져 있다. 특히 75m의 암벽 코스를 밧줄로 오르는 맛은 결코 빼놓을 수 없는 천태산만의 매력이기도 하다.

천태산의 입구에서 가을 단풍 길을 따라 20여 분 올라가다 보면 기암절벽에서 쏟아져 내리는 용추폭포의 빼어난 절경을 맛볼 수 있으며, 조금 더 길을 걸으면 1,300여 년 동안이나 이 산을 지키고 있는 영국사의 은행나무(천연기념물 제 233호)의 뛰어난 자태를 엿볼 수 있다.

내비게이션을 천태산 주차장으로 하지 않고 영국사로 설정했더니 샛길로 안내를 해서 바로 영국사 주차장에 도착했다. 이렇게 직접 영국사에 도착하니 산행 거리를 약 2km는 단축한 것 같다.

수령이 천년이 넘었다고 알려진 높이 31m, 둘레가 6m 정도 되는 은행나무에서 등산로가 갈린다. 은행나무는 가을이면 샛노랗게 물이 들며 고즈넉한 절집 분위기를 화려하게 가꿔 놓았는데, 지금은 앙상한 가지만 남아 있어 그 위용의 허세만 보여 주고 있었다.

영국사는 신라 문무왕 때 세워졌다는 설이 있다. 보물 532호로 지정된 보리

천태산 정상

수 아래 이끼 낀 영국사 3층 석탑을 비롯해서 원각국사비, 부도, 망탑봉 3층 석탑 등의 문화재가 있으며 절집을 대나무 숲이 둘러싸고 있다.

산행은 정상으로 가는 가장 가까운 길인 미륵길이라 불리는 오른쪽 능선의 A코스로 정했다. 영국사에서 한 시간 정도면 정상에 도착한다.

경사가 70도, 길이가 무려 75m나 되는 거대한 바위를 거쳐 가는 코스가 중간에 있어 위험해 보이지만 우회하는 등산로도 있다. 하지만 암벽 코스로 오르면 짜릿하고 재미있는 산행을 경험할 수 있다.

로프를 잡고 75m 암벽을 올라서니 막힘없이 멋진 조망이 펼쳐졌다. 눈앞에 펼쳐지는 산그리메는 한 폭의 산수화 같은 멋진 풍경을 보여 준다. 서쪽으로 서대산이, 남쪽으로는 성주산과 멀리 덕유산과 계룡산, 속

산이 그리움을 부른다

리산이 보였다.

오랜 세월 바위틈에서 강건하게 자란 소나무가 한 폭의 산수화를 만들어 내고 있다. 무엇보다 육산과 악산이 조화를 이루는 천태산은 짜릿한 산행의 경험을 주는 명산이다.

하산하는 코스는 제법 산행하는 거리가 길다. 약간 돌아가지만 바위 능선과 소나무, 조망이 좋은 D코스인 남고갯길로 하산하였다.

능선 길에서 내려서자 완만하게 영국사로 이어지는 1km 거리 남짓한 산 둘레의 오솔길은 개암나무, 때죽나무, 버드나무, 느릅나무 등 한때 울창했던 숲이 지금은 바닥에 전부 낙엽으로 떨어져 늦가을의 여유로운 분위기를 보여 주고 있었다. (2017. 12. 2. 토)

천태산 암릉 길에서

산길을 걷는다

산 오르는 길
바람이 불고 있다

저물어 가는 늦가을에
낙엽 밟으며

소설 속 주인공 되어
길을 걷는다

많은 사람들이
수없이 다녀간 길이라서

익숙한 듯
걸음도 가뿐하다

굴참나무 도토리와
다람쥐도 친구

함께하는 산행이라
외롭지 않다

44

강산이 푸르고 꽃이 만발하다

상주 청화산(970m)

주차장 → 늘재 → 정국기원단 → 청화산 정상 → (back) → 정국기원단 → 늘재
→ 주차장 (5km, 2.5h)

청화산(靑華山)의 유래는 북쪽 골짜기 산 아래 청운동 마을과 남쪽
산 아래 신화동 마을, 동쪽에 화실이란 마을이 있어 자연스럽게 청산(靑
山), 화산(華山)이라 부르다가 청화산이 된 것 같다. 산이 푸르고 사철
꽃이 불타는 듯 만발하여 이러한 이름으로 불렸다. 그런데 이름 때문인
지 유난히 산불이 자주 발생하였다. 그래서 어느 선비가 청화산의 '화'는
불 '화(火)'이니 이를 화려할 '화(華)'로 바꾸자고 제안하여 지금과 같은
지명이 되었다고도 한다.

청화산은 괴산군 청천면과 상주시 화북면에 속해 있는 높이 970m의
산이다. 주봉은 박봉, 일명 용두봉이다. 서북쪽 아래에는 가뭄이 들 때

기우제를 지냈다고 하는 용샘이 있다. 그리고 다곡리에서 보면 주로 달이 솟아오르는 곳이라고 해서 붙여진 달뜨기봉이 있다.

늘재는 예로부터 경상도의 중심 도시 중 하나였던 상주 사람들이 서울로 가기 위해서 반드시 넘던 고개로 해발 380m이다. 인근의 우뚝 솟아오른 새재보다 날카롭지 않아 편안한 길이다.

산행 초입부터 정상까지는 오르막이다. 두 시간 남짓의 시간을 계속 오르막길을 가야 한다. 그렇지만 생각만큼 힘들지는 않다. 군데군데 속리산 능선을 조망할 수 있는 멋진 장소가 많기 때문이다.

등산로 바닥에는 친환경 가마니를 펼쳐 놓아 편안하게 걸을 수 있었다. 능선 길을 걸어 20여 분 올라가니 탁 트인 멋진 조망 장소에 나라의 안녕을 기원하기 위한 '정국기원단'을 만들어 놓았다. 나라의 안녕을 기원하는 제단이라고 하지만 '정국(靖國)'이라는 단어가 일본식 한자이기 때문에(일본식 발음으로 '야스쿠니'이다) 좋게 느껴지지는 않았다. 정국기원단 뒤로 속리산이 병풍처럼 보인다.

정국기원단을 지나 30여 분을 올라가면 조망이 멋진 촛대봉이다. 오르막이 험한 구간은 로프를 매어 놓아 위험하지 않았고 오르기가 한결 수월했다. 모처럼 포근한 날씨를 맞아 간편한 복장으로 산행

정국기원단

산이 그리움을 부른다

을 하는데, 간간이 시원한 바람이 불어와 이마의 땀을 식혀 주었다.

작은 능선과 가파른 오르막 암벽을 서너 차례 반복하며 40여 분 정도 오르니 헬기장에 도착했다. 헬기장에는 눈이 제법 많이 쌓여 있다. 여기 헬기장에서 10분 정도 더 걸어야 정상이다.

정상까지는 짧은 구간이지만 눈(雪) 산행을 했다. 거의 평지라서 아이젠을 착용하지 않고 조심스럽게 눈길을 걸었다. 청화산 정상에 도착했다. 정상석은 진행 방향에서 우측에 높이 3m 정도 되는 암봉 위에 아주 작은 크기로 세워져 있다.

정상에 올라서니 건너편에는 눈이 쌓인 속리산 능선이 우람차고 아름답게 보였다. 희미한 안개가 찬바람에 얼어서 주변의 나무는 멋진 상고대를 보여 주고 있다. 요즘 계속 새벽 산행할 때마다 멋진 상고대를 만났다. 이렇게 상고대를 자주 접하니 올겨울에는 막연하게 기분 좋은 일이라도 생길 것만 같다. (2017. 12. 23. 토)

청화산 정상

아쉬운 12월

한 해가 저물어 가며
지나온 길 지운다

불꽃같이 화려했던 단풍도
잎을 떨구고

모든 걸 비우고
겨울을 맞이한다

산다는 것이 늘
고통이거늘

어디 갈 데가 있다고
등을 떠미는가

한때 상처 주었던 사람들
이제는 맘속에서 지울 수 있다

시간은 흘러
반쪽 달빛에 흔들리는 12월

가끔 옷소매로 파고드는
차가운 기운

바람도 아쉬운 듯
앞을 막는다

산이 그리움을 부른다

45

일곱 개의 보물을 간직한 산

떡바위 주차장 → 청석재 → 칠보산 → 활목재 → 살구나무골 → 쌍곡폭포 → 쌍곡휴게소 → 떡바위 주차장 (8.5km, 4h)

칠보산(七寶山)은 속리산 국립공원에 속해 있으며, 괴산군 칠성면 태성리에 있는 해발 778m의 산이다. 쌍곡구곡을 사이에 두고 군자산과 마주하고 있으며, 일곱 개의 봉우리가 보석처럼 아름다워서 지금은 칠보산이라 하는데 옛날에는 칠봉산으로 불렀다고 한다.

쌍곡의 절말에서 바라보면 도저히 넘을 수 없는 풍경이다. 일곱 봉우리라고는 하나 산에 들어가 보면 열다섯 개의 크고 작은 봉우리가 W 자의 연속이다. 기암과 노송, 백두대간의 장쾌한 능선이 조망되는 멋진 명산이다.

산행은 쌍곡계곡의 제3곡인 떡바위 앞에서 계류를 건너면서 시작한다. 다리를 건너면서 보는 쌍곡계곡은 며칠간 내린 장맛비로 인해 수량이 풍부하여 정말 아름다웠다. 떡바위에서 보이는 건너편 큰 바위는 제4곡인 문수암이며 등산로는 그 문수암 위의 능선으로 연결되어있다.

문수암을 바라보며 개울을 건너 바위 끝자락을 따라 돌아가서 물을 건너지 않고 오른쪽으로 문수암을 타고 올라서면 능선으로 등산로가 뚜렷이 보인다. 울퉁불퉁한 거친 길이지만 완만한 경사의 등산로여서 힘들이지 않고 산행을 시작할 수 있었다.

칠보산 쌍곡계곡

산이 그리움을 부른다

새벽까지 비가 내려서 약간 습한 날씨로 인해 땀은 많이 흘렸으나, 중간중간 나타나는 바위와 멋진 노송을 감상하며 힘들지 않게 청석재까지 올라왔다. 여기서부터 정상까지는 바위, 노송, 능선 등 멋진 경치가 계속 이어지는데 대략 30분 정도 시간이 걸린다.

정상에 오르니 많은 등산객들이 저마다 포즈를 잡으며 사진을 찍느라 복잡했다. 앞에는 군자산, 보배산으로 보이는 전경이 운무로 인해 장관을 연출한다.

하산은 절말 방향으로 내려가야 한다. 정상석 바로 옆 동쪽의 가파른 나무 계단을 내려서면 바로 암릉이 나오고 계속 외길이다. 기암과 멋진 소나무

칠보산 정상

와 전망이 빼어난 길이 계속되는데 10분 정도 내려가면 전망이 좋고 넓은 마당바위가 나오고 그 앞에 거북바위도 있다. 잘 만들어진 데크 길과 오솔길을 번갈아 걸으며 한 시간 정도 내려오면 본격적인 쌍곡계곡을 만난다.

좋은 날씨에 칠보산을 찾은 것 같다. 어제까지 내린 비로 인해 수량이 풍부하고 폭포와 계곡이 큰 용트림 소리를 내며 장쾌하게 흐른다. 계곡 길을 내려가면서 여섯 번 정도 계곡을 가로 건너야 한다. 내려가는 길에는 화려한 자태의 망태그물버섯과 한 무리의 꽃단지도 만날 수 있었으며, 거의 다 내려왔을 즈음 만나게 되는 쌍곡폭포는 그야말로 쌍곡 9곡의 화룡점정이었다. (2018. 7. 14. 토)

쌍곡 계곡을 찾아서

여름에는
마음 식히려
큰 산 깊은 계곡을 찾는다

계곡이 깊을수록 시원하고
나무가 클수록
그늘이 많아서다

칠월의 푸른 하늘
마당바위 노송은
홀로 세월을 지키고 있다

쌍폭은
그 깊이를 헤아리기
어렵고

온몸을 깨뜨리며
계곡물은
강으로 바다로 흐른다

차가운 물에

손과 발 담그니
온몸이 시려

마음까지 떨리는
칠월의
쌍곡계곡이다

충청남도

46

새벽 달빛이 아름다운 산길

상가리 주차장 → 남연군묘 → 삼거리 → 쉼터 → 가야봉 → (back) → 삼거리 →
상가저수지 → 상가리 주차장 (6km, 2.5h)

　가야산(伽倻山)은 충청남도 예산군과 서산시, 당진시에 걸쳐 들판에
우뚝 솟아 있는 산세가 당당한 높이 678m의 산이다. 백제 시대에는 가
야산을 상왕산이라고 불렀다. 신라 시대에는 서진을 삼았고, 조선 시대
에는 소재관으로 하여금 봄, 가을에 제사를 지내게 하였다.

　주봉은 가야봉이며 남쪽으로 원효봉이 있고, 북쪽으로 석문봉(653m)
이 있으며, 북동쪽에 옥양봉(621m)이 있다. 아기자기하면서도 터프한
바위 능선과 멋진 조망이 옥양봉에서 석문봉을 지나 가야봉까지 3km가
이어진다. 명승지로는 동쪽에 가야사, 개심사, 일락사, 보덕사, 원효암
등 고찰들이 있다.

주차장에서 흥선대원군의 아버지 남연군 묘까지 도로를 따라 조금 걸어가면 넓고 완만한 등산로가 시작된다. 등산로 주변은 온통 눈 세상이다. 새벽 여명에 가야산은 눈부신 자태를 보여 주고, 텅 빈 나뭇가지에 얹힌 까치집이 또렷하게 보인다. 가야산 기슭의 단풍나무들은 이미 그 빛을 잃은 지도 오래인데, 오히려 나무 위로 흰 눈이 쌓여 환상적인 빛을 더한다.

가야산 등산로 입구에 있는 나무

추위를 느끼기 시작하는 철새들이 남쪽으로 날아가 버리는 계절이다.

가끔은 양지의 따뜻한 햇볕이 반가운 법이다. 피부에 느껴지는 차가운 기온에 마음이 공허해지기도 한다. 나무에서 떨어지는 낙엽에 우울해지고, 현직에서 퇴임하는 친구들 소식이 들려올 때마다 벌써 그럴 나이가 되었나 하는 생각이 들었다.

조용히 사색하며 걷는 호젓한 새벽 산행이다. 가야산 등산로에 하얗게 눈이 내려 아무도 밟지 않은 길 위에, 첫 발자국을 찍으며 산행하는 즐거움과 기쁨이 크다. 이런 멋과 여유로움이 있는 초겨울 새벽 산행에 가슴이 벅차다.

이제는 지나온 일 년의 모든 일을 정리하면서 마음의 준비를 할 때이다. 푸르렀던 나뭇잎도 단풍으로 붉게 물들었다가 낙엽으로 지듯이, 화려하게 꽃을 피우고 열매를 맺듯이, 눈 속의 푸른 배추도 풋풋함을 자랑하듯이, 우여곡절의 세상사 이왕이면 좋은 결과로 마감하는 게 좋지 않겠는가 하는 생각이다.

가야산 정상

밥 한번 먹자던 친구, 술 한잔하자던 후배와의 약속, 무수하게 말했던 지인들과의 형식적인 약속을 기억해 낸다. 한 해를 얼마 남기지 않은 이제는 실천할 수 있는 계획을 세워야겠다. 이런 마음을 가지기 쉽지 않으니 이럴 때일수록 정리하고 또 제대로 준비해야 한다.

핸드폰을 열어 12월 캘린더를 들여다

산이 그리움을 부른다

본다. 전화번호부를 살피고, 누구를 언제 만나고 연락할지를 틈틈이 정리해야겠다. (2017. 11. 25. 토)

겨울 산에 올라

나뭇잎 떨어진 겨울 숲
어떤 엄숙한 분위기를 풍긴다

눈 덮인 숲길을 걸으면
분위기는 숙연해지고

나무들은 자꾸
하늘을 보려 한다

나무들의 영혼이 구름인 양
점점 외로워지고

빈 나뭇가지들
하늘을 향해 발돋움하면

나의 사소함 때문에
더 쓸쓸해진다

바람이라도 만나려
산에 오르면

영혼은 어디론가
자유롭게 떠나려 한다

산이 그리움을 부른다

47

봄의 길목에서 만난 하얀 계룡

동학사 주차장 → 세진정 → 남매탑 → 삼불봉 → 관음봉 → 연천봉 → 관음봉 →
은선폭포 → 동학사 → 주차장 (12km, 6h)

계룡산(鷄龍山)은 주봉인 천황봉에
서 쌀개봉, 삼불봉으로 이어진 능선이
흡사 닭 볏을 한 용의 형상이라는 데서
생긴 이름이다. 지리산, 경주에 이어 세
번째로 국립공원으로 지정된 계룡산은
수려한 산세와 울창한 숲을 지닌 데다
교통의 요지인 대전 가까이 있어 전국
적으로 많은 사람들이 즐겨 찾는다.
　계룡산은 조용한 산줄기 곳곳에 암

계룡산 정상 관음봉

봉, 기암절벽, 울창한 수림과 험한 바위가 겹겹이 쌓인 절벽 등 경관이 수려하고 아름다운 자태와 더불어 고찰과 충절을 기리는 사당을 지닌 것으로도 유명하다.

동쪽의 동학사, 서쪽의 갑사, 서남쪽의 신원사, 동남쪽의 용화사 등 4대 고찰과 아울러 고려 말 삼은을 모신 삼은각, 매월당 김시습이 사육신의 초혼제를 지닌 숙모전, 신라 충신 박제상의 제사를 지내는 동학사 등이 그것이다.

올해는 정유년 닭의 해, 계룡의 시대이다. 나는 계룡산을 여러 번 다녀왔지만 친구는 기회가 없어 아직 가 보지 못했다고 하여 오늘 산행의 대상지로 계룡산을 선택했다. 연초 신문을 보니 정유년은 '활활 타오르는 불과 금의 기운을 상징하고, 황금 닭이 알을 품은 형국의 계룡과 맞아떨어지는 해'라고 한다. 그래서 산을 좋아하는 사람이라면 올해 계룡산을 찾을 이유가 한 가지 더 생긴 것이라고 할 수 있다.

계룡산은 밀도 높은 아름다움을 지닌, 서울에서도 부담 없이 다녀올 수 있는 당일 산행지로 최고다. 산이 크지 않아 산행이 어렵지 않으며 경치도 화려하고 멋있어 후회하지 않을 산이다.

산행을 하기 위해서는 우선 동학사 매표소에서 3천 원을 주고 표를 끊어야 입장할 수 있다. 동학사 방향으로 편안하게 조성된 옛길 산책로와 도로를 따라 약 1.3km를 걸으면 세진정이라는 정자가 나온다. 여기서 200m 정도 더 가면 동학사가 나온다. 남매탑 방향으로 해서 정상에 가려면 우측으로 난 등산로를 이용해야 하고, 동학사는 내려오는 길에 들리면 된다.

등산로는 화강암을 깔아 완만하며 넓고 편안하게 만들어져 있었다.

삼거리에서 시작해서 남매탑까지는 1.6km 거리이다. 세진정에서는 약 30분쯤을 걸어야 쉼터가 나온다.

등산로 주변에는 봄을 알리는 듯 무성한 파란 산죽이 등산객들을 반긴다. 잠깐 쉬면서 원기 충전한 후 20분 정도 약간 가파른 등산로를 걸으면 남매탑에 도착한다. 근처에 오니 벌써 목탁과 염불 소리가 은은하게 들리기 시작하여 등산객들의 마음을 위로한다.

남매탑은 옛 청량사 터에 탑 2기로 조성되어 있는데 하나는 5층, 또 하나는 7층으로 청량사지 쌍탑이라고도 부른다. 남매탑은 신라 시대 때 스님이 이곳 토굴에서 수도를 하다가 부상당한 호랑이를 치료해 주었더니, 이 호랑이가 며칠 후 한 아름다운 처녀를 물어 왔다. 스님은 이 처녀와 의남매를 맺고 비구와 비구니로서 불도에 힘쓰다가 입적했는데, 제자가 사리를 수습하여 탑을 세우고 이를 남매탑이라 불렀다고 전해진다.

남매탑에서 삼불봉(775m)까지는 0.5km로 20분 정도 가파른 돌길 등산로를 올라가야 했다. 천황봉이나 동학사에서 멀리 올려다보면, 마치 세 부처님의 모습을 닮아 삼불봉이라고 부른다.

삼불봉 정상에 서면 동학사가 친근하게 내려다보이며 관음봉, 문필봉, 연천봉과 쌀개봉, 천황봉이 솟아올라 그 위용을 자랑한다. 삼불봉의 조망은 사계절 아름다우나 특히 흰 눈으로 장식한 겨울의 모습이 백미로 이를 계룡산의 제2경으로 손꼽는다. 삼불봉에서 관음봉까지의 거리는 1.6km로 약간 험하기는 하나 안전하게 철봉이 세워져 있고, 계룡산의 공룡능선이라 할 정도로 아름다운 '자연성릉'이라 불리는 능선 길이다.

멋진 소나무들이 암봉과 어울리고, 능선을 따라 아름답게 조망되는 천황봉을 비롯한 여러 연봉들이 계룡산을 국립공원으로 만들었구나 하는 생각이 들었다. 더구나 멋진 능선 길을 걷는데 계절에 맞지 않게 흰 눈이 펄펄 내려 운치가 있는 봄 속의 눈 산행을 하게 되었다.

삼불봉에서 출발해서 자연성릉을 따라 약 50분 정도 걸으면 눈앞에 아주 길게 철 계단이 관음봉까지 설치되어 있다. 쉬지 않고 10분 정도를 빡세게 올라가야 정상에 도착한다. 관음봉(766m)은 천황봉, 쌀개봉으로 이어지는 계룡산 주봉의 하나다. 관음봉의 운해는 계룡산을 대표하는 계룡 4경이라 한다. 관음봉 전망대에서 하늘에 떠가는 구름을 바라보면 우리의 삶 속에 평화로움을 느끼게 한다.

봄눈에 절경을 연출하는 계룡산 자연성릉

산이 그리움을 부른다

연천봉(740m)을 가려면 관음봉 정자에서 100m 아래로 내려가면 우측으로 길이 있으며, 왕복 2km 거리로 그곳에 갔다가 다시 이곳으로 돌아와야 하는데 아주 완만하고 편안한 길이다.

연천봉 정상에 서면 천황봉이 바로 손에 잡힐 듯 마주 보인다. 눈 아래 멀리 계룡지, 경천지 등이 펼쳐지고, 쾌청의 날씨에는 물빛이 반짝이며, 저녁노을을 물들여 해가 지는 모습은 가히 절경으로 계룡산의 제3경을 자랑한다.

관음봉에서 은선폭포를 거쳐 동학사로 내려간다. 은선폭포는 옛날 신선들이 놀았을 만큼 아름다운 곳이었는데, 폭포에 낙차가 되며 피어나는 운무는 계룡 7경이라고 한다. 폭포 앞의 기암절벽이 아름다우며, 멀리 보이는 쌀개봉의 위용이 경이롭다. 폭포부터는 완만하고 편안한 길이다. 동학사까지는 25분 정도 걸렸다.

동학사는 713년 당나라 스님 상원조사가 지은 상원암에 연원을 두고 있다. 상원암은 은혜를 갚으려는 호랑이 설화와 관련 있는 남매탑이 상원사지에 남아 있다. (2017. 3. 26. 일)

봄의 길목에서

봄의 길목에서
소녀 같은 웃음 지으며
꽃 내음 짙은 봄을 만난다

대지를 뚫고 돋아나는 새순
살며시 불어오는 봄바람
고운 아침 햇살
투명하게 맑은 하늘
하얗게 피어나는 뭉게구름
분홍빛 부끄럼으로 피어나는 꽃
숲에서 지저귀는 산새
자유롭게 뛰어노는 청설모

약동하는 봄 향연의 캔버스에
밑그림을 그리고
색을 칠하고
화려하게 멋진 그림을 그린다

봄이 오는 길목에서
마음속 곱게 간직한다

산이 그리움을 부른다

48

자연의 넉넉한 품에 안기다

천안 광덕산(699m)

광덕사 주차장 → 부용길 → 장군바위 → 정상 → 산악인의 선서비 → 주차장
(7km, 5h)

광덕산(廣德山)은 충남 천안시 서남쪽 아래의 광덕면과 아산시 송악면의 경계에 자리 잡은 산인데, 주위에 높은 산이 없다 보니 큰 산의 역할을 해야 하는 산이다.

볼거리로는 천안 쪽에 광덕사, 호두 전래사적비, 부용묘가 있고, 온양쪽에는 외암리 민속 마을이 있는데, 산행 후 그 유명한 온양온천에 들러서 피로를 푸는 것도 좋겠다.

광덕사는 신라 선덕여왕 때 자장율사가 창건했다고 전하며 약 200년 뒤인 흥덕왕 때 진산화상이 중건했다. 충청지역에서 최고로 큰 절이었던 광덕사는 임진왜란 때 불타서 대웅전, 명부전 등을 근래에 다시 지었

다고 한다.

　산행은 광덕사 입구 주차장에서 시작한다. 이정표를 보니 여기서부터 광덕산 정상까지는 3km라고 안내하고 있다. 태화산 광덕사 사천왕문을 지나 바로 우측에 있는 광덕교를 건너서 산행 들머리인 부용묘 길로 들어섰다.

　9시경이라 등산객이 별로 없을 것으로 생각했는데 며칠 계속 내렸던 비가 그친 후의 첫 일요일이라서 입구부터 많은 등산객들이 보였다. 석불과 5층 석탑이 있는 길을 지나고 갈림길이 나오면 왼쪽 숲길로 진행해야만 장군바위를 거쳐 정상으로 올라갈 수 있다.

　등산로 주변에는 조선 시대 최초의 여류 시인 김부용을 기념하기 위해 '김부용 여류 시인'과 관련된 시(詩) 여러 편을 적어 나무에 걸어 놓았다.

　여기에 '부용'의 시 한 편을 소개하면

젖은 봄날 동문을 나서며

　낮은 길고 산은 깊어 푸른 풀 향기로운데
　봄날이 가는 길이 아득하여 분별하기 어렵네요
　물어봅니다. 이 몸은 무엇과 같아 보이나요
　석양녘 하늘 끝에 보이는 외로운 구름이지요

　우측으로 계곡을 끼고 거의 평지 같은 길을 조금 올라가니 삼거리 갈림길이 나오고 장군바위 1.8km, 정상 3.0km를 안내하는 이정표가 있다. 산행을 출발해서 30분 정도 지났다. 우측은 광덕 쉼터로 가는 길이 안내되어 있고, 정상으로 가는 산행은 왼쪽의 등산로로 올라가야 했다.

계속된 우천으로 햇볕은 없지만 습도가 높아 무지하게 더웠고, 땀이 너무 많이 흘러서 일행들은 산행을 힘들어했다. 20여 분 정도 올라가니 다시 이정표가 나왔다. 그래도 많이 걸은 것 같은데 아직도 정상까지 2.5km 남았다.

여기서부터 운치 있게 나무 계단이 길게 설치되어 있고, 10분 정도 더 걸으면 장군바위에 도착한다. 이곳에서 막걸리를 파는데, 고추장, 멸치 안주에 시원한 막걸리 한 잔으로 칼칼한 목을 축이니 기분이 상쾌해졌다.

장군바위는 옛날 허약한 젊은이가 깊은 산속을 헤매이다 허기와 갈증으로 사경에 이르렀는데 어느 곳에서인지 물소리가 들려와 소리가 나는 곳을 향해 갔다. 큰 바위 밑에 물이 뚝뚝 떨어져 신기하게 여겨 손으로 물을 받아먹었더니, 그 물을 먹고 얼마 되지 않아 몸이 마치 장군처럼 우람하게 변하였다 하여 장군바위라고 칭하였다고 한다.

장군바위에서 망경산은 우측으로 3.1km 지점에 있고, 광덕산 정상은 진행하던 방향으로 능선을 타고 1.2km 거리에 있

광덕산 정상

다. 능선을 오르락내리락하며 중간에 한 번 쉬고 약 1시간 정도 걸려서 드디어 정상에 도착했다.

광덕산의 정상은 무척 넓었다. 수십 명이 앉을 수 있을 정도로 넓고 편평했다. 정상에는 상생, 협력이라는 비석과 정상을 알려 주는 정상석이 나란히 같이 서 있다.

하산 길은 광덕사까지 2.3km 거리다. 약간 가파른 길이 계속되고 비가 내려 미끄러우므로 조심해서 내려가야 했다.

비탈진 길을 조심스럽게 약 1시간을 내려가자 갈림길이 나왔다. 등산로 옆에는 여러 조의 벤치가 설치되어 있고, 그 옆에 '산악인의 선서'라는 비석이 세워져 있었다. 여기서 아직 1km 를 더 내려가야 광덕사이다.

광덕산 입구에 있는 산악인의 선서

내려가면서 계곡을 만났다. 계곡물에 시원하게 얼굴을 닦으면서 잠시 휴식을 취했다. 다시 약 20분 정도 더 내려가자 돌다리가 나타났고, 바로 광덕사 주차장에 도착했다. (2017. 7. 9. 일)

산이 그리움을 부른다

7월에는

그동안 많이 가물기는 했지만
황사와 미세 먼지를 잠시
잊고 지냈다

며칠 전부터
전국적으로 장마가 계속되고 있다

요즘 저녁 뉴스를 보면
청문회, 최저임금, 비정규직, 사드,
북한의 ICBM 발사 등으로
어지러운 소식뿐이다

그래도 일 년 중 절반이 지나고
어쨌든 벌써 7월,

담벼락엔 열정의 장미꽃이 시들어 가지만
연둣빛 신록과 화창한 햇살

눈부시게 파란 하늘,
시원한 바람이 함께하는 여름

사람들의 따뜻한 미소,

사랑과 보살핌,

잠깐의 휴식

7월에는

주변 사람들에게

존경과 감사의 마음을 가지자

산이 그리움을 부른다

49

케이블카 타고 감상하는 기암 절경

완주 대둔산(879m)

케이블카 탑승장 → 동심바위 → 구름다리 → 삼선계단 → 마천대 정상 → 칠성봉 → 장군봉 갈림길 → 용문골 → 용문골 입구 → 주차장 (6km, 3h)

대둔산(大芚山)은 전북과 충남의 경계이며 하나의 산을 두고 전북과 충남에서 도립공원으로 지정하였다. 대둔산은 한국 8경의 하나로 산림과 수석의 아름다움과 최고봉인 마천대를 중심으로 기암괴석들이 각기 위용을 자랑하며 늘어섰다.

마천대를 비롯하여 사방으로 뻗은 산줄기는 기암단애(奇巖斷崖)와 수목이 한데 어우러져 있는 데다가 산세가 수려하여 남한의 소금강(小金剛)이라 불리고 있다. 특히 임금바위와 입석대를 잇는 높이 81m에 폭 1m의 금강 구름다리는 오금을 펴지 못할 정도로 아슬아슬하다. 금강 구름다리를 건너면 약수정이 있고, 약수정에서 다시 왕관바위로 가는 삼선 줄다리가 있다.

가을 성수기인 단풍철에는 케이블카를 타기 위해서 주차장과 탑승 장소가 매우 붐빈다고 하는데, 아직은 특별한 이슈가 없는 이른 봄이라서 그런지 대체로 한산한 편이다.

대둔산은 많은 사람들이 찾는 곳이라 주차장에서 매표소 입구까지 상가와 화장실 등 편의시설이 많이 들어서 있다. 정상부에 올라가는 케이블카 탑승을 위해서 승차권을 구입했다.

대둔산 입구에서 고교동문 산악회와 함께

산이 그리움을 부른다

케이블카에서 내려서자 정상을 향해 걷기 시작했다. 여기서 정상에 오르는 것은 코스가 짧은 대신 등산로가 상당히 가파르다는 단점이 있다. 케이블카 승강장에서 조금 걸어 올라가면 전망 좋은 휴게소가 있다. 기암괴석의 전망을 보면서 잠시 여유를 즐겼다.

바위 사이에 가파르게 놓인 철 계단 난간을 잡고 올라갔다. 이어 전망 바위가 나오고 또 잠시 전망을 보고 사진을 찍었다. 바위를 내려가면 또 바로 약 80m 되는 출렁다리를 건너간다. 출렁다리 우측으로 보이는 정상 마천대의 기념탑이 눈에 들어오고 아름다운 절경이 펼쳐진다.

대둔산 출렁다리

이어 아주 가파른 삼선계단을 올라가야 했다. 노약자나 심장이 약한 사람은 우회하라는 안내문이 붙어 있다. 바짝 난간을 붙잡고 오르기 시작했다. 조금만 오르면 되는데 가파르다 보니 다리가 떨리고 생각보다 계단이 길게 느껴졌다. 정상까지 460m 남았다는 안내문이 보였다. 이 가파른 계단길이 끝나려면 아직도 멀었다.

3월 중순임에도 불구하고 정상 부근에 오니 이제 막 눈이 녹기 시작하여 땅이 질척거리고 바닥의 돌이나 조그만 바위를 밟으니 매우 미끄러웠다.

마천대 정상에 도착했다. 조형물 앞에서 기념사진을 찍고 대둔산의 탁 트인 전망을 보면서 잠시 휴식을 취했다.

내려가는 길은 언제나 마음이 즐거웠다. 하지만 내려가는 길은 바위가 많은 너덜길에 경사가 급한 길이다. 눈이 녹아 질척거리고 바닥에는 살얼음이 있어 미끄러운 길이라 매우 조심스럽게 내려가야 했다.

용문굴을 지나 조망이 좋은 칠성대에 올라섰다. 탁 트인 조망과 멋진 기암괴석의 절경이 눈에 들어온다. 이곳의 전경이 대둔산 절경 중에서 최고인 것 같다. 중국의 장가계와 비교해도 될 정도의 절경이라고 생각했다.

친구들과 담소하며 내려오다 보니 용문골 계곡을 만났다. 잠시 계곡물에 손을 담그니 3월이지만 아직은 손이 시렸다. 완만한 길을 내려가니 어느새 용문골 입구이고, 도로를 따라 약 700m를 더 걸어가면 주차장에 도착한다. (2018. 3. 17. 토)

3월

지금 산에는
봄이 오고 있는가 보다
계곡을 타고 오는
꽃샘바람에도 불구하고
온 산이 꿈틀거린다

따스한 햇볕 아래
봄을 맞는 나무들 기지개 켜고
파란 하늘 흰 구름
흐르는 시냇물에 풀어져
눈을 맑게 만든다

봄이 오는 소리
소문처럼 요란하지 않고
가슴 뛰는 열정으로
버들강아지 솜털 날리듯
봄은 다가서고 있다

봄은 어떤 소식을 갖고 올까
그리운 건 그리운 대로
맘속에 두라 하지만
산 정상에 올라
그리운 그 이름 살며시 부른다

50

원시림 물한계곡을 품고 있는

주차장 → 황룡사 → 삼거리 → 민주지산 → 석기봉 → 삼도봉 → 물한계곡 → 황룡사 → 주차장 (14km, 6h)

민주지산(岷周之山)은 충북 영동군 상촌면 물한리에 있는 높이 1,242m 의 산이다. 충청, 전라, 경상 삼도를 가르는 삼도봉을 거느린 명산으로 옛 삼국 시대에는 신라와 백제가 접경을 이루었던 산이기도 하다. 한반도의 등줄기인 태백산맥에서 분기하여 남서로 뻗어 내린 소백산맥의 추풍령에서 내려섰다가 다시 기개를 일으키면서 형성된 산이다.

민주지산이라는 산의 이름은 정상에 오르면 각호산, 석기봉, 삼도

민주지산 정상

봉을 비롯해 주변의 연봉들을 두루 굽어볼 수 있다 하여 붙여진 것으로 보인다. 북쪽으로는 국내 최대 원시림 계곡인 물한계곡과 각호산이 이어지며, 남동쪽으로는 석기봉과 삼도봉이 이어진다. 예로부터 용소, 옥소, 의용골 폭포, 음주골 폭포 등이 있어 경치가 아름답기로 유명하다.

산행은 물한계곡 주차장에서 시작해서 황룡사를 지나 우측의 민주지산을 오르고, 시간 여유가 있으면 석기봉과 삼도봉을 거쳐 원점 회귀하는 코스이다. 삼거리에서 왼쪽 응달진 능선 쪽으로 올라서자 정상까지 오르는 내내 얼음과 눈으로 제법 미끄러운 된비알의 경사를 힘들게 올라가야 했다.

산을 오르는 동안 계곡과 숲에서는 추운 겨울을 이기고 다시 살아남았음을 보여 주듯이 얼음장을 뚫고 흐르는 계곡물과 녹색 잎을 피우려 애쓰고 있는 나무들이 나란히 줄지어 서서 봄을 기다리고 있었다.

가파른 길을 두 시간 정도 오르자 민주지산을 오르는 삼거리가 나왔다. 정상까지는 10여 분 더 올라가야 했다. 인증 샷만 찍고 내려와서 석기봉 방향으로 가다가 비교적 넓은 곳을 찾아 점심 식사를 했다. 여기서부터는 삼도봉까지 가는 일행과 석기봉까지만 산행하고 내려가는 팀을 구분해서 산행하기로 했다. 해가 많이 길어졌다고는 하나 민주지산 능선을 산행하는 거리가 제법 길고, 해가 지기 전에 하산을 맞춰야 하기 때문에 속으로는 마음이 급해졌다.

가파른 얼음 절벽을 로프에 의지해 겨우 석기봉을 올라와 쭈욱 뻗은 백두대간을 감상하고 있는데, 반대편 삼도봉 쪽에서 올라온 등산객을 보고 깜짝 놀랐다. 반대편에서 오는 여섯 명의 일행 중에 팔십 대

할머니가 한복차림으로 고무신 신고 가파른 눈길과 얼음길을 걸어서 1,200m 정상에 올라오신 것이다. 정말 믿어지지 않는 놀랍고 감동스러운 순간이다. 할머님의 연세를 물었더니 86세라고 하시고, 빙벽, 암벽의 등산로를 고무신을 신고 올라오셨다고 하신다. 우리는 다시 한번 놀라며 감탄을 하고 할머님과 같이 기념사진을 찍었다.

석기봉에서 만난 86세 할머님과 함께

살아 있는 생명체들이 추운 겨울을 이기고 봄을 맞이하면서 살아 있다는 끈질김을 보여 주려는 기척이라도 찾아보았으나, 응달진 숲에는 아직 얼음과 잔설이 남아 미끄러웠고 겨울의 모습이 그대로 남아 있었다. 다시 완만한 능선을 오르락내리락 30여 분을 걸어 삼도봉 정상에 올라서니 지나온 석기봉, 민주지산의 능선이 겹겹이 실루엣으로 아름답

다. 덕유산 방향으로는 무주스키장의 슬로프가 보여 덕유산임을 알아
보게 했고, 남쪽으로는 곱게 뻗어 내린 백두대간의 능선이 웅장하게 펼
쳐져 보였다. (2017. 2. 26. 일)

민주지산 삼도봉　　　　　　　　민주지산 상행 입구인 황룡사 철교

봄이 오는 길목에서

숨이 넘어갈 듯 급하다
너무 급한 거 아닌가 하는 생각,
조금만 더 슬로우
봄은 이렇게 천천히 와야 한다

대지를 뚫고 나오는 새싹도
여유를 부려야 하고
나뭇가지 멍울진 꽃봉오리도
시간이 필요하다

이러다가 지칠 만할 때
산수유 노란 꽃을 피우면 그때서야
아~ 봄이다 하는 탄성
봄은 그렇게 오는 것이다

겨울이 조금 남은 지금,
그 계절 속에 묻어 둔 씨앗에
움을 틔우는
그런 봄이어야 한다

산이 그리움을 부른다

51

서해 바다를 조망하며 걷는 억새의 산

자연휴양림 → 월정사 → 송신탑 → 정상 → 전망대 → 공덕고개 갈림길 → 자연휴양림 (6km, 3h)

오서산(烏棲山)은 높이 790m, 금북정맥의 최고봉으로 충남 보령시 청소면과 청라면, 청양군 화성면, 홍성군 광천읍 경계에 있는 산이다.

예로부터 까마귀와 까치가 많이 살아 까마귀 보금자리라고 불렀고, 정상에 서면 서해안 풍경이 시원하게 보여 서해의 등대라고도 불렀다. 장항선 광천역에서 가까워 철도 산행지로도 알려져 있다. 산 아래로는 광활한 해안평야와 푸른 서해 바다가 한눈에 들어와 언제나 한적하고 조용한 분위기를 느낄 수 있다. 특히 오서산의 백미는 7부 능선부터 수채화처럼 펼쳐진 서해 바다를 조망하는 상쾌함과 섬 자락들을 관망하는 것이다.

오서산(烏棲山)을 가장 짧게 오르는 코스는 자연휴양림 코스이다. 이 코스는 휴양림을 통과하기 때문에 입장료와 주차비를 내야 한다. 주차비를 절약하려면 휴양림에서 700m 아래에 있는 명대가든 앞의 무료 주차장을 이용하면 된다.

우리는 매표소를 지나서 휴양림 안에 주차하였다. 주차 후 입구에서 바로 숲길 산행이 시작되었다. 잘 정비된 넓은 등산로를 약 15분 정도 걸으면 월정사로 올라가는 오르막길이 시작되고 본격적인 산행이 시작된다.

계속 10분 정도 더 걸으면 커다란 바위가 나오는데 여기서 좌측으로 가면 안 되고 우측으로 난 계단 길을 올라야 한다. 정상에 오르는 이 코스는 평지가 없는 오름길이지만 험한 경사가 아니기 때문에 힘들이지 않고 무난하게 오를 수 있다.

서해 바다와 마을 전경

땀이 흘러 옷이 젖기 시작하고 힘들다는 생각이 들 즈음, 대략 30분 정도 걸으니 마지막 계단이 나왔다. 계단을 힘들게 올라갔다. 올라왔던 길을 뒤돌아보니 발 아래 펼쳐진 마을 전경과 서해 바다 풍경이 보여 가슴이 뚫리는 것처럼 시원했다.

이제 마지막 오르막을 걸었다. 5분 정도 걸으면 송신탑에 도착한다. 송신탑에서 정상까지는 억새풀 능선이다. 여기서 오서산 정상까지는 약 1시간 정도 걸린

다. 100대 명산 인증 샷을 찍은 후 멋
진 억새풀을 사진에 담고 천천히 걸어
서 1km 거리의 전망대에 도착했다.

오서산 정상

　사람 키 높이로 피어 있는 억새풀 사
이를 걸으며 바람에 부스스 흔들거리는
억새를 보면서 "제 울음인 것을 까맣게
몰랐다"고 노래한 신경림 시인의 〈갈
대〉라는 시가 생각이 났다.

　넓은 나무 데크 전망대에서 가을바
람에 흔들리는 억새와 서해 풍경을 바라보면서 간식과 커피를 먹고 마
시며 쉬었다. 다시 왔던 길 그대로 휴양림 방향으로 내려갔다.

　하산하는 코스는 울창한 나무 숲길의 완만한 흙길이라서 편안하게 내
려갈 수 있었다. 전망대에서 출발해서 1시간 정도 걸어 내려가면 잘 닦여
진 임도를 만나고, 임도를 20분 정도 걸으면 휴양림 주차장에 도착한다.

(2017. 9. 17. 일)

오서산 가는 길

　인생은 오십부터
　그로부터
　십 년이 지났네

반백 년을 멋모르고
살아왔는데
그 후로도 부끄러워라

몇 번씩 다짐하지만
남는 건 후회뿐
늘 실망하며 돌아서기만 한다

너른 들판 억새가
오솔길 따라
은빛 물결로 잔잔히 흔들릴 때

억새풀, 사랑은 깊고
불빛 밝히며
그리움으로 달려온다

돌아보면 부끄럽고
아쉬우나
지나간 시절이 그립다

은빛 억새풀 물결치는
산길 걸으며
지나온 삶 되돌아본다

산이 그리움을 부른다

52

힘들게 오르지 않아도 풍경이 있는

홍성 용봉산(381m)

용봉산 주차장 → 구룡대 매표소 → 거북바위 → 병풍바위 → 용바위 → 전망대 → 물개바위 → 악귀봉 → 노적봉 → 최고봉(정상) → 최영장군 활터 → 산림전시관 → 주차장 (6km, 4h)

　용봉산(龍峰山)은 충남 홍성군 홍북면과 예산군 덕산면, 삽교읍에 걸쳐 있는 산으로 높이는 해발 381m이다. 홍성군의 진산으로 1973년 가야산, 덕숭산 등과 함께 산 일대가 덕산 도립공원으로 지정되었다. 산 전체가 바위산이며, 산의 좌우 중턱에 백제 시대의 고찰 용봉사와 고려 시대 불상인 마애석불, 미륵석불 등의 문화재가 있고, 예산군 덕산면 쪽에 덕산온천이 있다.

　용봉산은 높이는 낮지만 주변 경관이 수려하고 능선을 따라 펼쳐진 기암괴석이 마치 수석 전시장 같다. 구룡대에서 오른쪽 능선을 타고 오르면 거북바위와 병풍바위를 오른다. 물개바위, 삽살개바위를 지나 악귀봉에 오르면 두꺼비바위를 비롯한 기암괴석들의 행렬이 조화를 이루고, 바위군을 지나 다시 조금 더 걸어가면 정상인 최고봉에 이른다.

가을이 완연하다. 등산로에는 떨어진 나뭇잎이 가득하다. 들머리에서 용봉산 전경을 바라보니 기암괴석과 어우러진 가을 막바지 단풍이 절정을 보여 준다. 단풍은 초록에 억눌려 지내던 빨강과 노랑이 제 모습을 자랑하기 위해서 생겼다.

어느 시인은 '초록이 지쳐 단풍 드는데……'라고 노래했다. 단풍은 그렇게 초록의 빈틈을 찾아 번진 것이다. 한 주간의 일정을 끝내고 이제야 일상의 짐을 비운다. 마음의 여유가 생기고 나니 단풍이 눈에 들어오기 시작했다.

몸을 비우든, 마음을 비우든 비워야 보인다. '가까이 있는 건 귀한 줄 모르고, 늘 보던 풍경은 그 가치를 제대로 알아보지 못한다'고 어느 선인이 말씀하셨던가.

지금 당장 떠나라. 일상의 바쁨을 비워 내고 주변의 가까운 산으로 친구들과 함께 떠나 보라. 파란 가을 하늘과 단풍의 진수를 느껴 보라. 마음이 훨씬 더 편안해질 것이다.

친구들과 함께 홍성의 용봉산을 찾았다. 용봉산은 우람하고 탄탄한 몸매를 자랑하는 남성처럼 강건하게 보이는 악산이 아니라 보이는 것보다는 아기자기하고 편안한 여성스러운 산이다. 산 모양이 용의 형상에 봉황의 머리를 닮았다 하여 용봉산이라 불렀으며, 충남의 금강산이라

산이 그리움을 부른다

부를 만큼 경치가 빼어나다.

용봉산 암릉 전경

용봉산의 숲은 낮술을 마신 듯 울긋불긋 만추로 물들었다. 불그스레하며 노오란 낯빛이 지금껏 보아 왔던 단풍과는 조금 다르다. 차분하고 따스한 분위기가 있다. 약 10m 키의 활엽수들이 바람을 품고 있다. 갈참나무, 서어나무가 바람을 흔든다. 바람은 비좁은 나무들 사이를 휘저어 길을 만든다. 하늘로 통하는 오솔길이 바위 사이로 있다.

단풍이 떨어져 가는 늦가을이다. 하지만 또 다른 단풍인 하얀 눈꽃이 시작되려는 계절이기도 하다. 지난 주중에 실비가 내리더니 주말인 오늘은 찬바람이 피부에 더욱 감칠맛을 내며 닿았다.

들머리부터 거대한 단풍나무들이 앞을 가린다. 맑은 아침 햇빛이 소리를 빨아들여 주위가 조용하다. 어디선가 맑고 청아한 새소리도 들린다.

출발 지점부터 이어진 암릉과 어우러진 푸른 소나무 능선에는 아직도 단풍이 곱게 내려앉았고, 사자를 닮은 흰 구름이 도도한 악귀봉 능선에 걸릴 듯이 천천히 흘러가고 있다.

악귀봉에 연이은 물개바위, 촛대바위, 노적봉, 최고봉 등 봉우리와 멀리 가야산도 눈에 들어왔다. 용봉산 기암괴석 능선이 가을 햇살에 눈부셨다.

용봉산 정상석에서

세상 모든 걱정을 잊으며 친구들과 맛깔 나는 대화를 하며 용봉산 정상에서 마시는 커피가 일품이다. 잘 익어 가는 가을! 함께한 친구들 모두가 그 결실이다. (2017. 11. 12. 일)

산이 그리움을 부른다

자락길에서

눈물 자국으로 얼룩진
이별 아닌 이별
더 이상 뒤돌아보지 않겠다

자락길 위에 떨어져 밟히는
현란했던 단풍잎
가을이 깊숙이 온 것이다

낙엽 떨어진 자락길 걸으며
가끔 의자에 앉아
세월과 함께 쉬어 간다

힘들게 오르지 않아도
풍경이 있는
편안한 자락길에는

이름만큼
화려한 자태를 뽐내는
가을의 여왕, 칸쵸

꼿꼿함을 자랑하며

하늘을 찌르는
정직의 메타세쿼이아 숲

저 나무처럼 화려했던, 꼿꼿했던
시절은 가고
쌓여 가는 잔주름 더미

자락길 걸으며
그대와 함께
새로운 계절을 맞이한다

53

콩밭 매는 아낙네가 그리운

청양 칠갑산(561m)

천장호 주차장 → 출렁 다리 → 전망대 → 정상 → 자비정 → 천문대 → 칠갑 광장
(8km, 3.5h)

"콩밭~ 매는~ 아낙네야~"라는 노래 가사로 더 유명한 칠갑산(七甲山)
은 충남 청양군 대치면과 정산면, 장평면에 접해 있는 산이며, 충남의
알프스라 불릴 만큼 숲이 울창하고 산세가 아름다운 곳이다. 나지막한
높이에 능선 길이 완만하며 경치도 좋아 힘들이지 않고 산행을 즐기기
에 좋은 산이다.

산의 옛 이름은 칠악산(七岳山)이었으나 불교의 영향을 받아 칠갑산
으로 바뀌었다. 일곱 성인의 칠(七) 자와 십이 간지의 첫 자인 갑(甲) 자
를 합하여 이름 붙인 것이다. 이와는 달리 산속에 명당자리가 일곱 군데
있다고 해서 연유한 이름이라는 설도 전해진다.

주차장에서 천장호로 걸어가는 길목에는 콩밭 매는 아낙네 모습의 청동상이 있다. 여기서 조금 더 걸어가면 황룡정이라는 팔각정이 있고, 천장호와 어울려 한 폭의 수채화를 만들어 낸다. 여기서 건너편 천장호 둘레길을 바라보면 멋진 황룡 한 마리가 호수를 지키고 있는 것을 볼 수 있다.

청양의 상징인 고추 모양 조형물　　　　칠갑산 입구에 있는 천장호와 흔들다리

칠갑산 천장호 출렁다리는 총 길이 207m, 폭 1.5m의 국내 최장의 출렁다리다. 청양을 상징하는 고추 모형의 주탑(높이 16m)을 통과한 후 천장호수를 가로 지르며 자연 경관을 즐길 수 있는 명물 다리다.

다리의 중간중간에는 수면이 내려다보여 아슬아슬함을 더하고, 좌우로 30~40cm 흔들리게 설치되어 있어 공포와 재미를 느낄 수 있다. 출렁다리를 건너가면 정면에 거대한 용과 호랑이 조형물이 설치되어 있다.

산이 그리움을 부른다

우측으로는 소원바위 가는 길과 호수를 돌아볼 수 있는 둘레길 코스가 있으며, 정상을 가기 위한 등산로는 좌측의 나무 데크 계단을 올라가야 한다.

데크 계단을 몇 걸음 올라서니 아름다운 천장호를 한눈에 내려다볼 수 있는 전망대가 바로 나왔다. 여기에 칠갑산 산행 안내도가 세워져 있다.

청양에는 청양고추가 유명해서 고추를 형상화한 산행 이정표를 만들었다. 이곳 사람들이 칠갑산과 청양고추를 얼마나 자랑스럽게 생각하고 아끼는지 알 수 있는 대목이다. 칠갑산은 어머니의 품과 같은 넉넉함으로 사계절 등산객들을 기다리고 있다. 더불어 자연 경관이 수려한 산으로 참나무가 울창한 활엽수림과 소나무가 등산로 주변에 심어져 있어 아름다운 산이다.

칠갑산은 전형적인 충청도 기질이 보이는 산이다. 암릉이 없어 겉으로 보기에는 부드럽고 순하지만 부챗살처럼 퍼져 나간 산줄기 곳곳에 골짜기가 많다. 숲이 우거져 있고, 막상 산에 들어가면 꿋꿋한 면이 많아서 은근한 매력이 느껴지는 산이기 때문이다. 정상에 올라서면 나뭇가지 하나 경관을 거스르지 않고 주변의 모든 것을 보여 주며, 보이는 모든 장면이 그 자체로서 감동의 파노라마다.

날씨가 맑으면 남서쪽을 휘돌아 나가는 금강, 동남쪽의 계룡산이 조망되며, 서북쪽으로 보령의 오서산까지도 보이는데 오늘은 안개 때문에 한 치 앞을 볼 수 없어 아쉬운 마음이다. 한마디로 칠갑산은 청정의 명산이다. 특별나게 뛰어난 곳은 없지만 은근하게 경치가 좋으며, 등산하는 내내 몸과 마음이 편안했다. 완만한 육산이기에 숲의 여유와 푸근한 정취를 느끼게 하는 어머니 같은 포근함이 느껴지는 산이다. (2017. 7. 23. 일)

산을 만나고

의미 없어 보이던
바위와 나무까지 산에서는
모두 살아 움직이고
불어오는 바람마저도
사랑스럽다

새들의 소곤거림과 다람쥐 응석
계곡물에서 노니는 피라미
때로는 천둥 번개에
놀라기도 하지만
산이 좋아 산에서 산다

맑은 공기
청정한 계곡
밤하늘의 수많은 별
아무것도 간섭받지 않는 삶
그래서 산에서 살고 싶다

도심 공해에 찌든
피곤한 몸과 마음이지만
산에 들어서면
대지에 단비 스며들 듯
사르르 녹아내린다

전라북도

—

54

아홉 봉우리가 굽이굽이 돌아가는

구봉산 사내산교회 → 바랑재 → 정상 → 돈내미재 → 저수지 → 사내산교회
(4.3km, 2.5h)

전북 진안군 주천면으로 가는 중 주천
면의 경계선 왼쪽에 우뚝 솟은 바위산
이 구봉산(九峰山)이다. 덕태산(德太山,
1,113m), 운장산(雲長山, 1,133m) 등과
함께 노령산맥에 솟아 있으며, 섬진강
의 발원지이다. 서북 방면에는 1,000m
높이의 복두봉이 있다.

금남호남정맥 운장산의 한줄기인 구
봉산은 운장산에서 북동쪽으로 8km가

구봉산 정상

량 떨어져 뾰족하게 솟구친 아홉 개의 봉우리들이 우뚝 서서 내려다보고 있는 산이다. 4봉과 5봉을 잇는 구름다리를 2015년 8월에 완공하여 그 이후로 등산객들이 많이 찾는다.

정상인 천왕봉은 특이한 봉우리로 복두봉과 운장산이 한눈에 들어오고, 옥녀봉과 부귀산, 만덕산, 명덕봉, 명도봉, 대둔산이 보이고, 멀리 덕유산과 지리산의 웅장한 모습이 실루엣을 이루고 있다.

산행은 구봉산 주차장에서 승용차로 0.8km 더 들어가서 사내산 교회에 주차하고 산행을 시작했다. 작은 마을 도로에서 왼쪽 산기슭으로 산행 들머리가 시작된다. 정상까지 짧은 거리인 만큼 예상했던 대로 입구부터 가파른 등산로가 시작된다.

오늘 날씨가 매우 더운 날이나 이 산은 숲속으로 걷는 산행이라 그렇게 더운 것은 모르겠다. 허나 계속 가파른 산행을 해야 해서 땀도 많이 흐르고 힘이 들었다. 능선이 나올까 싶으면 또 올라가고 바랑재까지 완만한 길이 한 번도 없이 가파른 산행 길이 계속 이어졌다.

출발해서 약 1시간 걸려 바랑재에 도착했다. 조망이 탁 트이고, 왼쪽으로 3.1km를 가면 천왕사가 나오는 길이고, 오른쪽으로 0.5km를 가면 구봉산 정상이다. 여기서부터는 완만한 능선 길이며 좌우로 멋진 조망을 보면서 걷는다. 이 능선에서는 올망졸망 봉우리들이 구

구봉산의 명물인 출렁다리

름다리로 연결된 아름다운 8봉이 보이고, 저 아래 용담댐과 용담대교, 그 너머 멀리는 민주지산, 그 오른쪽으로는 덕유산이 희미하게 보였다.

구봉산 정상의 높이는 1,002m이다. 이곳에 서면 지리산과 덕유산 등 인근의 높은 산들이 조망되는 명산이다. 그동안 주변의 운장산, 마이산 등의 명성에 가려 주목을 받지 못하다가 구름다리가 만들어지면서 많은 등산객들의 사랑을 받게 되었다.

구봉산의 아홉 봉우리 전경

하산은 돈내미재로 내려간다. 내려가는 길 초입부터 안전 계단도 없이 가파르고 험해서 조심해야 했다. 하지만 이곳도 다음에 찾아오게 되면 나무 계단이 설치되기를 기대하면서 내려갔다.

험한 구간을 벗어나면 8봉 오르는 길과 갈라지는 돈내미재까지 나무 계단이 잘 설치되어 무난하게 내려왔으며 여기서부터 주차장까지는 완만한 하산 길이다. 조그만 계곡물이 흐르고 조금 걸어 내려가니 이 물이 모여 큰 저수지를 만들었다. 이어 임도를 따라 조금 더 내려가면 출발지였던 사내산 교회에 도착한다. (2018. 6. 2. 토)

6월을 위하여

6월, 푸른 하늘 배경
절벽 위 소나무로 서 있고 싶다

한가로운 구름 한 자락
말 걸어오며 온몸 적실 때

아스라이 산그리메 얼굴 내밀며
굽이굽이 흐른다

고요하게 흐르는 강물처럼
세월의 긴 강을 함께 흘러가고 싶다

산정에 서서
불어오는 바람 온몸에 맞으며

저 골짜기 사이로 피어오르는 안개처럼
그대를 꼬옥 안고 싶다

슬픔과 안타까움 사이에서
친구가 되어

그대의 묵직한 믿음이 되고 싶다

저 멀리 산그리메 주변에
모여드는 구름처럼

그대의 포근한 안식처가 되고 싶다

55

해안선 따라 절경을 간직한

남녀치 → 월명암 → 봉래구곡 → 선녀탕 → 직소폭포 → 재백이고개 삼거리 →
관음봉 삼거리 → 관음봉 왕복 → 내소사 (10.5km, 5h)

전북 부안의 변산반도는 아름다운 해안선을 따라 수많은 절경이 이어지는데 이 일대가 국립공원으로 지정되어 있다. 변산(邊山)은 바다를 끼고 도는 외변산(外邊山)과 남서부 산악지의 내변산(內邊山)으로 구분한다.

내변산 지역의 변산은 예로부터 능가산, 영주산, 봉래산이라고 불렸으며, 최고봉인 의상봉(510m)을 비롯해 쌍선봉, 옥녀봉, 관음봉. 선인봉 등 기암 봉우리들이 솟아 있고, 직소폭포, 선녀탕, 내소사, 개암사, 우금산성 등이 있다.

내소사 절 입구 600m에 걸쳐 늘어선 파란 하늘을 찌를 듯한 전나무 숲도 장관이다. 내변산 깊숙한 산중에 있는 직소폭포는 약 20m 높이에서 힘찬 물줄기가 쏟아지고 폭포 아래에는 푸른 옥녀담이 출렁거린다.

겨울에 찾은 내변산의 숲은 유난히 고요하다. 눈 내린 숲속은 신비감을 보였다. 지나칠 정도로 조용하다. 이런 이유로 겨울 설산을 찾는 것이다.

내변산 남여치에서 쌍선봉과 관음봉으로 이어지는 산행을 했다. 시작 들머리부터 경사가 시작되고 계속 이어지는 오르막 능선을 올라 쌍선봉 삼거리에 도착했다. 쌍선봉은 올라가지 않았다. 눈이 많이 내려서 통제 구간이라 갈 수도 없지만 등산로 자체도 보이지 않았다. 잠시 숨을 고르고 다시 월명암으로 향했다.

쌍선봉에서 조용한 수행처이기도 한 암자 월명암에 도착했다. 월명암은 암자치고는 규모가 상당히 크고 넓다. 눈 속에 자리 잡고 있는 월명암은 적막했다. 어디선가 들려오는 목탁소리가 그 적막을 깨트렸다.

월명암을 떠나 마당바위로 향한다. 쌍선봉에서 마당바위로 이어지는 등산로는 완만해서 산행하기가 수월했다. 마당처럼 넓고 평평해서 마당바위라고 부르는 것 같다. 마당바위에 서니 관음봉과 직소호수가 한눈에 들어온다.

마당바위에서 경사진 내리막길을 내려와 자연보호헌장 탑이 있는 갈림길에 도착했다. 내소사와 직소폭포라 적힌 이정표를 따라 먼저 그 아래에 있는 직소호수로 갔다. 하얗게 눈이 덮인 직소호수의 전경은 마치 흑백 사진 같은 모노톤 풍경의 겨울 정취가 돋보였다.

눈에 살짝 덮인 산상 호수에 비친 산봉우리 풍경이 데칼코마니 그림처럼 보였다. 마치 먹을 갈아 만든 듯한 칠흑같이 어두운 호수에 산과 하늘의 풍경이 거울처럼 비치고 있다.

산이 그리움을 부른다

직소호수 전망대에서 앞으로 가야 할 관음봉과 호수 주위를 바라보는 풍경은 무척 아름답다. 호수 옆으로 잘 만들어진 데크 길을 걸으며 직소폭포를 향해 간다. 데크 길이 끝나면 선녀탕으로 가는 이정표가 나온다. 선녀탕 방문을 생략하고 그대로 직진했다.

직소폭포에 도착했다. 여성이 다리를 벌리고 있는 형태의

내변산 직소폭포

바위에서 쏟아지는 직소폭포는 수량이 적어서 흘러내리는 폭포수도 가늘었다. 직소폭포는 변산반도를 대표하는 경관인 변산 8경 중 제2경에 뽑힐 만큼 대표적인 탐방 명소다. 폭포의 높이는 30m 정도이며, 폭포를 받치고 있는 둥근 못으로 곧바로 물줄기가 떨어진다고 해서 직소라는 이름이 붙게 되었다.

다시 관음봉을 향해 걸었다. 며칠 전 눈이 많이 내렸다. 기온이 올라간 낮에는 바람에 눈이 날리면서 머리 위로 떨어졌다. 조용한 등산로를 계속 걸어가다 보니 어느새 재백이다리에 도착했다.

재백이다리부터 재백이고개까지는 경사진 오르막길이고, 그 오름길은 다시 관음봉까지 이어진다. 우측으로 보이는 암릉과 서해 바다가 조망되어 지루함을 덜어 준다.

내소사 삼거리에서 관음봉까지는 0.6km 거리다. 가파른 경사 길을

올라 관음봉 정상에 도착했다. 이곳 정상에서 막힘 없는 사방의 경관을 둘러보았다. 정상 주변에는 데크 전망대가 갖춰져 있으며 변산 8경 중 1경인 '용연조대' 2경인 '직소폭포' 3경인 '소사모종'을 조망할 수 있는 천혜의 멋진 조망 터를 갖추고 있다.

관음봉에서 내소사 가는 길은 세봉을 거쳐 가는 길과 조금 전에 지나 왔던 관음봉 삼거리로 내려가는 길이 있다. 우리는 다시 관음봉 삼거리로 가서 내소사로 하산을 하기로 했다. 가파른 경사 길을 내려가 내소사에 도착했다.

내소사 대웅전

산이 그리움을 부른다

남여치를 출발해서 쌍선봉과 관음봉을 거쳐 내소사로 이어지는 산행을 했다. 내변산은 쌍선봉, 관음봉, 직소폭포 외에도 의상봉, 쇠뿔바위봉, 옥녀봉 등 가볼 곳이 많은 국립공원의 산이다. (2018. 1. 14. 일)

세상을 다시 보다

가슴에 품고 있었던
그곳에 왔더니 눈이 내리고

한 편의 풍경화가
멋들어지게 펼쳐져 있었다

길이 구분되지 않게
발걸음 흔적을 지워 버렸고

외로운 돌탑 위에도
쌓였다가 바람에 흩어진다

발걸음 무거워
눈길 힘들게 걷다 보니

문득 눈앞에 반짝이는

눈꽃들

세상을 밝게 보라는
암시일 것이다

이렇게 한 번쯤
눈길을 헤매이는 것도

인생의
한 단면이리라

56

마치 양의 내장 속에 들어간 듯

정읍 내장산 신선봉(763m)

대가마을 → 등산로 입구 → 전망대 바위 → 능선 → 신선봉 정상 → (back) → 대가마을 (4km, 2h)

높이 763m인 내장산(內臟山)은 주봉인 신선봉을 비롯하여 월령봉, 서래봉, 연지봉, 장군봉 등 600~700m의 기암괴봉들이 동쪽으로 트여 말굽 모양을 이루고 있다. 내장산이란 이름은 '산 안에 숨겨진 것이 무궁무진하여 마치 양의 내장 속에 숨어들어 간 것 같다'하여 내장산이라 했다.

예로부터 지리산, 월출산, 천관산, 능가산과 함께 호남의 5대 명산으로 손꼽히고 있으며, 철 따라 다른 모습을 보여 준다. 특히 가을 단풍과 겨울의 설경이 매우 아름답다. 1971년 11월에 서쪽의 입암산과 남쪽의 백암산을 합하여 당시의 전북 정주시와 정읍군, 순창군, 전남 장성군 일대가 내장산 국립공원으로 지정되었다.

    내장산을 오르는 코스는 백양사 방면과 내장사 방면, 그리고 남창계곡 방면 등 다양하다. 오늘 신선봉을 오르는 최단 코스의 시작점은 순창군 대가마을이다. 도화마을을 지나 하천을 건너 대가마을 입구에서 산행을 시작했다. 이 코스는 사람들이 많이 찾지 않는 코스이나 최근에 혼잡을 피하거나 짧은 시간 내 정상에 오르려는 산악회 등산객들이 많이 찾는다.

    대가마을 코스는 짧은 시간 내에 정상까지 오르는 코스이다 보니 시작부터 경사가 상당히 가파르다. 길이 분명하지 않고 낙엽이 수북하게 쌓여 있어 내려올 때는 미끄러지지 않도록 조심해야 한다.

    가파른 길을 약 30여 분 오르면 조망이 트이는 전망 바위가 나온다. 이곳에서 잠시 배낭을 내려놓고 숨을 돌리면서 쉬었다. 눈앞에 멀리 새재가 시야에 들어오고, 바로 앞 대가호수 건너편에는 멋진 백암산 산세가 조망되었다. 길을 걸으며 생각해 보니 이 코스는 대가마을 사람들이 산책 코스로 개발하여 가볍게 정상에 오르거나 대가호수를 조망하는 전망 바위까지 다녀오기 좋은 등산 코스라고 생각되었다.

    전망 바위를 지나 능선을 걷다 보면 진달래꽃이 한창이며 산벚꽃과 야생화들도 군데군데 피어 내장산은 한껏 봄의 정취를 보여 주었다. 멋진 경치를 즐기며 능선을 따라 정상을 향해 계속 걸었다. 소나무 숲을 빠져나와 다시 약간의 바위 지대를 지나가자 파란 하늘을 배경으로 정상이 바로 앞에 보였다.

    드디어 내장산 최고봉인 신선봉 정상에 도착했다. 전설에 의하면 하

내장산 능선에서의 조망

늘에서 신선이 내려와 선유하였으나 봉우리가 높아 그 봉우리가 잘 보이지 않아 신선봉이라 불렀다고 한다.

　신선봉 정상에서 서쪽 방향을 바라보니 까치봉에서 서래봉까지 이어지는 북쪽 능선이 시원하게 펼쳐져 있다. 내장산은 그렇게 높은 봉우리는 아니지만 방장산, 축령산 등 첩첩산중의 산그리메가 펼쳐져 1,000m 이상의 어느 高山 못지않은 멋진 조망을 보여 주었다. (2018. 4. 21. 토)

진달래꽃을 보며

　외로운 산속에서
　한때는 분홍빛 화려함으로

　또 한때는 고요함으로

살뜰한 꿈도 품어 봤는데

예상치 못했던 꽃샘추위에
몸이 떨리고

잠 못 이루는 날도 있었지만
화창한 봄을 즐겼었네

이제는 모든 걸 놓아두고
떠나야 하네

꽃이 떨어져 허망하다 하여도
슬퍼하지 않을래

저무는 모습이 아름답지 못해도
속상하지는 않아

생각해 보면
좋은 시절이 더 많았던 봄

꿈은 항상 낮은 곳으로
흐른다고 하네

내년을 다시 기약하며
그리움의 시간을 보내야겠네

봄, 저 사월의 언덕 너머로
떠나가고 있네

57

천상화원을 만드는 상고대

무주 덕유산 향적봉(1,614m)

무주 스키장 곤돌라 이동 → (설천봉 ↔ 향적봉 0.6km 왕복산행)

덕유산(德裕山)은 소백산맥의 중심부에 솟은 산으로 주봉은 향적봉(香積峰, 1,614m)인데, 남서쪽에 위치한 남덕유산(1,507m)과 쌍봉을 이룬다. 두 봉우리를 연결하는 분수령은 전북과 경남의 경계가 된다.

주 봉우리인 향적봉을 중심으로 무풍면의 삼봉산에서 시작하여 대봉, 덕유평전, 중봉, 무룡산, 삿갓봉 등 해발

덕유산 정상 향적봉

고도 1,300m 안팎의 봉우리들이 줄지어 솟아 있어 일명 덕유산맥으로

산이 그리움을 부른다

부르기도 한다.

계곡은 총 여덟 곳이 있는데, 특히 북동쪽 무주와 무풍 사이를 흐르면서 금강의 지류인 남대천(南大川)으로 흘러드는, 길이 30㎞의 무주구천동(茂朱九千洞)은 전국적으로 널리 알려진 명소이다.

전북 무주군 덕유산 국립공원은 우리나라에서 인기가 높은 눈꽃 산행지 중 하나로 꼽힌다. 특히 덕유산 최고봉인 향적봉(1,614m)은 한겨울에 더욱 진가를 발휘한다. 겨울철 서해에서 불어오는 습한 바람이 덕유산 능선에 부딪치며 그대로 얼어, 나뭇가지마다 '눈꽃'으로 불리는 환상적인 상고대가 피어나기 때문이다.

덕유산은 해발 1,600m가 넘는 산이지만 무주리조트에서 관광 곤돌라를 이용하면 손쉽게 설천봉 정상까지 닿을 수 있다. 곤돌라는 2월까지 주말과 공휴일에는 사전 예약을 해야 티켓을 구매할 수 있다. 인터넷으로 손쉽게 예약하여 곤돌라를 이용했다.

덕유산 향적봉 능선의 추위와 바람에 대비해 모자가 달린 두꺼운 외투와 장갑, 등산화와 아이젠 정도만 갖춘다면 그 누구라도 환상의 눈꽃 나라 여행을 떠날 수 있다. 곤돌라에서 내리면 설천봉(1,520m)의 명물인 상제루(팔각정)가 세워져 있어

향적봉 가는 길의 설경

운치를 더하고 사람들을 설국으로 인도한다. 설천봉에서 향적봉까지 오르는 등산로는 사방 어디를 보아도 하얀 눈가루를 뿌려 놓은 듯한 환상적인 분위기가 펼쳐진다.

매서운 칼바람에 얼굴과 입술이 얼어서 말하기조차 힘들 정도의 추운 날씨지만, 사람들의 표정에서는 상고대와 눈꽃이 펼치는 절경에 들뜬 기분이 그대로 느껴졌다. 남녀노소 할 것 없이 눈꽃으로 만개한 등산로를 걸어가며 사진을 찍으며 추억 담기에 바빴다.

향적봉까지 이어지는 0.6km 탐방로를 걸었다. 덕유산 정상부의 눈길을 걸으면서 놓치지 말아야 할 것은 눈꽃만이 아니다. '살아서 천년, 죽어서 천년' 간다는 주목과 구상나무에도 하얗게 서리가 얼어붙은, 말로는 표현할 수 없는 장관을 감상하는 일이다. 살아생전에 이런 멋진 풍경을 얼마나 볼 수 있겠는가. 천상의 화원이 펼쳐지는 덕유산 상고대는 자연이 겨울 산을 찾은 이들에게 안겨 주는 최고의 선물인 것이다. (2018. 2. 11. 일)

천상의 화원

멋지구나 멋져
설천봉

여기는
바람과 눈의 나라

눈보다 더 깨끗한
주목나무

하늘도
얼어 버린 지 오래

겨울이
만개한 꽃처럼

온 세상을
꽃밭으로 만들었다

눈이 내린다
그대

천상의 화원
맨발로 걸어 보라

58

말의 귀처럼 생긴 봉우리와 돌탑

진안 마이산(686m)

마이산 북부주차장 → 미니기차 탑승장 → 천황문 → 주차장 (4km, 1.2h)

마이산(馬耳山)은 전북 진안군의 진안읍 단양리와 마령면 동촌리 경계에 있는 산이다. 높은 산들로 둘러싸인 분지 한가운데 돌출한 산이므로 암마이봉에 올라 보면 가까운 계곡 사이에 형성된 진안읍, 마령면 등 좁은 들을 제외하고는 사면이 모두 산이다.

마이산 정상 암마이봉

서봉인 암마이봉(686m)과 동봉인 숫마이봉(680m)으로 되어 있고, 지명은 산봉우리 모양이 말의 귀와 같다고 하여 유래되었다. 서로 등지고 있는 기이한 모습의 이 두 봉우리는 노령산맥의 줄기인 진안고원과 소백산맥의 경계에 자리하여 섬진강과 금강의 분수령을 이룬다.

마이산은 바위산이지만 줄사철 등 희귀 관목이 군데군데 자라며, 산 주변에는 은수사, 금당사, 탑사 등 유서 깊은 절들이 있다. 산 남쪽 계곡에는 개울을 따라 굽이굽이 돌아가는 길가에 벚꽃나무가 줄지어 있어 봄이면 벚꽃이 장관을 이룬다.

서울에서 승용차로 6시에 출발했다. 중간에 '정안 알밤휴게소'에 들러 아침 식사를 하고, 진안 마이산 북부 주차장에 도착하니 9시 20분이었다. 주차장 철책에 마이산 암마이봉은 동계 입산 통제되다가 3월 15일경 해제될 예정이라는 현수막이 걸려 있었다. 등산로 입구에서 분주하게 개점 준비하는 식당 직원에게 입산 가능 여부를 물어보니 "아마 해제됐을 거예요"라 대답하기에 이 말을 믿고 산행을 시작했다.

입구부터 상가가 잘 정비되어 길 양쪽으로 고급스럽게 지어져 있었으며, 진안 지역은 흑돼지를 전문적으로 양육하므로 대다수의 식당은 흑돼지 전문 식당으로 운영되었다. 1km 정도의 진입로는 공원으로 잘 조성되었으며, 다양한 돼지 조형물로 조화를 이루고 있었다. 화장실, 휴지통, 화분, 조형물 등 모든 시설물이 돼지를 모티브로 만들어져 있었다.

공원이 끝나는 지점에 미니 기차 승강장이 있다. 연인의 길 1.5km 거리의 도로를 따라 두마이봉 사이에 있는 천황문 바로 밑 계단까지 운행하는 미니 열차였다. 이른 계절이어서인지 아직 운행하지 않았다.

계단을 조금 오르니 천황문이다. 전해 내려오는 이야기에 따르면, 조선 왕조를 창업한 이성계가 고려 말 남원에서 황산대첩을 승리로 이끌고 귀경하는 길에 이곳 신비스런 마이산에 들러 왕조 창업의 꿈을 현실로 만들기 위해 돌탑을 쌓아 꿈속에서 하늘로부터 나라를 다스릴 권한을 받았다고 해서 천왕문이라고 하였다고 한다.

아뿔싸! 암마이봉과 화엄굴이 아직 입산 통제가 풀리지 않았다. 여기 천왕문 앞에서 돌아서야 했다. 반대 방향의 계단을 넘어서면 탑사와 은수사가 나오고 인증을 할 수 있는 비룡대에 갈 수 있으나, 차량 회수 때문에 우리는 올라온 코스인 북부주차장으로 다시 내려갈 수밖에 없었다.

마이산 탑사에 대해서…

마이산 석탑은 1885년에 입산하여 솔잎 등으로 생식하며 수도한 이갑룡(1860~1957) 처사가 30여 년 동안 쌓아 올린 것이다. 이곳 탑사에는 당시에 120기의 탑들이 세워져 있었지만 현재는 80기만 남아 있다. 대부분이 주변의 천연석으로 쌓아졌지만 천지탑 등의 주요 탑들은 전국 팔도의 명산에서 가져온 돌들이 한두 개씩 들어가 신묘한 정기를 담고 있다.

마이산 석탑은 섬세하게 가공된 돌들로 쌓아진 신라 왕조의 탑들과는 달리, 가공되지 않은 천연석을 그대로 이용했다. '막돌허튼식'이라는 조형 양식으로 음양의 이치와 팔진 도법이 적용된 이 탑들은 정성과 탁월한 솜씨로 쌓아졌다.

탑사 내의 탑군(塔群)을 이루는 탑들은 천지탑, 오방탑, 약사탑, 월광탑, 일광탑, 중앙탑과 이 탑들을 보호하는 주변의 신장탑들처럼 제각기 이름과 의미를 지니고 있다. 심한 바람에도 약간 흔들릴 뿐 무너지지 않

마이산 탑사

마이산 탑사 전경

마이산 조망

는 탑에서 경이로움을 볼 수 있다. 특히 겨울철에도 탑 단에 물 한 사발을 올려 놓고 성심으로 기도하면 역(逆)고드름이 하늘을 향해 자라나는 신묘한 현상을 관찰할 수도 있다.

또 탑사 내에 두 권의 서책이 전해 내려오는데, 당시에는 이갑룡 처사가 산신들의 계시를 받아 적은 서른 권 분량의 책이 있었다고 한다.

마이산 도립공원 내에 위치한 이곳 탑사는 여러 유적들, 특히 대웅전, 산신각, 미륵불, 영신각, 종각, 요사채 등이 복원되면서 명실상부한 사찰로 자리 잡았고 훌륭한 관광 명소가 되었다. (2018. 3. 25. 일)

마이산 돌탑

암수 마이봉 그늘 아래
환한 미소 미륵상

계곡 따라 불어오는 바람
흐르는 땀 씻어 주고

정상 오르는 길 군데군데
쌓인 돌탑

저마다 조그만 소망 안고
꿈 키워 나가네

커다란 귀
하늘의 소리 들으려

가녀린 눈
그늘 깊숙이 허기진 세상을 본다

마이산 능선에서의 조망

59

어머니의 사랑이 차고 넘치는

완주 모악산(794m)

전북 도립미술관 주차장 → 선녀폭포 → 상학능선 → 수왕사 갈림길 → 무제봉 → 정상 → 천일암 → 사랑바위 → 주차장 (7km, 4.5h)

호남고속도로의 교차로에서 6km 거리에 있는 모악산(母岳山)은 높이 794m로 김제평야의 동쪽에 우뚝 솟아 있어 호남평야를 한눈에 내려다 볼 수 있다. 1971년에 도립공원으로 지정되었으며 호남 4경의 하나로 꼽을 정도로 경관이 빼어나고, 국보와 보물 등의 문화재가 많다.

4월이 되면 주차장에서 일주문에 이르기까지의 벚꽃 터널이 장관이다. 진달래가 만발해 꽃구경하면서 정상까지 오를 수 있다. 산 전체에 벚꽃이 만발하고 신록이 우거져 예로부터 모악춘경(母岳春景)이라 부르는 이유가 된다.

정상에 오르면 김제평야와 만경강이 시야에 들어오고 동쪽으로 전주

시가 발아래에 있고, 남쪽으로는 내장산, 서쪽으로는 변산반도가 멀리 보인다.

완주 모악산 등산로 입구에 도착했다. 바람이 불지 않는데도 약간 날씨가 차게 느껴졌다. 모악산 정상부에는 맑은 하늘과 상고대, 흰 눈으로 멋진 산세를 보여 준다.

도립 미술관 주차장에 주차를 하고 넓게 정비된 등산로를 따라 걸어가기 시작했다. 약 20분 정도 걸었더니 모악산 산행 안내도가 나왔다. 전년 이맘 때 와 본 기억을 더듬어 등산 코스를 살펴본다.

등산로 입구에 있는 모악산 시비

약 7분 정도 걸으면 갈림길이 나온다. 벤치에 앉아서 스틱을 꺼내 들고 본격적인 산행을 준비했다. 기억을 되살려 여기에서 바로 우측 상학 능선으로 이어지는 길로 올라갔다. 가파른 경사 길을 15분 정도 오르면 능선에 올라서게 된다.

나뭇가지 사이로 내려다보이는 전주 시내가 평화롭게 보인다. 오늘 날씨 예보에는 눈이 내린다고 했는데 아직 눈이 내리지 않아 깨끗한 조망과 아름다운 경치의 시내 전경이 보였다. 가파른 나무 계단 길을 30여 분 오르면 높은 지대이지만 평탄한 둘레길 같은 편안한 등산로가 정상부까지 계속 이어진다.

전주 시내를 조망할 수 있는 전망 바위가 나오고, 대원사에서 올라오는 쉼터 언덕이 나왔다. 이곳에서는 간단하게 막걸리를 팔고 있었다. 멸치를 안주 삼아 친구들과 시원하게 막걸리를 한잔씩 마셨다.

여기서 10여 분 오르면 무제봉에 도착한다. 무제봉에서 바라보는 마을과 저수지의 풍경이 아름답다. 이제 모악산 정상이 코앞이다. 지대가 높다 보니 그늘진 등산로에는 이번 겨울에 내렸던 눈이 녹지 않고 제법 하얗게 쌓여 있다. 여기서부터 본격적인 눈 산행이 시작되는 것 같다. 눈송이가 조금씩 날리기 시작해서 운치를 더한다.

정상에는 군부대와 방송 중계소가 있어서 여기까지 물자 수송을 위한 케이블카가 연결되어 있다. 마침 케이블카가 도착하는 중이었다. 다른 지역과

모악산 정상

산이 그리움을 부른다

는 다르게 이곳에는 중계소에 딸려 있는 옥상이 개방되어 있다. 옥상에
는 망원경까지 설치되어 있어 김제시, 전주시, 완주군 등 사방을 둘러보
게 되어 있었다. 날씨가 맑을 때에는 덕유산과 지리산, 광주의 무등산도
잘 보인다고 한다.

모악산 정상에서의 조망

하산 길을 천일암 방향으로 정하고 내려가다 넓은 장소에서 파란 하
늘과 청명한 겨울의 멋진 장면을 보면서 간식과 커피를 마시며 잠시 휴
식을 취했다. 다시 하산을 시작해서 0.5km 정도 내려가면 갈림길을 만

나고, 이어 200m만 가면 산속에 있는 암자의 지붕 기와가 금빛 도장이 된 천일암을 만난다.

절 옆에는 금빛을 칠한 단군 할아버지 동상이 있다. 안내하는 글을 보니 이 절은 단군을 중심으로 도를 닦는 증산교와 같은 유의 종교인 것 같다. 목재 데크와 돌계단, 둘레 길 같은 완만한 능선을 약 30여 분 더 내려갔다. 아침에 올라갔던 큰 길과 만나고, 여기서 조금 더 걸어 내려가면 주차장에 도착하게 된다.

겨울 모악산은 '어머니의 품'처럼 편안했다. 미술관에서부터 시작되는 숲길은 청량했고, 능선을 따라 걷는 길은 조망도 좋았으며, 눈에 싸여 있는 숲은 순수해 보였다. 하산 길에는 키 큰 나무들이 줄 서서 인사하고, 길에는 얼음과 눈이 쌓여 자세를 낮추어 조심스럽게 발걸음을 했다. 하산하는 길이지만 내면의 소리에 집중하면서 걸어가라고 모악산은 가르치는 것 같았다. (2018. 2. 4. 일)

행복한 산행

산행을 한다는 것은
늘 힘든 일이다

그래도 산행할 때마다
새롭고 행복하다

산이 그리움을 부른다

땀 흘리며 가파른 길을 올라
정상에 설 때면

가슴 벅차고
얼마나 행복한 일인가

향기로운 봄의 산길을
친구들과 걸어가면

삶에 활기가 넘치는 것이
참으로 행복하다

60

철쭉 군락지로 유명한 바래봉

용산마을 → 지리산 허브밸리 → 바래봉 삼거리 → 바래봉 정상 → (back) → 바래봉 삼거리 → 용산마을 (8km, 3h)

지리산(智異山) 줄기인 바래봉은 스님들의 밥그릇인 바리때를 엎어 놓은 모습과 닮았다 하여 바래봉이라 붙여졌다. 바래봉(1,165m)은 능선으로 팔랑치, 부운치, 세걸산, 고리봉, 정령치로 이어진다. 정상에 서면 지리산의 노고단, 반야봉, 촛대봉이 보이고, 맑은 날엔 멀리 지리산 주봉인 천왕봉까지 시야에 들어온다.

지리산에서 가장 유명한 철쭉밭이라면 세석평전을 꼽는다. 그러나 지리산을 속속들이 잘 아는 산꾼들은 바래봉이 더 낫다고 말한다. 바래봉 철쭉은 붉고 진하며 허리 정도 높이의 크기에 마치 사람이 잘 가꾸어 놓은 듯한 철쭉이 군락을 이루고 있다. 산 중간부 구릉지대, 8부 능선의 원쪽, 바래봉 정상 아래 1,100m 부근의 갈림길에서 오른쪽 능선을 따라 팔랑치로 이어지는 능선에 철쭉이 군락을 이루고 있다.

무지하게 더운 여름 날씨다. 쉽게 오르기 위해 허브농원에서 임도를 따라 올라가는 코스를 택했다. 시작하는 초입만 숲 그늘이 있고 그 다음은 땡볕 아래 콘크리트 임도가 계속된다. 가만히 있어도 땀이 줄줄 흐르는 폭염의 날씨인데 경사진 길을 걸으니 온몸이 물에 빠진 듯 땀에 젖었다. 마치 인간의 한계는 어디까지인가를 시험하는 것 같았다.

어느 정도 올랐더니 전망이 트인 곳이 나왔다. 높고 파란 하늘은 시야를 더욱 맑게 하고 아늑한 용산마을은 더위에 아랑곳없이 평화롭게 보였다. 잠시 더위를 피해 키 작은 나무지만 그늘 밑에서 휴식을 취했다.

토요일이지만 폭염의 무더운 날씨 때문에 여기까지 올라오는 동안 등산객을 보지 못했는데 정상에서 내려오고 있는 모녀 한 팀을 만났다. 이 더위에 이곳 바래봉 등산을 실행하는 대단함과 반가움에 격려의 인사를 했다. 이들 역시 100대 명산 인증을 위해서 산행하는 것이라고 한다. 우리처럼 '100대 명산 완등'이라는 목표를 이루겠다는 노력에 뜨거운 박수를 보낸다.

바래봉 정상에 섰다. 몇 년 전 철쭉제 기간에 왔을 때와는 분위기가 전혀 다르다. 그때는 발 디딜 틈 없이 사람이 많아 북적거리고 제대로 된 조망을 감상할 수 없었다.

지리산 바래봉 정상

정상에서 휴식을 취하며 멀리 지리산 주봉인 천왕봉과 반야봉, 만복대 그리고 서북능선을 여유롭게 조망하는 시간을 가졌다.

바래봉에서의 조망

다시 임도를 따라 천천히 하산했다. 여전히 덥기는 했지만 내려가는 길은 마음이 편안했다. 반야봉 산행은 나무 그늘이 없는 땡볕이라 무더위에 지쳐 체력 소모가 컸다. 시원한 생맥주 한잔이 간절해진다.

하산 후 운봉마을에 있는 生면국수 전문 식당에 들어갔다. 내부는 일반 식당 분위기가 아닌 카페 분위기를 연출했다. 통기타와 간이 무대 그

산이 그리움을 부른다

리고 여유롭게 배치한 테이블과 의자 등이 일반 식당과는 차별화돼 있다. 그리고 음식도 깔끔했으며 살짝 살얼음이 덮여 있는 생면 국수는 폭염에 지친 심신을 완벽하게 녹여 주었다. (2018. 7. 15. 일)

산 사랑 멈출 수 없다

산에 오른다

보고
느끼며
나의 한계에 도전한다

새로운 산 찾아
먼 곳으로
떠난다

한 걸음씩 산에 오르면
장엄하고 멋진 풍경
감동이다

새롭게 길이 시작되고
오르락내리락

끝없이 이어진다

새로운 모험이 시작되는
멈출 수 없는
산 사랑이다

61

풍요로움과 고고함, 아름다운 낙조

구례 지리산 반야봉(1,732m)

성삼재 주차장 → 노고단 대피소 → 노고단 정상 → 돼지령 → 임걸령 → 노루목 → 반야봉 정상 → (back) → 노루목 → 임걸령 → 노고단 대피소 → 성삼재 (17.6km, 6h)

지리산의 반야봉(般若峰)은 천왕봉, 노고단과 더불어 지리산 3대 봉우리 중 하나다. 주봉과 중봉이 절묘하게 빚어낸 지리산만의 풍요로움과 고고함을 느껴볼 수 있는 대표적인 탐방코스로 자연 속에서 색다른 매력이 넘치는 코스다.

지리산 중앙부에 자리 잡고 있는 반야봉은 생김새가 독특해서 어느 곳에서나 방향 가늠자 역할을 하고 있다. 그 너른 품새나 후덕한 인상을 보면 지리산을 상징하는 대표적인 봉우리라고 볼 수 있다.

전국의 명산을 찾아다니다 보면 산에서 어떤 깨달음을 얻는다. 나이가 들어 가면서 나이에 맞는 내 걸음을 찾아서 걷는다. 그러다 보면 어느 순간 좋은 생각이 떠오른다.

장쾌하게 펼쳐진 지리산 능선을 따라 조용히 걸으면 그냥 온몸으로 느껴지는 무언가가 있다는 생각이다. 세상을 살아가면서 작은 것에 만족을 느끼는 자기만의 즐거움, 즉 '소확행'이 있다.

오늘은 성삼재에서 반야봉까지 왕복 18km를 걸어야 한다. 신발 끈 단단히 조이고, 스틱을 뽑아 들었다. 배낭끈 힘껏 여민 뒤 성삼재에서 편안한 능선 길을 걸어가기 시작한다. 노고단까지는 약 2.4km 거리, 40분 정도 걸린다. 새소리, 바람소리를 들으며 완만한 산길을 걷다 보면 커다란 돌탑을 세워 놓은 노고단에 도착한다.

지리산 능선에서

해발 고도 1,507m의 노고단은 신라 시대 화랑 국선의 연무도장이 되는 한편, 제단을 만들어 산신제를 지내던 영봉으로 산 정상부에는 원추리꽃으로 덮인 광활한 고원이 펼쳐진다. 노고단은 6월부터 인터넷으로 사전 예약된 인원만 탐방할 수 있기 때문에 올라가지 않고 그냥 천왕봉 가는 길로 들어섰다.

구상나무 군락을 지났다. 구상나무는 홀로 온갖 자연 풍광을 다 겪은 나무처럼 고고한 모습이다. 정상으로 가는 주 능선

산이 그리움을 부른다

에서 만나는 구상나무를 보면 예사로 보이지가 않았다. 그 나무에서는 추운 겨울을 이겨 낸 거친 바람소리가 들리고, 폭풍과 번개, 천둥소리가 들렸다.

반야봉은 지리산이 품고 있는 많은 봉우리 중에서 두 번째로 높은 봉우리다. 또한 우리나라에서 세 번째로 높은 봉우리다. '반야(般若)'라는 이름은 불경에서 따온 듯하다. 즉 '반야'라는 말이 '지혜를 얻다'라고 뜻풀이가 되니, 여기 반야봉에 오르면 지혜를 얻는다는 뜻으로 해석이 된다.

돼지령을 지나 임걸령까지의 구간은 아름다운 나무 터널이 많다. 햇빛도 가려 주지만 반대로 하늘을 보기가 힘든 구간이 많았다. 반야봉은 지리산 노고단에서 동쪽으로 능선을 따라 5.5km 거리에 있는데 돼지령과 임걸령, 피아골 삼거리를 지나 노루목에서 왼쪽 산길로 걸어가면 나온다.

반야봉은 기암괴석으로 이루어진 웅장한 산이다. 이 산에서 발원한 계곡물은 뱀사골과 심원계곡으로 흐른다. 반야봉은 5월과 6월이 되면 산 중턱에서 정상까지 붉게 타오르는 철쭉 군락으로 일대 장관을 이룬다.

임걸령 약수터에서 시원한 얼음물로 목을 축이고 간단하게 간식과 커피로 여유를 찾는다. 여기 임걸령 표지목 옆에서 백두대간 인증 샷도 찍었다. 임걸령에서 노루목 구간까지는 오르막 구간과 완만한 능선 구간이 번갈아 가며 나오지만, 노루목 삼거리를 지나면 반야봉까지 약 1km 구간은 쉼 없이 올라가야 한다.

흰 구름 속에 솟아 있는 반야봉이 손에 잡힐 듯 가깝다. 하지만 노루목에서 반야봉 정상을 향해 오르는 길은 만만하지가 않았다. 경사가 심한 데다 가파르고 거친 바위 지대를 지나가야 한다.

반야봉 정상에 도착했다. 구름 한 점 없이 하늘이 맑고 푸르다. 천왕봉이 손에 잡힐 듯 가깝게 보였다. 근래에 보기 드물게 시야가 좋은 날씨다.

지리산 반야봉 정상

반야봉 정상에 서서 겹겹이 쌓인 산들을 바라본다. 바다에서 만들어 낸 파도처럼, 지리산 능선이 만들어 낸 산의 파도가 쉼 없이 밀려온다. 저 멀리 출발지인 성삼재 휴게소 건물도 아스라이 보였다.

반야봉 아래 산 비탈면 녹색 숲은 마치 목화솜을 깔아 놓은 듯 태양빛에 반사되어 푸른빛이 피어올랐다. 울창한 숲을 이루는 나무들과 태양빛의 만남이 이루어 낸 판타지라고 할 수 있다. 저 능선을 이어서 계속 걸어가면 지리산의 정상인 천왕봉에 도착한다. (2017. 6. 17. 일)

지리산 천왕봉에서

주말마다 산에 다녀도
돌아서면
늘 산이 그립다

지리산 같은 큰 산이 그리워

산이 그리움을 부른다

천왕봉에 오르니
모든 게 발아래 풍경이다

왁자지껄한 세상
어떻게 살아왔는지
앞으로 어떻게 살아가야 하는지

산도 푸르고 하늘도 푸르고
눈앞에 가리는 게
아무것도 없다

거침없이 살아온 세상이
손에 잡힐 듯한데
아득히 멀구나

젊은 시절 동경의 대상으로
한번 오르고 나면
거칠 게 없었던

지리산은
나의
자부심이었다

지리산 노고단에서

산이 그리움을 부른다

62

봄 매화와 동백, 가을 단풍과 꽃무릇

고창 선운산(336m)

주차장 → 일주문 → 선암사 → 석상암 → 마이재 → 수리봉 → (back) → 선암사
→ 주차장 (6km, 3h)

전북 고창군 아산면에 위치한 선운산(禪雲山)은 높이 336m로 도솔산
(兜率山)이라고도 했으나, 유명한 거찰인 선운사가 있어 선운산이라 불
리고 있다. 산세는 별로 크지 않으나 숲이 울창하고 곳곳이 기암괴석으
로 이루어져 있어 경관이 빼어나다. 주위에 소요산, 개이빨산, 황학산
등이 있다. 서쪽과 북쪽으로는 서해와 곰소만이 있으며, '호남의 내금강'
이라고도 한다.

천연기념물 184호인 동백나무 숲이 있는 등 생태적 가치가 크고 도립공
원으로 지정(1979년)된 점을 고려하여 산림청 100대 명산에 선정되었다.

백제 위덕왕 24년 검단선사가 창건한 선운사와 수령 500년의 동백나

무 3천여 그루가 군락을 이루고 있는 선운사 동백 숲이 유명하다. 봄의
매화와 동백, 가을의 단풍과 꽃무릇(상사화), 이 아름다운 절경으로 봄
과 가을 산행으로 인기가 많은 산이다.

  산행은 선운사에서 시작했다. 일주문을 통과하면서 선운사 구경은 하
산하는 길에 하기로 했다. 선운사 숲길에는 여름의 시작을 알리듯 무성
한 나뭇잎으로 그늘을 만들어 폭염이 있는 오늘의 무더위를 상쇄시켜
주었다.

선운사 일주문

  선운사 돌담길을 끼고 우측으로 지나서 갔다. 석상암을 지나는 길에
는 소박한 차밭이 초록의 신선함을 더해주고 있었다. 석상암에서 선운

산이 그리움을 부른다

사의 가장 높은 봉우리인 수리봉까지는 별다른 조망은 없지만 힘들이지 않고 쉽게 오르는 무난한 산길이다.

마이재로 가는 길까지는 너무나 완만하여 둘레길을 걷는 듯한 느낌이다. 함께 산행에 동행한 친구 중 한 명이 컨디션이 좋지 않아서 여기까지 2km 거리를 걷는 데도 두 번의 휴식을 필요로 했다. 그러다 보니 시간이 많이 걸려 1시간 20분이 소요되었다.

마이재에서도 또 휴식을 취했다. 휴식을 취한 후 선운산 정상인 수리봉을 향해 걸었다. 수리봉까지는 0.7km만 더 가면 된다. 약 10여 분 더 걸어가니 선운산의 최고봉인 수리봉에 도착했다. 특별한 정상석은 없었고, 암릉 바닥에 수리봉이라고 새긴 파란색의 동판이 박혀 있었다. 이것을 배경으로 선운산 인증 샷을 찍었다.

선운산 조망

수리봉은 선운산에서 가장 높은 산이지만 사방이 나무로 둘러싸여 있어 조망은 별로다. 하지만 이곳을 벗어나면 낮은 산임에도 불구하고 능선과 들판 그리고 서해 바다가 한눈에 조망된다. 하지만 우리는 아쉽게도 올라왔던 길로 다시 내려가야 했다.

최악의 컨디션인 친구가 도저히 움직일 수 없는 정도라서 다시 마이재로 내려가서 하산 지점인 선운사에 도착했다. (2018. 6. 3. 일)

산과 꽃

산은 작은 우주다

산에서는
먼 우주에서 날아온 씨앗이 자라
태양처럼
빛나는 나무가 된다

산에서는
아름답게 핀 꽃을 보면서

비로소
사랑의 기쁨을 완성한다

산이 그리움을 부른다

꽃들이 보여 주는 세상이
얼마나 아름다운가

산은
온통 아름다운 꽃길이다

산에서
꽃을 즐기고 사랑을 노래하자

63

북두칠성의 전설이 담겨 있는

진안 운장산(1,126m)

운장산 휴게소(피암목재) → 활목재 → 오성대 → 서봉 → 상여바위 → 운장대(정상) → 서봉 → 오성대 → 활목재 → 운장산 휴게소 (5.5km, 3h)

운장산(雲長山)은 전북 진안군 주천면, 정천면, 부귀면의 경계에 있는 높이 1,126m의 산이다. 산 이름은 오성대(五星臺)에서 은거하던 조선 중종 때의 성리학자 운장 송익필의 이름에서 유래하였다.

운장산은 완주군과 진안군의 접경과, 금강과 만경강의 분수령을 이룬다. 남한의 대표적인 고원지대인 진안고

운장산 정상

원 서북방에 자리하고 있으며, 정상에는 상봉, 동봉, 서봉의 3개 봉우리가 거의 비슷한 높이로 있다. 동쪽 10km 부근에는 같은 능선에 속하는 구봉산이 있다. 서봉은 일명 독재봉이라고도 하며 큰 암봉으로 되어 있고, 서봉 아래에 오성대가 있으며, 부근에는 북두칠성의 전설이 담겨 있는 칠성대가 있다.

운장산 등산 코스는 여러 경로가 있지만 오늘 산행은 최단 코스로 알려진 운장산 휴게소에서 시작했다. 운장산 산행 안내도 우측에 정식 등산로가 보였다. 코스 초입은 운치 있는 계단 길이며 나무가 울창하여 시원한 산행이 기대되었다.

시원한 숲속 길을 약 30분 정도 걸으면 약간의 조망이 터지며 우람하고 멋진 소나무가 서 있어 잠깐의 포토 존 역할을 했다.

휴게소에서 출발해서 1.6km 정도 걸으면 운장대 정상을 안내하는 방향 표지판이 나온다. 최종 목적지인 운장대 정상까지는 1.2km가 남았다. 운장대 가기 전 도착하는 서봉의 칠성대까지는 0.6km가 남았음을 안내한다.

흔들다리로 유명해진 구봉산에 대한 안내판도 같이 나오는데 이곳에서 9.4km 떨어져 있고, 운장대를 지나 동봉에서도 훨씬 더 가야 하는 긴 코스이다. 능선에 올라서자 운장대까지 0.6km 거리가 남았다는 안내판이 또 나온다.

칠성대 바위가 있는 서봉에 도착했다. 파란 하늘과 조화를 이룬 바위에 올라 사방의 멋진 경치를 감상한 후 다시 운장대를 향해 걸어갔다.

운장산 정상부의 전경

운장산 정상부의 전경

정상인 중봉 운장대에 도착했다. 몇 년 전 왔을 때는 없던 조그만 정상석 옆에 커다란 정상석이 하나 더 세워져 있다. 100대 명산 인증 샷을 찍었다. 이렇게 인증 사진을 찍을 때마다 마치 은행에 적금을 넣는 기분으로 스스로 매우 흡족했다. 적금 만기가 다가올수록 기분이 점점 레벨 업이 된다. (2018. 5. 22. 화)

세상 사는 법

나비가
바람 타고
산에 오른다, 사뿐사뿐

바위
예쁜 꽃
개울가 조약돌
살그머니 앉는다

나비는
이리저리 돌아다니다
이제 잠시
머물 일이다

세상사
모두
내려놓고

산에 오르는 일은
늘
기쁜 일이다

산이 그리움을 부른다

64

억새에 상고대를 더하는 아름다움

무릉고개 주차장 → 팔각정 → 억새평전 → 전망대 → 억새밭 → 정상 → (back)
→ 무릉고개 (6km, 2h)

장안산(長安山)은 전북 장수군 장수읍, 계남면, 번안면 경계에 있는
산으로 높이 1,237m이다. 계곡과 숲의 경관이 빼어나서 덕산 계곡, 용
소 등이 있는 일대가 군립공원으로 지정, 개발되었다. 여름에는 피서지
로 가을에는 억새와 단풍을 찾는 사람들의 발길이 이어지고 있다. 특히
산등에서 동쪽 능선으로 펼쳐진 광활한 억새밭이 장안산의 명물이라 할
수 있다.

장안산을 찾는 사람들이 가장 많이 오르는 코스는 호남과 영남의 경
계에 있는 무릉고개(1,076m)에서 장안산 정상을 오르는 길이다. 고개
에서 약간 경사진 길을 조금 오르면 억새평전이 나오고, 두 번의 전망대
를 지나면 정상을 만나게 된다. 장안산 억새 능선에 올라서면 탁 트인

정면에 백두대간인 영취산과 지리산 주 능선이 병풍처럼 펼쳐진다.

　영하의 새벽 공기가 제법 차갑다. 해발 900m가 넘는 무룡고개에서 장안산을 오르기 시작했다. 등산로에는 초입부터 자연보호 및 산행 편의를 위해서 친환경 매트를 깔아 놓아 편안했다.

　등산로 양쪽에 늘어선 산죽 길을 따라 이십여 분을 걸어가다 보니까 잎사귀를 떨군 텅 빈 나뭇가지에 찬 서리가 달라붙더니 금방 상고대가 장관을 이루는 실제 상황이 눈앞에서 연출되었다.

장안산 정상 가는 길의 상고대

산이 그리움을 부른다

상고대의 멋진 장면에 감탄을 하면서 500m 정도 더 걸으면 첫 번째 억새평전이 나온다. 왼쪽에는 억새가 파도처럼 물결을 이루고 있으며, 오른쪽에는 상고대가 영화의 한 장면처럼 얼음 왕국을 만든다. 전망대에 올라서니 왼쪽으로 백운산이 의젓하게 솟아 있고, 진행 방향의 뒤쪽에는 지리산 능선이 웅장하게 펼쳐졌다.

아침 햇살에 상고대가 반짝거리고 바람에 억새가 춤을 춘다. 정상을 향해 가는 방향의 뒤쪽에는 덕유산 서봉과 남덕유산 봉우리가 다정하게 어깨동무를 하고 있다. 억새평전을 지나면 다시 두 번째 억새밭이 나온다. 억새와 상고대가 만들어 내는 사잇길로 정상이 보이기 시작했다.

초겨울에 멋진 상고대의 장관을 구경하면서 걷다 보면 정상을 오르는 계단이 나온다. 짧은 시간에 장안산 정상을 올랐다. 주차장에서 장안산 정상까지는 약 3km 거리다. 1시간 정도 걸렸다. 정상에는 헬기장으로 만들어져 있어 넓고 조망이 좋다.

하산은 능선을 따라 범연동으로 내려가는 코스가 좋으며, 긴 등산로이지만 아주 편안하다. 울창한 숲을 즐기면서 천천히 하산하면 되는데, 타고 왔던 승용차 회수를 위해 올라왔던 길로 다시 내려가서 무룡고개로 하산했다.

하산하는 길에 다시 보게 되는 억새와 상고대가 만들어 내는 멋진 장면 너머로 백두대간 영취산 능선이 장쾌하

장안산 정상

게 펼쳐졌다. 뒤돌아보면 걸어왔던 길이 인생길처럼 아스라이 펼쳐 보

였다. (2017. 11. 18. 토)

억새 꽃 산길

산정 가까이 올라가면
너른 평원에서
고개 숙인 억새꽃

아침 햇살 받아
은빛 물결로 빛나고
바람이 그 향기 퍼트리네

바람에 꺾이지 않고
억새꽃 춤추는
산길 따라 걸어가면

노을에 물들어
바라만 보아도 좋은
황금빛 억새밭

전라남도

65

높이에 따라 산세가 좌우되지 않는다

만덕광업 → 동봉 → 암릉 → 서봉 → (back) → 만덕공업 주차장 (1.5km, 1.2h)

덕룡산(德龍山)은 산이 반드시 높이에 따라 산세가 좌우되지 않는다는 사실을 깨닫게 해 주는 산이다. 해남 두륜산에 이어져 있는 덕룡산은 높이가 433m(東峯)로 그렇게 높지는 않으나 기암괴봉의 산세만큼은 해발 1,000m 이상 높이의 산에 결코 뒤지지 않는다.

정상인 동봉과 서봉으로 이루어진 이 산은 웅장하면서도 창끝처럼 날카롭게 솟구친 암릉, 암릉과 암릉 사이의 초원 능선 등 능선이 표현할 수 있는 모든 아름다움과 힘의 진수를 보여 준다. 그럼에도 불구하고 서울에서 거리가 멀어 찾는 이가 그렇게 많지는 않아 오히려 자연보호가 잘되어 덕룡산 자체의 은밀함을 맛볼 수 있는 산이기도 하다.

새벽 공기를 가르며 덕룡산을 향해 가는 우리는 최단 코스로 오르기 위해 만덕광업이라는 회사의 정문 앞 주차장에 도착했다. 이른 시간인 새벽 4시 30분에 출발했어도 이동 거리가 워낙 멀어 도착한 시각은 오전 9시다.

정문 입구에 차량 3~4대 정도 주차할 공간이 있다. 산행은 회사 정문 안으로 들어가서 바로 왼쪽으로 산행 들머리가 있다. 덕룡산 정상인 동봉까지 0.85km 거리임을 알려 주는 안내목이 세워져 있다. 지금까지 100대 명산을 진행하면서 아마도 최단 거리 산행 코스인 것 같다. 하지만 이 지역에는 살짝 비가 내리는 게 심상치 않은 날씨다.

산행 초입은 대나무가 빽빽하게 우거진 대나무 숲길로 시작한다. 길을 조금 가다 보면 조그만 동굴 비슷한 게 나타난다. 근처 어디에 용현굴과 용현암 터가 있다고 하는데 문화재 발굴 중이라 출입을 금지하고 있다는 안내문이 세워져 있다.

정상을 향해 올라가다 잠시 조망이 트여 뒤돌아보니 운무가 걷히면서 바다와 섬들의 멋진 풍광이 펼쳐졌다.

정상을 향해 오르는 최단 코스이다 보니 경사가 심하게 가파르다. 거리가 짧다 보니 이 정도 험한 산행로는 감수해야 될 상황이다. 가파른 등산로를 오르며 거리를 짐작해 보니 정상이 가까워지는 것 같

덕룡산 능선에서 보는 만덕광업사 전경

은데 앞에는 돌무더기 비탈길이 나왔다.

비가 내려 돌길의 등산로가 미끄러우니 조심해야 했다. 밧줄을 타고 오르는 구간도 몇 번 나왔다. 길이 험하여 조심하면서 온몸의 힘을 써서 올라가는 산행이었다. 줄을 잡고 암릉을 오르니 능선이 나왔다. 소석문까지 2.5km, 서봉은 반대 방향으로 200m 더 가면 된다.

바로 우측에 동봉이 있다. 동봉이 운무에 쌓여 영험해 보였다. 뾰족하게 솟아오른 암봉은 마치 공룡의 날카로운 이빨처럼 구름 속에서 텃세를 부리는 듯 보였다. 아찔한 고도감과 힘찬 바위의 기운을 느낄 수 있었다.

운무가 바람에 살짝 밀려나면서 대자연이 빚어낸 덕룡산만이 가지고 있는 아름다움을 보여 주었다. 눈앞에 만덕광업이 내려다보였다. 탐진강과 강진만 일대의 아름다운 풍광이 펼쳐졌다. 그밖에 운무에 덮여 있는 멋진 암릉과 흐릿한 다도해를 조망했다. (2018. 5. 28. 월)

깃발

하늘 아래
가장 높이 살아 있는
생명체

험한 비탈길 올라
잡은

　　산이 그리움을 부른다

하늘 한 자락

바람 불어
황홀한
소리 없는 웃음

욕심 버리지 못하고
짐 하나 늘어
내려선다

66

정상에서 보는 그림 같은 다도해 풍경

해남 달마산(489m)

송천마을 → 관음봉 → 바람재 → 억새능선 → 달마봉 → 미황사 주차장 (6km, 4h)

달마산(達磨山)은 해남군에서도 남도에 치우쳐 있는 긴 암릉으로 솟은 산이다. 두륜산과 대둔산을 거쳐 완도로 연결되는 13번 국도가 지나가는 닭골재에 이른 산맥은 둔덕 같은 산릉을 넘어서면서 암릉으로 급격하게 모습을 바꾼다.

해남군 송지면과 북평면에 걸쳐 있는 489m의 달마산은 기묘한 모습의 암릉이 길게 다도해를 향해 펼쳐져 있어 한 폭의 그림 같은 산이다. 남도의 금강산답게 공룡의 등줄기처럼 울퉁불퉁한 암봉으로 형성되어 있다.

송촌마을에서 산행을 시작했다. 도로의 표지판을 보고 산행을 하기 위해 논두렁길을 걸어 산기슭을 향해 걸었다. 오후에 비가 내리는 것으로 예보되어 있어서 이미 날씨가 잔뜩 흐렸고 이슬비도 조금씩 내리고 있었다.

땅끝 마을인 송촌리에는 이미 봄이 오고 있었다. 길가에 있는 나뭇가지 끝에는 봄꽃을 피우기 위해 멍울져 때를 기다리고 있었다.

달마산을 올라가는 길을 걷기 시작해서 약 1.5km 정도 지나니 길옆에 무성한 조릿대를 만난다. 여기서부터 본격적인 산행이 시작되는데 서로 뒤엉켜 있는 넝쿨들과 우거진 잡목은 잠시나마 밀림을 생각나게 했다. 어른 키보다 훨씬 크게 자란 조릿대 숲길은 터널을 만들었고 자기들끼리 촘촘하게 키재기를 하고 있다.

겨우 길을 트며 걸어가자 이젠 대나무 숲길이 나왔다. 곧게 뻗은 대나무들이 위용과 청정한 기상을 자랑한다. 조릿대 길과 풀숲을 몇 번 지나니 이젠 산비탈 가득 찬 커다란 바위들이 우뚝 앞을 가로막았다.

쏟아질 듯한 너덜지대와 양손을 이용해서 올라가야 하는 급경사의 오르막 바윗길이 나왔다. 이슬비가 내려 약간 미끄러운 바윗길을 어떻게 통과해야 하나 하는 생각에 머릿속이 복잡해졌다.

오르락내리락 계속 이어지는 길과 길게 뻗어 있는 암릉의 능선 길이 재미있게 펼쳐진 것이 달마산의 매력이긴 하지만, 오늘은 멋진 조망도 없고 산행하는 길이 미끄러워서 이 산은 악산(惡山)임에 틀림없다는 것을 다시 증명해 주었다.

시원한 바람과 희미한 암릉만 보일 뿐 바다 조망이 전혀 없었다. 버스로 5시간이나 걸려 이곳까지 내려온 정성이 허무하게 느껴졌으나 비가 내리지 않는 걸 위안 삼아 산행을 계속했다.

다시 오르막의 바윗길이 나왔다. 겨우 올라가니 또 다른 오르막길이 나오고 바로 급한 경사의 내리막길이 나왔다. 다시 길게 펼쳐진 능선과 키 작은 억새밭이 나왔다. 이렇게 험한 바위 산길에 억새밭이 있다는 게 신기할 따름이다. 우여곡절 바윗길을 계속해서 걸으니 드디어 정상에 도착했다.

운무에 덮인 달마산 정상

정상에는 한 무더기의 돌탑이 세워져 있고, 그 옆에 안내판이 세워져 있다. 안내판에는 사진을 곁들여 아름다운 다도해가 조망이 된다고 설

산이 그리움을 부른다

명하고 있다. 하지만 오늘은 날씨가 흐려서 바다를 전혀 볼 수가 없었다.

날씨가 좋을 때는 영암의 월출산과 가까이 있는 완도, 진도뿐 아니라 멀리 제주도까지도 보인다. 하지만 육지의 끝, 남도 땅끝에 와 있다는 것이 실감 나지 않았다. 날씨는 흐리고, 잔잔히 부는 바람과 안개 속에서 달마산 정상에서의 애잔한 감상을 마쳤다. 다시 급경사의 길을 내려가 완만한 녹색의 사철나무가 숲을 이루는 미황사로 내려가는 길을 걸었다.

미황사는 신라 경덕왕 8년에 창건되었다. 전설에 의하면 신라 때 바닷가에서 소가 '등과 불상과 불경'을 싣고 오다가 현재의 대웅전 앞에서 크게 울고 쓰러져 죽어서 그 자리에 묻고, 마을 이름을 우문리라 하고, 누런 황소가 왔다 하여 미황사(美黃寺)라 이름을 지었다고 한다.

미황사 뒤편에 병풍처럼 둘러선 달마산은 그 빼어난 아름다움 때문에 남도의 금강산이라고도 불린다. 달마대사가 중국에 선을 전하고, 해동의 달마산에 늘 머물러 있다고 하여 달마산이라 이름 지어졌다고 한다.

(2018. 3. 4. 일)

달마산에 올라

흐르는 세월에 초연한
암릉 위 소나무

하늘이 외로움을 타면

같이 울어 준다

안개비에 몸 적신 바위는
꿈적도 않고

그윽한 눈빛으로
월출산과 진도를 바라보는데

어두운 하늘엔 먹구름
애잔한 마음뿐

산이 그리움을 부른다

67

섬진강 너머로 하늘을 가르는

주차장 → 도림사 → 청류동 계곡 → 신선바위 → 동악산 → 배넘어재 → 청류동
계곡 → 도림사 → 주차장 (9.2km, 5h)

　동악산(動樂山)은 독특한 산세와 함께 지리산 조망 산행지로 유명한
산이다. 섬진강을 사이에 두고 기운차게 솟아오른 동악산은 멋진 산세
를 보여 주고 있다. 동악산은 섬진강을 끌어안을 듯 넉넉한 형상으로 솟
아 있다. 섬진강으로 나뉘어 있지만, 두 산 사이의 강 7km 구간은 '솔곡'
이란 골짜기 이름으로 불린다.

　남원 고리봉과 섬진강을 사이에 두고 솟아오른 동악산은 깊지 않게
느껴지지만 알고 보면 겹산이자 장산(壯山)으로서의 산세를 지니고 있
는 명산이다. 산줄기 곳곳에 기암괴봉을 품고 골짜기는 빼어난 기암절
벽과 암반으로 이루어졌다.

오늘 산행은 곡성에 있는 동악산이다. 영화 〈곡성〉 촬영지로 잘 알려진 곡성의 대표 격인 산이 동악산이다. 도립공원이나 군립공원으로 지정되지는 않았으나, 산세가 옹골차고 계곡이 깊어서 경치가 아름답다.

오토캠핑장 제3주차장에 주차를 하고, 도림사 일주문을 지나면 바로 매표소가 있다. 입장료를 내고 들어가서 계곡을 낀 도로를 따라 약 700m 정도 걸어가면 도림사를 만난다.

도림사는 대한불교조계종 제19교구본사 화엄사의 말사이다. 동악산 남쪽에 자리를 잡은 이 절은 원효대사가 창건한 것으로 전한다. 이때 풍악 소리가 온 산을 진동해 산 이름을 동악산이라고 했다. 즉 동악의 '악'자는 험(險)하다는 뜻이 아니라 '풍류 악'이란 뜻을 가졌다. 또한 도인들이 절에 숲처럼 모여들어 절 이름을 도림사라고 지었다.

도림사 앞에 계곡은 풍부한 수량이 연중 그치지 않고, 계곡물의 밑바닥에 층층으로 깔려 있는 암반이 장관을 이루면서 시각적으로 정감을 이루고 있다. 이곳에 동악산 안내도가 세워져 있어 오늘의 산행 경로를 대략 파악할 수 있었다.

조금 걸어가면 도로가 끝나는 지점에 약 10m 길이의 교량을 만나는데, 여기서 교량을 건너지 말고 왼쪽으로 난 오솔길을 따라 산행을 시작했다.

우렁차게 흐르는 물소리와 풍부한 수량의 계곡으로 인해 지금이 여름인가 하는 착각에 빠지게 했다. 계곡을 따라 조금 올라가다 보면 왼쪽으로 형제봉 가는 길과 오른쪽으로 배넘어재, 동악산(3.1km)으로 갈라지는 삼거리를 만난다. 주차장에서 출발해서 약 25분이 소요되었다.

완만한 등산로를 15분 정도 걸으면 다시 동악산 2.3km 남았다는 이

산이 그리움을 부른다

동악산 계곡

정표를 만나고, 여기서부터는 가파른 경사가 시작된다. 산행에 너무 서두를 필요가 없는 게으른 산행을 하자고 마음먹었다. 가파르기는 하지만 천천히 약 30분 정도 오르면 처음으로 조망이 터지는 장소를 만난다. 멋진 조망에 가슴이 시원해졌다.

약 10여 분 정도 더 오르면 능선을 만나고, 계속 멋진 조망을 감상하며 걸어가면 신선바위를 가는 갈림길을 만난다. 직진해서 가면 동악산으로 바로 가게 되고, 우측으로 약 200m 가면 동악산 최고의 조망 장소인 신선바위를 거친다.

신선바위 위쪽으로 난 희미한 등산로를 따라 30분 정도 오르면 오늘의 산행 목적지인 정상에 도착한다. 정상석은 작지만, 그 크기를 커버하기 위해 1.5배 크기의 돌탑을 쌓고 그 위에 세워져 있다. 정상석을 돋보이게 하는 괜찮은 아이디어라고 생각되었다.

동악산 정상

정상에서 배넘어재까지는 3.1km 거리이다. 가파른 암릉에는 안전하게 계단이 설치되어 있고, 계단을 내려서면 계속 완만한 능선으로 편안한 산행이다. 가끔 지나온 길을 뒤돌아보면 동악산의 우람한 암릉이 멋지게 보였다. 아주 편안한 오솔길을 걸어 약 1시간이면 배넘어재에 도착한다. 배넘어재에서 도림사까지는 약 3km 거리, 천천히 걸어서 1시간 정도 걸렸다. (2018. 3. 11. 일)

곡성에 가면

동악산은 전남 곡성에 있다
골이 깊고
산세가 매섭다

신선들이

산이 그리움을 부른다

수풀처럼 모여 산다

기암괴석이 많고
바위마다 전설을 간직하고 있다

하늘의 풍악과 음률에
산이 춤춘다

바위와 소나무,
물과,
꽃과,
벌과,
다람쥐……
어우러져 살아간다

섬진강이 흐르고
인생도
강물처럼 흘러간다

청년들은 고향을 떠났지만
부모는
산을 지키며
산처럼 살아가고 있다

68

하늘에서 보면 땅에 솟은 연꽃

해남 두륜산 가련봉(703m)

오소재 약수터 → 오심재 → 흔들바위 → 노승봉 → 가련봉(정상) → 만일재 → 구름다리 → 두륜봉 → 진불암 → 대흥사 (6km, 4h)

두륜산(頭輪山)은 사찰, 유적지 등이 많고 한반도의 가장 남쪽 끝에 있는 산으로 난대성 상록 활엽수와 온대성 낙엽 활엽수들이 숲을 이루고 억새밭이 무성하다. 두륜봉, 가련봉, 고계봉, 노승봉, 도솔봉, 연화봉 등 여덟 개의 크고 작은 봉우리로 이루어졌고, 정상에서는 서해안과 남해안 곳곳의 다도해가 한 번에 내려다보인다.

《대둔사지》에 의하면 두륜산은 백두산의 '두' 자와 중국 곤륜산의 '륜' 자를 딴 이름이라고도 한다. 울창한 숲이 이루는 가을 단풍과 푸르른 동백나무는 두륜산의 자랑거리이다. 집단시설지구에서 대흥사에 이르는 2km의 경내 도로 좌우에는 절경을 이루는 계곡이 이어진다.

산 이 그 리 움 을 부 른 다

해남 오소재 약수터 주차장에 도착한 시각은 오전 11시 10분이다. 산행 안내도를 보며 오늘의 산행 코스를 확인한다. 산행 들머리를 따라 약 20여 분 오르면 돌탑을 지나고, 오심재까지는 완만한 계곡 길을 따라 편안한 걸음으로 걷는다.

봄과 여름의 중간, 살짝 가랑비가 내려 우중충하기는 하나 바람도 살랑하니 불어 좋았고, 조릿대를 따라 걷는 길도 운치가 있어 좋았다. 회색 운무에 둘러싸인 배경으로 고개를 빼고 서 있는 고계봉이 도도하게 보였다.

출발해서 약 1시간 정도 걸려 오심재에 도착했다. 오심재는 고계봉과 노승봉 사이에 있는 고개로 오소재 약수터에서 대흥사로 넘어가기 위해 주민들이 오래전부터 이용했던 고개이다. 널찍한 공간이라 헬기장으로도 이용되고 있다.

오심재에서는 동쪽으로 주작산과 강진만을 볼 수 있고, 북서쪽으로 고계봉, 남동쪽으로 노승봉의 웅장한 모습을 볼 수 있으나 운무로 인해 방향으로 짐작만 할 뿐이다.

전망 바위에 올라 구름에 덮인 고계봉과 오심재를 조망하고 또 노승봉의 암릉 등 주변의 바위를 본다. '한 사람이 밀어도 흔들리지만, 천 사람이 밀어도 흔들리기만 하지 넘어가지 않는다'는 흔들바위에 도착했다. 큰 암반 위에 올려져 있는 흔들바위는 아래로 굴러가는 것을 방지하려는 것처럼 자연석 괴돌이 받치고 있는 모습을 볼 수 있고, 해남 대흥사가 한눈에 조망되는 전망이 좋은 곳이다.

헬기장에 도착했다. 이곳에서 앞에 보이는 노승봉까지는 200m, 정상인 가련봉까지는 500m 거리가 남았다. 암벽 사이로 계단과 밧줄이 연결되어 있어서 지금의 계단 길이 설치되기 전에는 얼마나 위험했는지를 짐작케 했다. 계단으로 조심스럽게 올라가면서 희미하게 보이는 주변의 전경을 감상했다.

한 사람 정도 겨우 지나갈 수 있는 좁은 길에 들어서니 눈앞에 다도해의 멋진 조망과 고계봉의 아름다운 전경에 감탄이 저절로 나온다. 그 옆으로 가파른 계단 길이 나왔다. 그 옛날 계단이 설치되기 전에는 밧줄과 쇠 발판에 의지해 올라가야 했을 것이라 생각하니 아찔했다. 이곳 노승봉에서 사진도 찍고 전망을 보기도 하면서 잠시 여유를 가졌다. 주작산과 덕룡산으로 이어지는 능선 그리고 강진만 일대, 끝없이 펼쳐진 다도해의 모습을 운무 속으로 짐작만 할 뿐이다.

계단을 올라 다시 밧줄을 잡고 바위에 올라섰다. 앞에 두륜산 정상인 가련봉이 보였다. 여러 가지 형상을 하고 있는 바위가 있는 암릉 지대를 지나갔다. 가련봉 방향으로 가다 보니 많은 멋진 바위들이 보였다.

정상인 가련봉에 도착했다. 이곳에서의 조망은 정말 압권이었다. 아름다운 다도해 조망을 뒤로하고 만일재로 가는 계단 길을 걸어가며 가련봉으로 내려갔다. 뒤돌아보면 멋진 노승봉, 가련봉 등의 봉우리가 보였다.

두륜산 가련봉

가련봉과 두륜봉 사이에 있는 만일재에 내려섰다. 이곳 만일재는 가을에 억새로 유명하다. 우측으로 내려가면 천년 수와 만일암 터가 자리하고 있다. 난간을 조심해서 내려가면 암릉 사이로 완도가 보이고 두륜산의 상징인 구름다리가 나타난다. 구름다리를 지나서 우측으로 100m 정도 오르면 암릉 위에 두륜봉이 있다.

두륜봉에 올라서니 억새 평원의 만일재와 고계봉 그리고 조금 전에 걸어왔던 노승봉, 가련봉의 암봉들과 대흥사 등이 보였다.

진불암 방향으로 내려갔다. 주전자를 닮은 바위가 나왔다. 산길에서 벗어나 임도 길이 나타나고, 바로 오른쪽으로 진불암이 있다.

임도를 따라 표충사 방향으로 내려갔다. 임도를 따라 걷다가 나무들이 울창한 천년숲길로 들어섰다.

천년고찰 대흥사에 도착했다. 임진왜란 때 서산대사가 거느린 승군의 총본영이 있던 곳이다. 대흥사 뒤로는 두륜산 노승봉, 가련봉, 두륜봉의 암릉이 나란히 보였다. 대흥사 일주문을 지나 주차장에 도착했다. (2018. 5. 28. 월)

대흥사 전경

언제나 산이 그립다

나는 언제나
산이 그리워 말없이
집을 나선다

낙엽 밟으며
조심스레 걷는 산길

계곡 건너
오솔길을 걷다가
억새 흔들리는 능선을 넘어

산허리 휘감기는
운무를 만난다

가파른 바윗길을 올라
잠시 숨을 돌리면
어디선가 불어오는 바람

나뭇잎 바스락 소리에
정적을 깨우면

고이 간직하던
추억이 되살아난다

거친 기암괴석들
틈새를 지키는 늙은 소나무에
바람이 스친다

구름이 가만히 말 걸으면
산은 답이 없다
나도 그렇다

푸른 가을 하늘을 보면서
꿈을 가지자

내일이면
다시 태양이 솟으리

그러면 나는 다시 산에 오른다

69

등급을 매길 수 없을 정도로 아름다운

주차장 → 증심사 → 약사사 → 새인봉 삼거리 → 중머리재 → 중불재 → 입석대
→ 서석대 → 입석 전망대 → 중봉 → 중머리재 → 증심사 → 주차장 (12km, 6h)

무등산(無等山)이라는 이름을 풀어 보면 '높이를 헤아리기 어렵고 견
줄 상대가 없어 등급조차 매길 수 없다'는 뜻을 가진 산이다. 무등산은
광주광역시 및 화순군과 담양군에 걸쳐 있으며, 2012년에 21번째로 국
립공원으로 지정되었다.

정상은 천왕봉(1,187m)이나 1966년 공군 부대가 주둔하면서 정상 부
근이 군사시설 보호구역으로 통제되어 있어서, 일반 등산객이 올라갈
수 있는 가장 높은 지점은 주상절리로 유명한 서석대(瑞石臺, 1,100m)
이다.

정상 가까이에는 원기둥 모양의 절리(節理)가 발달하여 기암괴석의

경치가 뛰어나다. 동쪽 경사면에서 정상을 향하여 입석대, 서석대, 삼존석, 규봉암 등이 있고 정상 부근에는 수신대가 있다.

산행의 들머리인 무등산 입구 중심사 주차장에 도착했다. 무등산은 국립공원답게 등산로가 잘 정비되어 있었다. 중심교를 지나 갈림길에서 새인봉 이정표를 보고, 약사사로 가는 길로 들어섰다.

약사사에서 약 15분 정도 가파른 길을 오르면, 새인봉과 중머리재로 갈리는 새인봉 삼거리가 나온다. 오른쪽으로 0.4km를

무등산 정상 서석대

가면 새인봉인데 우리는 왼쪽의 중머리재 가는 길로 방향을 잡고 걸었다.

중머리재까지 가는 완만한 등산로를 여유롭게 걸었다. 걸어가는 등산로 길목마다 진달래꽃이 수줍은 표정으로 화사하게 피어 있었다.

오늘은 햇볕도 없고 약간 흐려서 산행하기 아주 좋은 봄 날씨다. 중머리재까지는 완만한 능선 길이 이어졌다. 쉬엄쉬엄 걸어도 대략 30분 정도면 올라간다.

우리는 장불재 대피소에서 간식으로 가져간 김밥을 먹고, 무등산의 대표적인 뷰포인트인 동쪽 방향으로 200m에 있는 입석대로 올라갔다.

목재 데크로 만들어진 입석대를 오르는 등산로 옆에는, 이제 막 분홍

꽃봉오리와 생강나무가 피어 있다. 뒤돌아보면 운무가 은은하게 펼쳐
진 백마 능선에 뾰족한 봉우리가 희미하게 보였다. 단석 위에 20m 길이
의 입석이 마치 석공의 다듬질을 받은 것처럼 서 있는 입석대를 배경으
로 멋진 사진을 찍어 본다. 희미한 운무로 인해 사진으로는 그 아름다운
풍경 전부를 세밀하게 표현하지 못함에 아쉬움이 남았다.

무등산 입석대의 주상절리

등산객들의 탄성을 자아내는 이곳의 입석대, 서석대 등의 주상절리대
는 천연기념물로 지정되어 있다. 서석대 정상에 다가갈수록 시꺼먼 비

산이 그리움을 부른다

구름 하늘에, 바람이 몹시 불어 온몸이 떨리고 추웠다. 다시 배낭 속의 두꺼운 자켓을 꺼내 입었다. 우리는 서석대에서 100대 명산 인증 샷을 찍고, 다시 장불재 쪽으로 돌아가지 않고, 중봉을 거쳐 중머리재 방향으로 내려가다가, 증심사 방향으로 하산을 했다.

서석대는 무등산 주상절리대의 일부로 입석대보다 풍화작용을 적게 받아 한 면이 1m 미만인 돌기둥들이 약 50m에 걸쳐 동서로 빼곡하게 늘어서 있다.

중봉 방향을 향해 걸어가면 넓은 대평원 사이의 등산로가 덕유평전인데 소백산 정상 부근의 평원을 연상시켰다. 오른쪽 동화사 터 방향으로는 송신탑이 우뚝하게 서 있고, 중봉은 장불재를 배경으로 멋진 자태로 우뚝 솟아 있다.

작은 주상절리 바윗길을 걸어 중머리재로 내려갔다. 이곳에서는 많은 등산객들이 쉬고 있었다. 정상 서석대 부근은 바람도 불고 추웠는데, 이곳 중머리재만 해도 포근한 봄 날씨를 보였다. 다시 배낭을 내려 재킷을 벗고 가벼운 옷차림으로 갈아입고, 여유롭게 증심사 방향으로 내려갔다.

(2018. 4. 1. 일)

무등산이 부른다

세월이 만들어 낸 천상의 서석대를
오르면서 이 봄을 노래한다

약간 흐린 하늘 사이로
따사로운 햇살이 비치는 산길

진달래꽃을 피우며
봄은 슬며시 오고 있다

바람이 이끄는 대로 걷다 보면
철 지난 억새풀이 흔들거리고

수줍어 붉어진 진달래꽃
생강나무 노란 꽃이 피어 있네

다시 서석대를 바라보니
문득 그리운 사람들이 생각난다

70

크고 넓어 모든 사람들을 포용하는

장성 방장산(7ㅈ43m)

자연휴양림 → 삼거리 → 임도 갈림길 → 능선 길 → 고창고개 삼거리 → 철탑 → 전망대 → 정상 → (back) → 휴양림 (5km, 2h)

방장산(方丈山)은 전북 정읍시와 고창, 전남 장성의 경계에 솟아 있다. 내장산의 서쪽 줄기를 따라 뻗친 능선 중 가장 높이 솟은 봉우리다. 지리산, 무등산과 함께 호남의 삼신산으로 추앙을 받아 왔다. 주위의 이름난 내장산, 백암산, 선운산에 둘러싸여 있으면서도 기세가 눌리지 않는 당당함을 자랑하고 있다.

장성, 고창을 지켜 주는 영산(靈山)으로서 신라 말에는 산림이 울창하고 산이 넓고 높아, 부녀자들이 도적 떼들에게 산중으로 납치되어 지아비를 애타게 그리워하는 망부가가 다름 아닌 〈방등산가〉로 전해 오고 있다.

방장산 자연휴양림 코스는 가볍게 정상을 다녀오기에 좋은 코스이다. 휴양림 입구 매표소를 지나 승용차로 도로를 따라 안내목에 7번 표시가 나올 때까지 최대한 위쪽으로 가서 주차를 해야 걷는 거리를 줄일 수 있다. 바로 옆 8번 표시 숙소 옆 공터에 승용차를 주차했다. 다시 7번 안내목으로 돌아와 우측의 패러글라이딩장 방향으로 직진해서 도로를 따라 걸었다.

방장산 자연휴양림 안내도

약 5분 정도 오르면 삼거리 갈림길이 나온다. 패러글라이딩장 쪽으로 가지 않고 리본이 달린 정면에 있는 등산로로 직진해서 걸었다. 인터넷에서 최단 코스 정보를 찾아보면 패러글라이딩 방향으로 우회전하자마자 좌측의 등산로로 가야 짧은 거리라고 하는데, 우리는 매표소 직원이 준 방장산 등산로 안내도에 나온 대로 직진해서 산행을 시작했다.

입구에 줄지어 선 편백나무 숲 사이로 비치는 아침 햇살이 곱다. 몹시 강하게 바람이 부는 날씨지만 우측의 산죽 숲과 왼쪽의 계곡을 끼고, 흐르는 물소리를 들으면서 완만한 등산로의 휴양림 숲속을 걷는 기분이 상쾌하다.

약 15분 정도 약하게 경사진 등산로를 걷다 보면 20m 길이의 나무 계단이 나오고 바로 임도를 만난다. 여기서 임도를 따라가지 말고 임도를

산이 그리움을 부른다

가로질러 건너가면 정면에 정확하게 표시된 등산로 안내 이정표를 만난다. 정상까지는 1.8km 거리가 남았다.

낮은 산봉우리를 끼고 우측으로 난 오솔길을 10분 정도 걸으면 다시 용추폭포와 정상으로 갈리는 삼거리를 만나고, 5분 정도 더 걸으면 철탑을 만난다. 다시 조금 더 오르면 정상 직전에 있는 전망대를 만난다.

전망대에서 사방의 산세를 조망했다. 패러글라이딩장, 축령산, 무등산 등의 방향을 가늠해 보았다. 이곳에서 5분 정도 더 걸으면 정상이다. 정상에 도착해 주변 산군들의 멋진 조망을 감상하며 100대 명산 인증샷을 찍었다.

산행 내내 바람이 거세게 불어 댔으나 신비롭게도 사방이 탁 트인 정상에 있는 짧은 그 순간만큼은 햇볕이 따사롭고 바람 한 점 없이 고요하고 평온한 시간을 보냈다.

정상에서 3.4km를 직진해서 가면 쓰리봉을 거쳐 하산하는 길이나 차량 회수를 위해 올라왔던 길 그대로 다시 내려갔다. (2018. 4. 7. 토)

방장산 정상

정상 가는 길

바람이 분다

정상 오르는 길목에

칼바람 불어
나무들은 온몸을 흔든다

검게 탄 이마에서는
뜨거운 열기를 뿜어내고

격한 숨 쉬기에
온몸이 힘들지만

파란 하늘 가까운 능선이
바로 저기다

차분하게 마음을 가라앉히고
시원한 바람 맞으며

한 걸음씩
다시 정상을 향한다

그러면 또 등판의 배낭은
어깨를 짓누르고

허리 어깨 통증이
바늘로 찌르는 듯 아픈데

그래도 발걸음은
정상을 향해 가야만 한다

여기 정상에 서서
겹겹의 산그리메 바라보며

북극성을 향하는
한 그루 나무로 있고 싶다

71

소나무가 멋진 자태를 뽐내다

장성 백암산(741m)

구암사 → 능선 → 소나무 전망대 → 백암산 정상 → (back) → 구암사 (5km, 2h)

백암산(白巖山) 정상인 상왕봉의 높이는 741m로 노령산맥에 속하며, 내장산, 입암산과 함께 내장산 국립공원에 포함된 산이다. 백학봉, 사자봉, 상황봉 등의 봉우리는 기암괴석으로 산세가 험준하나 울창한 수림이 조화를 이루고, 경치가 뛰어나며 웅장하다.

백암산에는 금강폭포, 용수폭포, 청류암, 봉황대 등과 비자나무 숲, 굴거리나무 숲이 각각 천연기념물 제153호와 91호로 지정되어 있어 유명하다.

가을 단풍철이라면 산행은 백양사를 출발, 약수동계곡으로 올랐다가 최고봉인 상왕봉을 거쳐 학바위로 내려오는 코스를 추천한다. 약수동계곡의 단풍 터널 속을 뚫고 나가는 기분과 역광에 비친 학바위 주변의 단풍을 함께 볼 수 있기 때문이다.

얼마 전 내장산 최단 코스로 산행하기 위해 대가마을을 찾았을 때, 왼쪽의 구암사 절로 들어가는 조그만 도로를 보았는데, 오늘 백암산을 최단 코스로 산행하기 위해 다시 대가마을의 구암사를 찾아왔다.

구암사는 조선 후기 불교대학교라 부를 만한 곳이다. 당대에 불교를 대표할 만한 석학들이 이곳에서 공부하면서 불교학의 맥을 이어 가며 공부하는 승려들의 학교다. 일반 신도들이 출입하는 절이 아니었다고 한다. 그야말로 승려들만을 위한 불교 아카데미였다.

구암사에서 보면 백양사도 한 시간 남짓 걸어가면 도달할 수 있는 거리이고, 내장사도 역시 한 시간 반 거리에 있다. 내장사와 백양사에 있는 승려들이 새벽밥을 먹고 걸어서 구암사에 와서 공부하고 다시 저녁에 돌아갈 수 있는 위치에 자리 잡고 있었던 것이다. 그러니까 백양사와 내장사의 중간에 구암사가 있는 것이다.

구암사까지는 승용차가 들어갈 수 있다. 주차를 하고 배낭을 꾸리고 산행 준비를 했다. 바로 정면에 목재 아치로 만든 등산로 입구에 '구암사 탐방로'라고 간판이 있어서 산행 들머리를 찾기가 쉬웠다.

돌계단을 조금 오르면 바로 흙길이 나오고, 다시 친환경 매트가 깔린 길이 제법 길게 이어진다. 매트 길이 끝나는 지점에서 가파르게 오르기 시작했다. 어느 정도 올랐다 싶으면 약간 편평한 고개를 만난다. 이정표를 보니 구암사에서 0.6km 지점이다. 주변에는 철 지난 진달래가 커다란 연분홍 꽃을 피우며 반겨 주었다.

여기서 정상인 상왕봉까지는 1.8km 거리다. 산죽 사이로 난 오솔길을 따라 걸으면 백양사에서 올라오는 능선을 만나고, 능선을 따라 약간 경사진 등산로를 계속 걸어가면 헬기장이 나온다.

탐방로 안내도를 보니 헬기장에서 상왕봉까지는 1.6km 거리에 쉬운 등산로라고 안내되어 있다. 막상 등산로를 걸으니 약간의 업 다운이 있기는 하지만 거의 편평한 산행 길로 적당하게 불어오는 바람과 함께 멋진 산행 길이 되었다.

백암산 능선의 멋진 소나무

중간에 가끔은 건너편 능선을 조망도 하며 걸었다. 정상 1km 조금 못 미쳐 전망 좋은 바위 위에 소나무가 멋진 자태를 뽐내고 있었다. 여기가 백암산 최고의 전망대라고 생각되었다. 편한 오솔길을 걷다 보니 중간에 기린봉을 지나고 곧 정상인 상왕봉에 도착했다.

산이 그리움을 부른다

정상에 도착하니 사람들 말소리가 들렸다. 고개를 돌려 확인하니 스님 두 분이 소곤소곤 대화를 나누고 있었다. 우리는 스님들에게 반갑게 인사를 하고 주변 산세에 대해서 물었다. 여기서 순창새재로 내려가면 내장산과 연계하는 산행을 할 수 있다고 알려 준다.

　　약간 흐린 날씨이지만 정상 주변의 나무들 사이로 건너편 산 능선의 조망을 볼 수 있었다. 내장산의 명성에 가렸지만 백암산은 나름 괜찮은 명산이라고 생각했다. (2018. 5. 1. 화)

백암산 능선 조망

구암사

깊은 산 숲길 거슬러 올라
거대한 바위 아래
구암사 대웅전 앞에 서니

천년 세월 지켜 온 커다란 나무
세상사 모든 번뇌
스님의 독경 소리에 잠기고

백암산을 휘돌아 내려서면
처마 끝 풍경 소리
정적을 흔든다

모두의 마음속 깊은 곳에
재어 놓은
삶의 무거운 억눌림

부처님께 두 손 모아 기도 드리니
어 허~ '전부 내 책임'
불경 소리가 심장을 두드린다

72

구름은 바람과 함께 흘러가고

광양 백운산 상봉(1,222m)

병암산장 → 진틀 삼거리 → 신선대 → 능선 → 백운산 정상(상봉) → 반대편 능선
→ 갈림길 → 진틀 삼거리 → 병암산장 (5.5km, 3h)

백운산(白雲山)은 섬진강을 사이에 두고 지리산과 남북으로 마주하고 있는 높이 1,222m의 산으로 광양시의 옥룡면, 다압면, 봉강면, 진상면에 걸쳐 있다. 주산인 백운산 상봉은 서쪽으로 도솔봉, 형제봉, 동쪽으로 매봉을 중심으로 한 남쪽으로 뻗치는 4개의 지맥을 가지고 있다.

광양의 백운산은 경관이 빼어나고 등산 코스가 완만하여 가족과 함께 당일 산행이 가능하다. 철쭉꽃이 피는 억불봉에서 정상까지의 등반로에서의 경관과 정상에서 바라보는 한려수도와 광양만의 조망이 일품이다.

산행은 진틀에서 시작해야 하는데 차량을 이용해서 약 0.6km의 산길

백운산 정상

백운산 정상 전경

산이 그리움을 부른다

도로를 따라 최대한 상부까지 올라가서 주차를 하고, 병암산장이라는 음식점에서 산행을 시작했다.

병암산장을 마주 보고 우측의 길로 들어서서 작은 계곡을 건너지 않고 왼쪽의 숲속 오솔길을 따라 산행이 시작된다. 산행 중 300m 간격으로 조그만 산행 이정표가 세워져 있어 백운산을 찾는 초행자들도 길을 찾아가는 데는 큰 어려움이 없었다.

무더운 날씨지만 울창한 숲 그늘로 인해 더위를 피해 가며 약 40분 정도 걷다 보면 숯가마 터가 있는 진틀 삼거리가 나온다. 여기서 왼쪽으로는 신선대를 거쳐 정상을 올라가는 1.8km 거리고, 오른쪽으로는 바로 정상으로 올라가는 1.4km 거리 지점이다. 어느 쪽으로 갈까 고민하다가 하산을 하는 다른 등산객들에게 물어보니 난이도와 걸리는 시간이 비슷하다고 한다. 그래서 당초 계획대로 왼쪽의 신선대로 오르기로 했다.

삼거리에서는 경사가 더 가파르다. 날씨가 더워서 비를 맞은 듯 땀이 흘러 온몸이 물에 빠진 것처럼 옷이 젖었다. 약 50분 정도 오르니 신선대 능선에 도착했다. 약간 경사진 산길을 걸어가니 멀리 능선 끝에 정상인 상봉과 나무 데크로 넓게 만들어진 정상부가 보이기 시작했다.

정상에 도착하니 탁 트인 이곳은 바람이 시원하게 불었다. 전남에서 노고단 다음으로 높은 백운산 정상에 서니 사방으로 뻗은 능선이 장쾌한 파노라마를 연출하고, 멀리 광양 바다가 멋지게 조망되었다.

하산은 반대 코스로 했다. 내려가는 경사가 심한 길에 나무 계단이 길고 안전하게 설치되어 있었다. 또한 전체 하산 길에 천연 매트가 깔려 있어 산행하기에도 편안했다. 약 40분 정도 내려가면 진틀 삼거리에 도착한다. 병암산장을 지나는데 구수한 숯불 닭갈비 냄새가 코를 자극하

지만 서울로 돌아갈 조급한 마음에 다음을 기약하며 백운산 산행을 마

쳤다. (2018. 6. 24. 일)

백운산 숲길을 걸으며

바람은 언제나
등 뒤에서 불고

얼굴에는
따사로운 햇살이 비춘다

이 세상에서
나를 행복하게 해 주는 건

오직 하나
좋은 사람들과 산행하는 일

산은 나에게
숨 쉴 공간을 내어주고

일상에서 탈출하여
살아 있음을 알게 한다

산이 그리움을 부른다

누군가와 함께한 추억 있다면
더욱 특별한 순간

모든 생명들이 살아 숨 쉬는
여기 숲에서

아무 생각 없이 그냥 걸어가라
살아 있음을 느낄 것이다

73

불교의 불(佛), 육십갑자의 갑(甲), 불갑(佛甲)

주차장 → 덫고개 → 호랑이굴 → 노적봉 → 법성봉 → 투구봉 → 장군봉 → 연실봉 → (back) → 삼거리 → 해불암 → 군락지 → 불갑사 → 주차장 (약 9km, 5h)

불갑산(佛甲山)은 전남 영광군 불갑면 모악리와 함평군 해보면에 있는 산으로 높이는 516m이고 주봉은 연실봉이다. 원래는 아늑한 산의 형상이 어머니와 같아서 '산들의 어머니'라는 뜻으로 모악산이라 불렸는데, 백제 시대 불교의 '불' 자와 육십갑자의 으뜸인 '갑' 자를 딴 불갑사가 지어지면서 산 이름도 불갑산이 되었다.

불갑산 정상

산이 그리움을 부른다

불갑사의 창건 시기는 정확하지 않으며, 중국의 승려 마라난타가 서해를 건너서 맨 처음 도착한 법성포와 가까운 이 산에 창건했다는 이야기가 전해진다. 불교와의 깊은 인연 때문인지, 산은 그리 크지 않아도 암자가 7~8개나 있다.

오늘은 산행도 산행이지만 붉은 색으로 물든 꽃무릇을 눈이 부시도록 실컷 보았다. "두 눈으로 볼 수 있어 감사하고 고운 향기 느낄 수 있어 감동"이라는 어느 시인의 말처럼 이렇게 멋진 꽃무릇을 볼 수 있게 해 준 자연의 위대함에 머리를 숙인다.

꽃무릇은 이른 봄 언 땅에서 새싹을 내밀어 무성하게 자라다가 초여름이면 잎이 말라 버린다. 그러다가 한여름이 되면 꽃대를 내밀어 꽃을 피우는데, 잎이 진 후에 꽃이 피기 때문에 잎과 꽃이 서로 만나지 못하고 그리워한다고 해서 일명 상사화 또는 석산이라고 불린다.

불갑산 정상가는 능선에서

매년 이때쯤이면 대표적인 꽃무릇 군락지인 불갑사 관광지 일원에는 만개한 꽃무릇의 모습을 만나 볼 수 있다.

하지만 축제 기간에는 많은 인파로 인해 산행이 지체되고, 큰 소리로 떠드는 등산객들로 인해 즐겁고 행복해야 할 산행이 고생길이 될 수도 있다. 하지만 등산로 주변에 만발한 상사화 향기에 취해 멋진 가을을 즐기는 마음 자세만 있으면 만족을 얻기에 충분하다.

붉은 융단을 깔아 놓은 듯 아름다운 꽃무릇 천지인 천년고찰 불갑사. 붉게 타오르는 상사화 꽃길을 걸으며 정열적인 사랑과 아름다운 추억을 가슴에 가득 품고, 상사화를 감상하면서 가을 정취에 빠져 보자. (2015. 9. 20. 일)

불갑산 상사화

상사화를 생각하며

잎이 말라 죽고 나면
꽃이 피는 상사화

잎은 꽃을 못 보고

산이 그리움을 부른다

꽃은 잎을 못 보니

서로를 그리워하며
평생을 사는

이루어질 수 없는
아픈 사랑

어쩌자고 이렇게 예쁜 꽃이
슬픈 꽃말을 가졌나

가여운 생각에 마음이
애잔하다

74

가장 먼저 달을 맞이하는 산

영암 월출산 천황봉(809m)

경포대 탐방지원센터 → 금릉계곡 → 경포대 삼거리 → 통천문 → 천황봉 → 구름다리 → 천황사 → 천황 탐방지원센터 (6km, 4h)

전라남도의 남단이며 육지와 바다를 구분하는 것처럼 우뚝 선 월출산(月出山)은 서해에 인접해 있고, 달을 가장 먼저 맞이하는 곳이라 하여 월출산이라 한다.

정상인 천황봉을 비롯 구정봉, 향로봉, 장군봉, 매봉, 시루봉, 주지봉, 죽순봉 등 기기묘묘한 암봉으로 거대한 수석 전시장에 가깝다. 정상에 오르면 동

월출산 정상 천황봉

산이 그리움을 부른다

시에 300여 명이 앉을 수 있는 크기의 평평한 암반이 있다.

지리산, 무등산, 조계산 등 남도의 산들이 대부분 완만한 흙산인데 비해 월출산은 숲을 찾아보기 힘들 정도의 바위산에다 깎아지른 산세가 어쩌면 설악산과 비슷하다. 뾰족뾰족 성곽 모양의 바위 능선, 원추형 또는 돔형으로 된 갖가지 바위나 바위 표면이 동그랗게 패인 나마 등은 설악산보다도 더 기이해 호남의 금강산이라 불린다.

산행 들머리인 경포대 탐방지원센터에서 이정표는 천황봉까지 3.4km 거리임을 안내한다. 경포대 족욕장, 금릉계곡 길을 천천히 걸어 올라갔다. 금년에는 비가 자주 내린 것 같은데도 금릉계곡에는 물이 말라 계곡이라 하기에 민망하게 보였다.

산비탈에서 흘러내린 돌들이 많이 쌓여 있는 길을 지나간다. "이 돌들이 왜 여기 있을까요?"라는 질문과 "지구 중력으로 떨어진다"고 하는 답변의 안내문이 세워져 있다.

금릉계곡에서 바람재까지는 돌길이 많이 있고 가파르지만 대부분 편안한 등산로이다. 햇빛이 쨍쨍한데 습도가 높아 땀이 많이 흐르고 더웠다. 경포대 능선 삼거리에 도착하니 시원한 바람이 불어오고 기암괴석의 능선 뷰가 한눈에 들어온다. 감탄사가 저절로 나왔다.

호남의 금강산이라 불러도 좋을 멋진 기암괴석이 장관을 이룬다. 월출산의 아름다움을 한 폭의 수묵화로 표현한 것 같다. 설악산의 공룡능선이 부럽지 않은 월출산의 절경이다.

통천문을 지나서 조금 아래로 내려갔다가 바로 우측으로 올라서면 정상인 천황봉이다. 영암 읍내, 영암평야가 보이고, 천황사 방향으로 보이

는 저수지 조망도 일품이다. 커다란 암벽 옆으로 구름다리도 조그맣게
모습을 드러내고 있다.

월출산의 기암 절경을 배경으로

월출산 정상에서 도갑사 방향으로 기암괴석의 멋진 풍경이 시야에 잡
혔다. 태고의 신비로움을 드러낸 채 푸르른 신록 속의 멋진 자태를 보여
주었다. 걸어왔던 천황사 방향의 기암괴석 공룡능선을 바라보며 감상
에 젖는다. 감춘 듯 드러내고, 향기를 내뿜으며 아름다움으로 승화시킨
무릉도원 별천지다. 정말 아름다운 경치다. 쾌청한 날씨의 월출산 정상

산이 그리움을 부른다

에서 보는 조망은 자연이 그린 수묵화 전시장을 보는 듯 아름다웠다.

월출산은 한마디로 지상낙원이다. 그 어디에도 없다는 유토피아다. 시시각각으로 변화하는 운해 속에 숨었다가 드러나며 기암괴석이 연출하는 멋진 풍경이다. 정상석을 배경으로 사진을 찍은 후 이어 천황사 구름다리 방향으로 발걸음을 돌렸다.

구름다리로 가는 길은 오르고 내리는 것이 반복되어 제법 힘

월출산 천황사 구름다리

이 들었지만 주변 경치가 아름다워 오히려 기분이 더 좋았다.

월출산의 명물인 구름다리를 건너가며 짜릿한 기분을 느꼈다. 약간씩 흔들거리는 구름다리는 길이가 54m, 해발 605m에 자리하고 있으며, 다리 아래 절벽의 길이가 120m다.

여기서 천황사 주차장까지는 1.7km 거리다. 등산로는 계단 길과 철봉으로 안전하게 잘 되어 있다. 울창한 숲속의 편안한 산길이다. 전체적으로 산행이 약산 힘들었지만 무사히 월출산 천황 탐방지원센터에 도착했다. (2018. 6. 18. 월)

월출산

하늘을 찌를 듯
참 우직하게
서 있다

영암과 강진의 경계
한 가운데
네가 우뚝 서 있구나

깎아지른 기암절벽에
마음을 이어주듯
구름다리 출렁거리고

바다를 닮은
파란 하늘엔 구름이
흘러간다

바다는
산이 그리워
바람으로 불러 보고

산은
바다가 보고 싶어
달빛으로 반긴다

산이 그리움을 부른다

75

산중(山中)에서 먹는 맛있는 보리밥

순천 조계산 장군봉(884m)

매표소 → 선암사 → 대각암 → 장군봉(정상) → 작은 굴목재 → 보리밥집 → 배도사 대피소 → 송광 굴목재 → 토다리 삼거리 → 송광사 → 주차장 (11.5km, 5.5h)

조계산(曹溪山)은 전남 순천시 송광면, 승주읍, 주암면에 걸쳐 있는 높이 884m의 산으로 일명 송광산이라고도 한다. 소백산맥의 말단부에 위치하고 있으며, 광주의 무등산, 영암의 월출산과 삼각형을 이룬다. 산 전체가 활엽수림으로 울창하고 수종이 다양하여 전라남도 채종림으로 지정되기도 하였다.

전국 삼보사찰 중의 하나인 송광사

조계산 정상 장군봉

와 유서 깊은 고찰인 선암사 계곡을 흐르는 동부계곡은 이사천으로 흘러들고, 남부계곡은 보성강으로 흘러들게 된다. 선암사 둘레에는 월출봉, 장군봉, 깃대봉, 일월석 등이 줄지어 솟아 있다.

가을이 끝나 가고 있는 무렵, 겨울 문턱에 이른 11월 마지막 주말. 선암사, 송광사 등 유명한 사찰을 품고 있는 순천의 조계산을 찾았다. 이렇게 일주일에 하루는 거리가 멀지만 깊은 산속의 낙엽이 쌓인 둘레길을 걸으면서 주위의 풍광을 즐겨 보는 것도 좋을 것 같다.

화려했던 단풍잎들은 전부 그 빛을 잃었고 나무들은 빈 가지 사이로 허공을 보여 주었다. 수북이 쌓인 낙엽을 밟으며 선암사를 향해 걷는 분위기가 고즈넉하다. 산행의 시작점에 있는 선암사는 적막한 산골에 자리한 유서 깊은 절로서 이때쯤이면 늦가을의 산골 정취를 제대로 느껴볼 수 있다.

선암사는 백제 성왕 때 아도화상이 창건하였다. 현재는 선교양종의 대표적인 가람으로 조계산을 사이에 두고 송광사와 쌍벽을 이루는 사찰이다. 선암사 옆에는 걷는 방향의 도로를 따라 길옆으로 나란히 흐르는 선암천 위에 놓인 승선교는 하나의 아류로 놓인 석교로 보물 제400호로 지정되었으며, 강선루와 어울린 그림 같은 모습은 선암사의 상징이다. 계곡물에 살포시 떨어진 나뭇잎과 아직까지 매달려 있는 나뭇잎이 계곡과 어우러져 또 하나의 멋진 풍경을 만들어 내고 있었다.

선암사 경내를 지나 대각암을 거쳐 장군봉을 향한 산길을 올랐다. 며칠 전 경기, 충청, 강원 지역에는 눈이 내려 겨울임을 느끼게 했는데, 오늘 이곳 순천의 날씨는 흐리지만 매우 더워 티셔츠 하나만 입고 산행을 해도 무리가 없었다.

넓고 완만한 등산로로 인해 모처럼 여유롭고 편한 산행을 하게 되었다. 정상인 해발 887m의 장군봉 일대는 회색빛 하늘 아래 짙은 무채색의 풍경을 보여 주었다. 하늘과 가까운 정상 지역은 불어오는 바람 탓으로 땀에 젖은 몸을 움츠러들게 하였다.

나뭇잎이 다 떨어진 조계산의 늦가을은 높은 곳에서부터 서서히 겨울을 향해 내려가기 시작했다. 하늘과 가까운 산의 정상 부근은 다소 춥고 바람이 불어 서서히 겨울이 시작되고 있음을 일깨워 주었다. 불어오는 바람에 앙상해진 나무들이 웅크린 몸을 파르르 떨 때마다 덩달아 몸이 움츠러들었다.

조금씩 허기가 느껴지는 시간이다. 보리밥집을 향해 부지런히 길을 내려갔다. 낙엽을 밟으며 산의 풍광을 구경하면서 늦가을의 정취를 물씬 느끼면서 걸었다.

조계산 산행의 백미는 보리밥집이다. 보리밥집은 조계산 산행을 하면서 만나게 되는 산속의 진짜 '맛집 명소'이다. 조계산의 보리밥집은 두 군데가 있는데 윗집은 무슨 일이 생겼는지 문이 굳게 닫혀 있었고, 아랫집은 약 100여 명의 등산객들로 북적거렸다.

보리밥에 반찬이 무려 열두 가지와 시래깃국이 나온다. 식사 후 맛있는 누룽지

조계산 송광사

숭늉이 제공되는 산속의 천하일미 식당이다. 정말 맛있고 배부른 점심 식사를 했다. 식사를 마치고 송광사를 향해 걸었다. 이곳 보리밥집은 대략 선암사와 송광사의 중간 지점이다.

송광사는 조계산 서쪽, 선암사는 동쪽에 터를 잡았다. 두 절이 모두 부처님 말씀을 따르는 건 같지만 종파가 다르다. 송광사는 조계종이고 선암사는 태고종이다.

늦가을의 굴목이재 숲길에는 낙엽이 많이 쌓여 있다. 이 길에서 바삭거리는 소리를 들으며 걷는 발걸음이 예사롭지 않게 느껴졌다. 이 길은 남도 삼백리(천년불심길)라고도 부른다.

송광사와 선암사를 잇는 천년불심(千年佛心) 숲길의 전체 거리는 약 7km 정도의 거리이며 아주 가파른 경사의 오르막이 없는 편안한 숲길이다. 천천히 풍광을 즐기며 걸어가다 보면 어느새 송광 굴목이재 정상 (720m)에 도착한다.

계속 낙엽이 쌓인 완만한 둘레길을 걸어 내려갔다. 만추의 서정을 느끼면서 2.5km 정도 내려가다 보면 송광사에 도착하게 된다. 조계산 북서쪽 자락에 자리 잡은 송광사는 우리나라 삼보사찰의 하나인 승보종찰의 근본 도량으로서, 한국불교와 역사를 함께해 온 유서 깊은 고찰이다. 송광사는 신라 말

조계산 천년불심길

산이 그리움을 부른다

혜린선사에 의해 창건되어 송광산 길상사라고도 하며 우리나라에서 가장 많은 불교 문화재를 간직하고 있는 사찰이다. (2017. 11. 26. 일)

이제 12월이다

이제,
며칠 있으면 12월

아쉬워하는 탄식 소리가
저물어 가는
노을에 묻힌다

시절 잘못 만난 꽃은
추위에 떨며
햇볕을 그리워하고

따뜻한 곳을 찾아
남쪽으로 갈 수밖에 없는 새는
운명을 받아들인다

인적 드문 계곡에
이끼가 푸르듯

찾는 이 없는 이곳
적막강산이어도 어쩔 수 없다

이제 12월이야 하며
누군가 귓가에 속삭인다

뒤돌아보며
아쉬워하는 것은 쓸데없는 일

부딪히는 삶 속에
이별도 배워야 하는 법

고독한 이별자가 되어
또 한 계절을 보내는 연습이다

산이 그리움을 부른다

76

한국인의 기상 여기서 발원하다

구례 지리산 천왕봉(1,905m)

중산리주차장 → (셔틀버스) → 순두류 → 로터리 대피소 → 법계사 → 천왕봉 →
제석봉 → 장터목 대피소 → 칼바위 → 탐방안내소 → 중산리 주차장 (13km, 9h)

백두대간 끝자락에 높이 솟아오른 지리산(智異山)은 설명이 따로 필요치 않을 정도로 우리에게 잘 알려진 명산이다. 전남 구례군과 전북 남원시, 경남 하동, 산청, 함양군 3개 道에 걸쳐 자리 잡고 있다.

1967년 12월 27일 우리나라 최초의 국립공원으로 지정된 지리산은 남한에서 면적이 제일 넓으며, 높이 또한

지리산 정상 천왕봉

백두산, 한라산 다음으로 높은 산이다. 1,500m 이상이 되는 높은 봉우리만 해도 천왕봉을 중심으로 제석봉, 반야봉, 노고단 등 12개나 있기 때문에 커다란 산악군을 이루고 있다.

신라 5악의 남악으로 '어리석은 사람이 머물면 지혜로운 사람으로 달라진다' 하여 지리산이라 불렀다. 또 '멀리 백두대간이 흘러 왔다'고 하여 두류산이라고도 하며, 옛 삼신산의 하나인 방장산으로도 알려져 있다. 그래서 백두대간의 '백'은 백두산, '두'는 두류산(지리산)에서 머리글을 따서 지어졌다.

지리산, 가을 여행을 하다

아침 하늘이 파랗다
솜털 구름이 하늘을 수놓고
운무가 차오르며 바람 속으로 스며든다

가을인가?
그리움이 가슴을 적시고
빨갛게 물든 단풍잎 사이로 햇살 가득 들어오니
옛 추억이 슬며시 떠오르는 산길이다

오늘은 비교적 산행이 부드러운 순두류에서 출발하여 지리산 법계사를 거쳐 가는 코스다. 중산리에서 셔틀버스를 타고 순두류를 들머리로 해서 로터리 대피소, 법계사, 개선문, 천왕봉을 찍고 장터목 대피소에서

산이 그리움을 부른다

점심 식사 그리고 다시 중산리로 원점 회귀를 하는 총 길이 약 12km, 산행 시간이 대략 9시간이 걸리는 산행이다.

시간에 쫓기지 않고 이 지리산 길을 여유롭게 걷고 싶다. 가을이 옷깃을 스치듯 부드러운 바람이 피부를 지나 가슴속으로 깊이 파고든다.

이제 순두류 초입 지리산 천왕봉에 오르는 길이다. 아직은 초록색 이파리가 무성한 나뭇가지가 숲길을 덮고 있지만, 중턱만 올라가도 햇살이 차가워져서 울긋불긋 단풍잎으로 옷을 갈아입었으리라.

지리산 통천문을 지나며

이번 순두류 코스는 지난 산행 때보다 편안해서인지 더 정감 어린 추억이 쌓여 간다. 이 산길은 다른 어느 산길보다도 더 많이 그리울 것이란 생각이 들었다. 로터리 대피소가 거의 다가오니 바쁘던 발걸음도 숨 고르기를 한다.

삶에도 숨 고르기가 필요할진대 나는 어디쯤에서나 잠시 숨 고르기를 해 볼거나. 길가 쑥부쟁이꽃이 가을 속에 저물어 가고 있다. 문장에도 쉼표가 있듯이 인생에서도 한 템포 쉬어 가는 것도 괜찮다. 어차피 시간은 흐르고 우리 뒤에 남겨지는 모든 것들에게 만족할 수는 없지만 후회는 없다.

대피소 바로 위. 우리나라에서 가장 높은 곳에 있는 사찰 법계사다. 거대한 바위 위에 정좌한 삼층 석탑을 보니 그 유명세를 알 만하다.

이제 저 높은 곳 천왕봉을 향해 출발하자. 돌길을 걷고, 숲길을 걸었다. 철 계단 길을 걷다가 구름을 제치고, 힘이 들면 물 한 모금 마시며 쉬엄쉬엄 걸었다. 걷다 보니 구름 속에 의연한 자태, 드디어 천왕봉에 도착했다. 사방이 막힘없이 탁 트인 전망으로는 지리산 천왕봉에 비길 곳이 없다. 멀리 남도의 촌락 너머로 남해 바다가 보이고, 발아래에는 구름이 겹겹이 쌓여 있다.

지리산 정상 오르는 길에서

거침없고 웅장한 그 모습에 저절로 탄성이 나왔고 "한국인의 기상이

산이 그리움을 부른다

여기서 발원(發源)되다"라는, 정상석에 새겨진 문구가 가슴 뭉클하게 다가왔다. 햇빛과 바람이 살아 있는 이곳에 한동안 머물며 생각에 잠겼다.

발아래 중산리 마을이 운무에 가렸다 지워졌다 하면서 환상적인 조망을 보여 주었다. 어디가 시작이고 어디가 끝인지 짐작하기가 어려웠다.

천왕봉에 발자취를 남기고 제석봉을 거쳐 이제 장터목으로 향한다. 하늘은 맑고, 바람은 시원하고, 꽃보다 아름다운 사람들이 걸어간다. 새벽 내내 달려왔던 탓인지 가는 길마다 따사로운 가을 햇빛과 시원한 바람 때문인지, 가끔은 눈을 감고 싶어진다. 어쩌면 산행에서 남기는 가장 큰 선물은 '힘들었던 시간'일지도 모른다. 몸은 힘들었지만 마음만은 편안했던 시간. 인생도 마찬가지 역경을 이겨 낸 사람의 인생이 더 가치 있는 것이다.

오래오래 기억하고 싶다. 지리산과 함께한 이 시간들
눈을 감으면 파란 하늘이 보일 것이다

가을바람이 만드는 지리산의 추억을 기억하자
오늘 이 순간보다 더 좋을 수는 없다

찰나같이 사라져 버리는 계절, 가을!
더 늦기 전에 나를 사랑한다고 말해 보자

이번 지리산 산행은 가을이 선물한 좋은 산행이었다. 정말 즐겁고 행복한 시간이었다. 또 다시 이곳에 오게 되는 때를 기다리며 기분 좋게

웃으며 서울을 향해 출발했다. 나의 지리산 산행은 이렇게 행복했다.

(2017. 10. 8. 일)

천왕봉에서 보는 조망

장터목 대피소에서

지리산을 지나는 길목

언제나 그 자리에서 기다려 주네

산이 그리움을 부른다

새벽 기척에 문을 열고
기지개를 켜며
하나둘 떠나는 사람들

잔잔한 바람 속으로
떠나는 그대여
한 줄의 사연을 남기고 가라

구구절절 옛 사랑 이야기
아침 햇살에 잠시 반짝이는 이슬처럼
잊힐 사연이라도

바람에 단풍 숲 일렁이며
세석 가는 오솔길

영화 속 한 장면처럼
애절한 사연 한 줄 남기고 떠나라

"미련 없이
무엇이든 다 주고 떠나리"

77

울창한 편백나무 숲을 찾다

장성 축령산(621m)

추암리 괴정마을 상류 → 정상 → 추암리 괴정마을 (3km, 1.5h)

축령산(祝靈山)은 전남 장성군 서삼
면과 북일면에 걸쳐 있는 산으로, 울창
한 편백나무 숲으로 유명하다. 노령산
맥의 지맥으로 높이 621m이다. 옛 이
름은 취령산이며 문수산이라고도 부
른다.

축령산은 편백나무 숲으로 유명한데
이로 인해 축령산은 삼림욕의 명소로
각광을 받고 있다. 한국의 조림왕이라

축령산 정상

고 불리는 춘원 임종국은 1956~1989년까지 34년간 심혈을 기울여 축령산 일대에 삼나무, 편백나무, 낙엽송, 기타 수목을 조림하여 벌거벗었던 산록을 늘 푸르게 전국 최대 조림 성공지로 만든 이다. 숲을 가로지르며 조성된 약 6km의 길은 건설교통부에 의해 '한국의 아름다운 길 100선'에 선정되기도 하였다.

장성군 추암리 괴정마을로 내비게이션에 입력하고 승용차로 포장도로 끝까지 올라가면 휴펜션을 지나 차단막이 있는 곳까지 가면 된다. 왼쪽으로 커다란 저장수 원통이 탑처럼 세워져 있고, 오른쪽에 '장성 편백 치유의 숲'이란 안내판이 있다. 숲으로 난 이 길을 따라 산행을 시작했다.

등산로 주변에는 편백나무가 울창했다. 들머리의 완만한 임도는 '치유의 숲'이란 말 그대로 마음과 몸을 편안하게 만들었다. 약 10여 분 올라가면 '치유의 숲 안내 센터'가 나온다. 이 치유의 숲 공원을 만든 사람들을 기념하는 기념비가 세워져 있다.

여기서부터 정상으로 가는 길은 짧지만 약간 가파른 길이 시작된다. 입구에 들어서자마자 편백나무 군락지를 만났다. 숲 사이로 난 나무 계단 길을 오르던 중 노랗게 피기 시작한 생강나무도 만나고, 편백나무의 싱그러운 공기도 맡아졌다. 심신이 치유되는 듯한 느낌이 들었다. 약 20여 분 비탈진 산길을 오르니 바로 정상에 도착했다. 산행을 시작한 지 40분 만에 도착한 것이다.

축령산 정상에 너무 쉽게 도착함에 왠지 모를 미안함과 쑥스러움이 앞섰다. 지금까지 산행했던 중 가장 짧은 시간 만에 험난함 없이 정상에 도착한 것이다.

정상에 있는 정자에 올라 탁 트인 사방의 조망을 즐겼다. 약간의 미세먼지가 있기는 하지만 가을보다 더 높은 하늘에 흰 구름이 유유히 흐른다. 시간 관계상 다시 올라왔던 길 그대로 하산했다. 다른 일정이 없다면 숲길을 따라 더 걸어가 보고 싶은 명산인데 아쉬울 따름이다. (2018. 3. 31. 토)

축령산 정상에서의 일출 전경

　　　　　　　　　산이 그리움을 부른다

산

산은
어차피 올라가야 한다

바위가 길을 막고
가파른 비탈길에 땀 흘려도

힘들다고 어렵다고
생각하지 마라

나뭇잎들이 바람을 일으켜
가슴이 시원해지면

한 걸음씩
조금만 더 힘을 내라

그대 생각하며 올라가는 것이
살아가는 힘이 되리라

78

천자의 면류관 같은 호남의 5대 명산

장흥 천관산(723m)

탑산사 → 포봉 → 불영봉 → 능선 → 연대봉(정상) → 헬기장 → 닭봉 → 탑산사
(4km, 2h)

천관산(天冠山)은 전남 장흥군 관산
읍과 대덕읍 경계에 있는 높이 723m
이며 1998년 10월에 도립공원에 지정
되었다. 지리산, 월출산, 내장산, 내변
산과 함께 호남의 5대 명산 가운데 하
나이다.

수십 개의 봉우리가 하늘을 찌를 듯
이 솟아 있는 것이 마치 천자의 면류관
과 같아 천관산이라는 이름이 생겼다.

천관산 정상

삼림이 울창하고 천관사, 보현사를 비롯해 89개의 암자가 있었지만, 지금은 석탑과 터만 남아 있다.

산 정상 주변에는 당암, 고암, 사자암, 상적암 등이 이어져 있으며, 봄에는 진달래와 동백꽃이 붉게 물들고 가을에는 억새로 뒤덮이고 단풍이 들어 관광객이 많이 찾는다.

천관산은 가을 억새로 가장 유명하고, 봄철 진달래꽃과 겨울철의 설경도 아름답다. 하지만, 여름에는 그다지 큰 특징은 없으며 그 대신 정상 능선에서 바라보는 고흥반도와 남해 바다가 시원한 아름다움을 보여주고 있다.

천관산 산행은 대부분 장흥 관산 지역에서 시작하지만 대덕 지역에 있는 천관산 문학공원 방면에서 오르는 짧은 코스도 많이 이용한다.

탑산사 주차장에서 우측의 불영봉 능선을 오르는 것으로 산행을 시작했다. 처음에는 계단이 있고 다소 가파른 등산로이지만 약 300m를 지나면서 기이한 모양의 바위들이 보여 눈을 즐겁게 해 주었다. 이 구간을 지나는데 몇 명의 인부들이 나무 계단 공사를 하고 있었고, 일부 구간은 래커 칠을 하여 '칠 주의'라는 안내문도 걸려 있었다.

천관산 불영봉

조심해서 계단 길을 올라서니 우측에 사람 얼굴 모양의 기암이 보였다. 바로 이 바위가 부처님 모습을 닮았다는 불영봉이다.

　불영봉에서 우측으로 조망이 탁 트이며 장흥 읍내가 보이고, 정면으로는 천관산 정상인 연대봉이 보였다. 여기서부터는 완만한 능선을 따라 걷는 구간이다. 등산로 중간마다 친환경 매트를 깔아 놓아서 걷기가 매우 편했다.

　산행을 하면서 우측의 고흥반도를 비롯한 남해 바다의 작은 섬들이 보인다. 그러나 미세 먼지 때문인지 조망이 그리 좋지는 않았다. 능선 길을 편안하게 걷다 보면 어느새 연대봉이 눈앞에 보인다. 연대봉은 고려 시대부터 봉화를 피워 연락했던 곳이라 한다.

　다시 기암괴석들이 보이는 대장봉 방향의 능선을 따라 걷는데 말라 버린 억새가 바람에 흔들거렸다. 이 모습을 보니 가을철에는 은빛 물결의 억새가 장관을 이룰 것이라 상상이 되었다. 조금 더 걸어가자 눈앞에 웅장하고 아름다운 기암괴석의 봉우리들이 보였다. 이 암봉 풍경이 천관산을 상징하는 명물이다.

　탑산사 주차장으로 하산하기 시작했다. 1.1km 거리임을 알려 주는 이정표가 보였다. 하산 길도 완만해서 좋았다. 좌우 조망을 즐기며 편안하게 탑산사로 내려갔다.

　천관산 등산로는 몇 년 전과 비교해 보면 많이 좋아졌고 지금도 등산로 정비나 데크 공사 중에 있어 앞으로 훨씬 더 좋아질 거라고 생각하며, 아름다운 기암과 조망이 훌륭한 천관산 산행을 마무리했다. (2018. 6. 24. 일)

천관산에 오르다

모처럼
천관산을 찾았다

그토록 다시 와 보고 싶었던
억새풀 능선

드디어
하늘 맑은 날

다시 천관의
푸른 능선에 올랐다

하늘과 바람
푸른 능선이 멋지고

점점이 흩어져 역할을 다하는
작은 섬들

그 모든 게 완벽한
6월 어느 날

천관산을 즐김에
집중할 수 있는 시간

먼 길이라
언제 다시 올지 모르지만

그날 위해
그리움을 남겨 둔다

79

바다와 산의 경계선에 서다

주차장 → 능가사 → 삼거리 → 유영봉(1봉) ~ 사자봉(4봉) → 적취봉(8봉) → 정상(깃대봉) → 삼거리 → 자연휴양림 (4.5km, 3.2h)

 팔영산(八影山)은 전남 고흥군 점암면에 있는 높이 609m의 산으로, 고흥군에서 가장 높은 산이다. 제1봉인 유영봉을 비롯해 성주봉, 생황봉, 사자봉, 오로봉, 두류봉 등 8개의 봉우리와 정상인 깃대봉으로 이루어져 있다. 암릉 종주 산행의 묘미가 각별하며 산세가 험준하지만 아름다운 풍경의 기암괴석으로 유명한 산이다.

 정상에 오르면 날씨 좋은 날엔 멀리 대마도까지 조망되는 등 눈앞에 다도해 해상국립공원의 절경이 일품이다. 다도해 해상국립공원(팔영산 지구)에 속해 있으며, 1998년 7월 30일 도립공원으로 지정되었다.

 팔영산에는 예전에 화엄사, 송광사, 대흥사와 함께 호남 4대 사찰로 꼽히는 능가사를 비롯하여 경관이 빼어난 신선대와 강산폭포 등의 명소가 있다.

이른 새벽 승용차는 400km를 달려 전남 고흥 팔영산 주차장에 도착했다. 10시경 주차장에 도착하니 벌써 여러 대의 차량이 주차되어 있었고, 야영장에는 텐트와 야영하는 사람들이 보였다.

주중에 전국적으로 많은 비가 내려 주말에는 비교적 상쾌하고 맑은 봄 날씨를 보여 주고 있었다. 완연한 봄이 온 남쪽 지방이지만 고흥 앞바다에서 불어오는 바람이 시원함을 더한다.

눈앞에는 팔영산 8개의 봉우리가 웅장하게 서서 우리를 내려다보고 있었다. 팔영산 오토캠핑장 바로 옆에 산행 들머리가 있다. 이곳에는 정상석으로 보이는 8개의 표지석이 정원처럼 꾸며져 있다.

산행 들머리부터 울창한 숲 그늘이었다. 생각보다 꽤 울창한 나무들로 인해 뜨거운 햇빛을 피할 수 있어 좋았다. 완만하고 넓은 팔영산 정상을 향해 오르는 등산로가 마음에 들었다.

흔들바위를 지나간다. 이곳 흔들바위는 힘센 어른이 밀고 당기고 씨름하다 보면 큰 바위가 흔들리기 때문에 흔들바위라고 하는데, 마당처럼 꼼짝하

제1봉 올라가는 철 계단

산이 그리움을 부른다

지 않는다고 하여 마당바위라고 불리기도 한다.

주 능선에 오르니 고흥반도의 다도해가 조망되기 시작했다. 최근에는 미세 먼지가 많았다. 그러나 주중에 많은 비가 내려서 인지 오늘은 맑은 시야와 깨끗한 대기 상태가 축복처럼 다가왔다.

팔영산 제1봉(유영봉)

제1봉인 유영봉이 보였다. 봉우리에 오를 생각하니 힘들다는 생각보다는 가슴이 설렌다. 지금까지 살아왔던 날보다 앞으로 살아갈 날이 더 많은 어린아이처럼 설레었다. 개인적으로 철 계단을 좋아하지는 않았지만 바위에 짝 달라붙어 설치되어 있는 이 철 계단을 이용해 안전하게 오를 수 있다는 고마움으로 다가왔다.

2봉에서 바라보는 제1봉 전경

제1봉인 유영봉에 올라 다도해를 조망한다. 고흥반도의 다도해 섬 군 (群)이 동양화처럼 펼쳐졌다. 말로 표현할 수 없을 정도의 장관이다. 유 영봉은 선비의 그림자를 닮았다고 하여 이름이 지어졌다. 평탄한 암반 위 산정에서 보는 조망이 일품이다. 다도해의 크고 작은 섬들 그리고 낮 게 깔린 산그리메가 예술 작품이다.

제2봉은 성주봉이다. 성스러운 팔봉(八峯)을 지킨 군주봉이며 부처 같은 성인 바위라 해서 성주봉이라고 부른다.

제3봉은 생황봉이다. 기암괴석을 스쳐 지나가는 다도해 해풍이 생황의 열아홉 음계를 떠오르게 한다. 팔영산 주능 동쪽에 자리 잡은 선녀봉이 마주 보이는 여수반도 여자만에 날개를 적시고 있었다. 남해의 낮은 산들은 대부분 암봉으로 이루어진 낮은 산이다. 대부분의 사람들은 낮은 산이라 난이도가 없을 거라고 생각하지만 팔영산은 오르락내리락 하면서 쉽지 않은 산행이다.

제4봉인 사자봉은 암봉과 어우러져 크지도 작지도 않은 정상석이 자연과 조화롭다. 아직 4개의 봉우리가 남아 있단 생각보다는 4개 밖에 남아 있지 않아 아쉽다는 생각이다. 언제 이곳에 다시 올 수 있을까? 이렇게 아름다운 풍경을 어느 곳에서 볼 수 있겠는가? 같이 간 일행이 스치고 지나가며 하는 말들이다.

5봉은 오로봉이다. 다섯 명의 늙은 신선이 "별유천지 무릉도원이 어디냐 여기가 도원이지"라며 놀이터로 삼았다는 곳이다.

제6봉은 두류봉이다. 하늘에 닿을 듯 위용을 자랑하는 팔영산의 대표 암봉이라 할 만하다. 깎아지른 직벽은 이를 바라보는 등산객들을 압도한다. 특별히 안전에 유의하며 올라가야 했다. 산정에 서니 팔영산 전체가 조망되어 장관이다.

제7봉인 칠성봉을 오르기 전 통천문을 지나간다. 거대한 바위가 문의 형태로 세워져 있다. 하늘의 7개 별을 따기 위해서는 하늘로 통하는 통천문을 지나가야 한다.

이제 마지막 봉우리 제8봉인 적취봉이 눈앞에 있다. 팔영산의 8개

봉우리를 전부 올랐다는 반가움도 있었지만 한편으로는 아쉬운 순간이다.

8개 봉우리를 다 넘고 마지막으로 100대 명산 인증 장소인 깃대봉을 향해 능선을 걷는다. 숲이 울창하여 상쾌하다. 저 멀리 보이는 섬이 나로우주센터가 세워진 나로도와 프로레슬링 '박치기 왕' 김일의 고향 거금도, 소록도 등이 펼쳐져 있다.

팔영산 정상인 깃대봉은 여덟 번째 암봉에서 남쪽으로 약간 빗겨서 솟아 있다. 지나온 암봉들의 아름다움과 나로도를 비롯한 고흥반도 남쪽 다도해의 아름다운 풍경이 그림처럼 다가왔다. 정상 오르기 전 잠시 쉬어 가라는 배려인 듯 벤치가 놓여 있다. 아마도 지금 내 나이, 허겁지겁 달려온 중년의 내가 앉을 벤치인 것 같다.

팔영산 정상인 깃대봉에서 다시 내려가다 보면 헬기장이 있다. 이곳에서 우리가 지나온 8개의 암봉이 한눈에 들어왔다.

깃대봉 정상을 찍고 삼거리에서 자연휴양림으로 하산을 했다. 거리는 0.7km, 당초 능가사로 하산하려는 계획보다 거리가 2km 정도 줄어든 것 같다.

하산 길을 따라 내려가면 편백 숲과 만난다. 한창 물이 오른 편백나무가 싱그럽다. 편백나무 숲을 지나 숲길을 천천히 걸어 내려가면 팔영산 자연휴양림이 나온다. 우람한 바위와 다도해의 부드러운 산그리메, 그리고 이 아름다운 팔영산의 감성을 가득 담아 온 멋진 시간이었음을 공감하며 산행을 마쳤다. (2018. 5. 20. 일)

산이 그리움을 부른다

수국(水菊)

깃대봉 오르는 길에
수국이 하얗게 피었습니다

이미 봄이 왔건만
미처 알지 못한 걸 뒤늦게 깨달은 듯

오월 숲속을
하얗게 물들였습니다

화려한 진달래 철쭉 만큼은 아니지만
나름 기품을 갖추려는 자세가

당신의 모습과
너무나 닮았습니다

지나온 시절이
그립고 아쉽기만 한 것이 아니라

아쉽고 그리운 것은 속절없이
지나간 시절입니다

경상북도

구미 금오산 현월봉

경주 남산 금오봉

포항 내연산 삼지봉

달성 비슬산 천왕봉

풍기 소백산 비로봉

울주 신불산

문경 조령산

청송 주왕산

문경 주흘산 영봉

청송 청량산 장인봉

대구 팔공산 비로봉

김천 황악산

80

하늘로 비상하려는 새의 모습

구미 금오산 현월봉(976m)

주차장 → 해운사 → 대혜폭포 → 전망대 → 금오산 정상 → 약사암 → 마애석불
→ 오형돌탑 → 대혜폭포 → 해운사 → 주차장 (7km, 3.5h)

경북 구미시와 김천시, 칠곡군에 걸
쳐 있는 금오산(金烏山)은 특이한 산
세를 자랑한다. 정상 일대는 분지를 이
루고 있으며, 그 아래쪽은 칼날 같은
절벽이 병풍을 이루고 있으며, 산세가
가파른 편이다.

정상부는 달이 걸린다는 금오산 정
상인 현월봉, 약사여래의 전설이 담긴
약사봉과 보봉으로 이루어져 있다. 정

금오산 정상 현월봉

산이 그리움을 부른다

상 부근은 '하늘로 비상하려는 새의 모습'과 비슷하기도 하고, 누워 있는 사람의 얼굴 모습 같기도 하여 와불산이라 부르기도 한다. 외관이 장엄한 만큼 명소도 많은 금오산은 야은 길재 산성과 고사리에 얽힌 전설로도 유명하다.

금오산 마애불

금오산 도립공원 주차장에 차를 세우지 않고 도로를 따라 매표소 앞에 있는 주차장까지 차를 몰고 올라갔다. 아직 이른 시각이라서 직원이 없었다. 도립공원이라서 산행로는 넓고 편안하게 잘 정비되어 있었다.

케이블카를 탑승하는 건물이 있는데 이른 시간이라 운행을 하지 않았다. 이 케이블카는 폭포 근처에 있는 해운사까지만 운행하기 때문에 평소에도 이용객이 많지는 않다고 한다.

금오산 중턱에 있는 돌탑들

등산로 주변에는 약 2m 크기의 돌탑이 세워져 있었다. 지나가던 여성

등산객 한 분이 돌을 주워 올리면서 두 손을 모으고 기도를 했다. 이 여성분은 마음속으로 무슨 소원을 빌었을까?

대혜폭포에 도착했다. 지난주에 많은 비가 내렸음에도 대혜폭포는 물이 많이 흐르지 않아 그 멋진 위용을 보여 주지 못했다.

가파른 등산로의 나무 계단을 올라가기 시작했다. 일명 '할딱고개'에 오르는 길이 시작되었다. 평소 운동을 많이 하지 않은 사람에게는 매우 힘든 코스이다. 고생 끝에 낙이 온다고 계단이 끝나자 왼쪽으로 데크 전망대가 나왔다. 먼저 도착한 몇몇 사람들이 구미 시내 전경과 저수지 등을 조망하고 있었다.

여기서부터 정상까지는 계속 가파른 경사 길을 올라가야 했다. 가파르지만 길이 넓고 잘 만들어져 있어 큰 어려움 없이 정상에 도착했다.

정상에는 표지석이 두 개인데 2014년에 약 20m 떨어진 곳에 조금 더 높게 해서 새롭게 정상석을 세웠다. (2018. 5. 21. 월)

정상에서 만나자

우리 새벽에 만나자
꽃봉오리 입술마다 굳게 닫았으나
이내 떠오르는 태양의 열기에
얼굴을 드러내는 시간

오솔길에 늘어선 풀잎 이슬을

산이 그리움을 부른다

공기 중에 날려 보내고
무릎 스치는 잡풀들 비켜 세우며
서둘러서 길 떠나자

한낮의 뜨거운 태양이 정오를 가리켜
목마름 느끼는 온기를 품기 전
파란 하늘 가장 가까운 곳까지
발길을 재촉해야 한다

시간이 지나면 사라져야 하는 계절과
약속을 지키기 위해
이제 파아란 바다 속으로
모든 걸 던져야 하리

81

신라 천년의 약속을 지켜 온 절터와 유적

경주 남산 금오봉(468m)

삼불사 주차장 → 삼불 → 상선암 → 바둑바위 → 마애 석가여래좌상 → 금오봉
(정상) → (back) → 삼불사 주차장 (5km, 2.5h)

신라 천년의 약속을 지켜온 경주는 시 전체가 역사 박물관이다. 그중
신라인들이 천년을 다듬었던 남산(南山)은 그 자체가 신라인들에게는
절이요 신앙으로 자리한다.

한 굽이를 돌면 입가에 잔잔한 미소를 머금은 마애불이 맞이해 주고,
곳곳에 남아 있는 수많은 절터와 유적은 아름다운 전설을 간직하고 있
다. 그렇기에 남산은 문화재를 품고 있는 것이 아니라 그 자체로 문화재
인 것이다. 우거진 송림과 대나무 숲 사이로 뻗어 있는 오솔길을 따라
걷노라면 곳곳에 신라의 유적과 유물을 만날 수 있다.

금오봉(金鰲峰, 468m)과 고위봉(高位峰, 494m)의 두 봉우리에서 흘

산이 그리움을 부른다

러내리는 40여 개의 계곡 길과 산줄기로 이루어진 경주 남산에는 1백여 곳의 절터와 60여 구의 석불과 40여 기의 탑이 있는 박물관이다.

신라 천년의 역사를 함께해 온 남산은 금오산이라고도 하며, 정상은 금오봉(468m)이다. 경주 남산의 등산은 대개 남쪽의 삼릉, 포석정, 약수골, 용장골, 삼불사 등 어디에서 오르더라도 2시간 이내에 정상인 금오봉에 오를 수 있다.

승용차를 타고 갔기 때문에 삼불사에서 정상에 올랐다가 원점 회귀가 되는 코스로 계획을 세웠다. 코스는 입구의 삼불을 지나서 오솔길을 걸어 올라가 바둑바위에서 휴식을 취하면서 경주 시내 전망을 본 뒤 금오봉에 오른다. 그런 후 다시 되돌아 내려와 바둑바위 아래 상선암 갈림길에서 삼불사로 돌아오는 코스이다.

삼불사 주차장은 비교적 넓은 편이고 화장실 시설도 잘 되어 있었다. 남산을 산행하는 인원을 체크하는 계수대 입구를 지나 들머리를 들어서면 곧바로 보물 제63호인 배리석불 입상을 만나게 된다. 이 3구의 석불은 다른 석불과는 달리 뒷면까지도 디테일하게 조각되어 있는 것이 특징이다.

등산로에 들어서면 그다지 힘들지도 않고 위험한 구간도 없는 길이 계속 이어진다. 울창한 대나무 숲길과 늘 푸른 소나무 숲길 사이의 호젓한 오솔길을 걷다 보면 삼릉에서 올라오는 길과 만나는 상선암 삼거리를 만나게 되는데 여기서 정상으로 오르는 길을 지나치지 않도록 주위를 잘 살펴야 한다.

정상에 오르기 전 밑에서 보던 넓은 바위 절벽이 나온다. 바둑바위라

고 부르는데 잠시 휴식을 취하
면서 경주 시내를 조망해 본다.

절벽에 새겨진 마애불

　정상인 금오봉으로 향하다
보면 멋진 경치의 바위를 만나
게 되는데 '마애 석가여래좌상'
이라는 불상에 대한 안내판이
있다. 등산로에서 약간 떨어져
있는 절벽의 바위 한 부분을 자
세히 보면 부처님의 모습을 새
긴 마애불상을 볼 수가 있다.

　정상 가까이 오르자 차갑지
는 않지만 거센 바람이 계속 불었다. 나무 데크 길과 편안한 등산로를
걷다 보니 정상인 금오봉에 도착했다.

　하산은 올라온 코스대로 내려가다가 다시 바둑바위를 지나 내려가다
보면 위에서 보았던 상선암을 만난다. 상선암에서는 우측으로 내려가
는데 올라올 때와 마찬가지로 편안하게 내려가는 길이다. (2018. 1. 1. 월)

소나무가 있는 풍경

　뒷걸음치지 마라
　뒤돌아보지도 마라
　등 돌리면 수천 길 절벽이다

　　　　　　　　　　　산이 그리움을 부른다

구름도 쉬었다 가는 암릉
뿌리 내린 소나무
언젠가는 꽃피고 열매 맺으리

비바람 폭풍우와
찬바람 부는
겨울도 견디었다

새벽 찬 기운에
활활 타오르는 흰 꽃
십 리 밖까지 길을 밝힌다

처마 끝 풍경 소리
겨울 하늘에
온몸 떨며 울어 댄다

남산 정상 금오봉

82

기암절벽과 12폭포의 조화로운 풍경

포항 내연산 삼지봉(711m)

> 보경사 주차장 → 일주문 → 문수암 → 문수봉 → 삼지봉(정상) → 은폭포 → 관음
> 폭포 → 상생폭포 → 학소대 → 보경사 → 주차장 (12km, 4.5h)

'계곡 빼어난 영남의 금강산' 낙동정맥 줄기가 주왕산을 옆으로 지나쳐 내려오다가 동해안 쪽으로 뻗어가 솟은 산이 바로 내연산(內延山)이다. 경상북도 포항시와 영덕군의 경계에 있는 내연산은 문수산, 삼지봉, 향로봉, 우척봉으로 능선이 이어져 있다. 육산이라 밋밋한 것처럼 보이기도 하지만, 굽이굽이 20리나 되는 긴 골에는 12폭포가 자

내연산 정상 삼지봉

산이 그리움을 부른다

리하고 있다.

내연산의 백미는 기암절벽과 조화를 이루어 절경을 자랑하는 청하골의 12폭포이다. 청하골 초입의 상생폭포를 제1폭포로 하여 보현폭, 삼보폭, 잠룡폭, 무룡폭을 거쳐 제6폭포인 관음폭과 제7폭포인 연산폭 일대에서 계곡미의 진수를 보여 준다.

보경사에서 산행을 시작했다. 아직 절기상으로는 봄이지만 날씨로 보아서는 여름인 것 같다. 무지하게 더운 날씨지만 우거진 나무들로 인해 산행을 하는 데 큰 어려움은 없었다.

문수봉에서 삼지봉을 오르는 길은 산속의 고속도로다. 널따란 길과 완만한 경사의 등산로이다. 하지만 문수암을 거쳐 문수봉까지는 가파르게 올라가야 했다. 문수봉을 오르는 도중에 절벽 아래를 내려다보면 쌍둥이 폭포인 상생폭포가 보인다.

많은 땀을 흘리며 문수봉에 도착했다. 주차장에서 이곳 문수봉까지는 약 1시간 정도가 걸렸다. 문수봉에서 완만한 능선을 따라 걸으면 삼지봉이다. 내연산에서는 이 삼지봉을 대표 봉우리로 한다. 하지만 내연산에서는 향로봉이 훨씬 더 높다. 정상 인증 후 오던 길로 다시 내려갔다. 약 30여 분 내려가다가 우측의 조피등 코스로 하산하여 은폭포로 향했다.

은폭포에 도착했다. 원래 여성의 음부를 닮았다 하여 음폭이라 하다가 상스럽다 하여 은폭으로 고쳐 불렀다고도 한다. 용(龍)이 숨어 산다 하여 흔히 '숨은 용치'라고도 하는데 이에 근거하여 은폭으로 부른다.

주변의 경승지로는 폭포 위 왼쪽과 오른쪽에 각각 청하에서 유배 살이를 했던 조선 인조 때 부제학을 지낸 유숙이 이름 지은 한산대와 습득

내연산 용폭포

내연산 상생폭포

대가 있다. 문수보살과 보현보살의 재생이라며 숭모하던 중국 당나라 때의 도인 한산과 습득의 형상을 한 큰 바위다. 학소대를 볼 수 있는 전망대이다. 예전에 왔을 때에는 이런 조형물이 없었던 것 같은데 언제 만들었나 궁금했다.

관음폭포 및 감로담과 맞닿은 기암절벽으로 비하대 상부에는 수령 500년이 넘은 노송이 있는데, 정선의 〈고사의송관도〉에 그려져 있는 소나무로 추정하기도 하여 이를 '겸재송(謙齋松)'이라 부르는 이도 있다.

경북 팔경 중의 하나인 내연산은 낙동정맥이 울진 통고산, 청송 주왕산, 울진 백암산을 거쳐 남하하다가 동쪽으로 가지를 뻗은 명산으로 곳곳에 비하대 등 암벽이 솟아 있다. 특히 내연산과 천령산 사이의 협곡을 흐르는 12km 길이의 청하골에는 12개의 폭포가 저마다 멋을 자랑한다.

건너편에 팔각정이 보였다. 학소대에서 저곳 팔각정을 가려면 한참을 올라가야만 한다. 보현폭포가 나왔다. 폭포 오른쪽 언덕 위에 있는 보현암에 근거한 명칭이다.

상생폭포를 본다. 지금은 '상생폭'이란 명칭이 통용되고 있지만 '쌍둥이 폭포'란 의미의 '쌍폭'이란 명칭이 오래전부터 쓰였다.

내연산은 전체적으로 계곡이 참 멋있는 산이다. 상생폭포부터 12폭포까지 잘 가꾸어진 계곡 길에 아름답고 아기자기한 폭포들이 많이 있으면서 가족과의 산책이나 운동 삼아서 다녀오기 좋은 산이다. (2018. 5. 27. 일)

비경의 내연산 폭포에서

네 앞에 서 있는 것만으로
이토록 큰 감동인 줄
여러 번을 와서도 이제서야
알게 되었네

콰르르 쾅쾅
거침없이 쏟아지는 물보라가
이렇게 경쾌한 줄
정말 몰랐었네

너를 바라보는 것만으로도
마음에
큰 위안이 되는 걸
이제야 알게 되었네

네가 보여 주는
신비롭고 아름다운 물보라
모든 사람
감탄 또 감탄하네

83

신선이 거문고를 타며 놀던

달성 비슬산 천왕봉(1,084m)

유가사 → 도통바위 → 비슬산 천왕봉 → 마령재 → 진달래 군락지 → 월광봉 →
대견사 → 대견봉 → 대견사 삼거리 → 휴양림 → 소재사 → 주차장 (11km, 5.5h)

비슬산(琵瑟山)은 대구광역시 달성
군과 경북 청도군의 경계에 있다. 산
정상의 바위 모양이 신선이 거문고를
타는 모습을 닮았다 하여 '비슬(琵瑟)'
이라는 이름이 붙었다.

최고봉은 천왕봉(1,084m)이다. 남쪽
으로 조화봉, 관기봉과 이어지며, 유가
사 쪽에서 올려다보면 정상을 떠받치
고 있는 거대한 바위 능선이 우뚝 솟아

비슬산 정상 천왕봉

있다. 정상에서 바라보는 낙동강의 경치가 아름답고 봄철에는 철쭉, 진달래, 가을에는 억새 군락이 볼만하다.

진달래 산행을 할 때는 진달래 군락을 한눈에 볼 수 있어 대부분 유가서 방향에서 오른다. 다소 가파른 아스팔트 포장도로를 따라 걷다 보면 아스팔트 도로가 끝나면서 거대한 바위가 병풍을 둘러친 것 같은 비슬산 정상이 보인다.

시멘트 도로를 따라 유가사를 향해 오르다 보면, 유가사 바로 아래에 비슬산이라는 작

정상부 주변 풍경

은 안내 표지판에 오른쪽을 가리키는 화살표가 있다. 등산 지도에 나와 있는 도성암을 거쳐 정상에 이르는 코스로 오르려면 화살표를 따라가지 말고 시멘트 도로를 따라 직진해 유가사를 지나서 올라가야 한다.

유가사 앞을 지나면서 계속 가파른 길이 정상 가까운 능선 안부까지 이어졌다. 중간에 도통바위를 지나면서 조망이 좋은 쉼터를 몇 개 만났다. 산행 중 시원한 바람이 계속 불어 시원하게 산행을 했다.

정상인 천왕봉에는 인증 사진을 찍기 위해 많은 사람들이 줄지어 서 있고, 멀리 조화봉이 진달래 군락지를 배경으로 아름다운 자태를 자랑한다.

산이 그리움을 부른다

비슬산 진달래꽃 군락지에서

정상에서는 대견사 터까지 이어지는 능선을 걸었다. 정상에서 대견사 터까지는 3km, 약 1시간 10분 정도 걸린다. 대견사 능선을 따라 안부로 내려섰다가 다시 올라간다. 월광봉을 지나 대견사 터가 있는 능선에 올라서면 능선 바로 아래 석탑과 헬기장이 있는 대견사 터가 있다.

대견사 터 주위에는 스님바위, 코끼리바위, 형제바위 등 다양한 이름의 바위들이 널려 있다. 대견사 터에서 절을 등지고 왼쪽 봉우리가 조화봉, 오른쪽 팔각정이 있는 봉우리가 대견봉(1,034m)이다. 여기서 유가사 방향으로 내려갈 수 있다.

정상인 천왕봉에서 남쪽 능선을 따라 월광봉, 조화봉으로 이어진다. 조화봉 능선에서 서쪽으로 대견사 터-대견봉으로 이어지며 이곳에 팔각정 전망대가 설치되어 있다.

대견사에서 대견봉까지는 0.46km 거리다. 대견봉에 갔다가 다시 대견사 터로 돌아와서 조화봉 방향으로 도로를 조금 내려가다 오른쪽 계곡인 휴양림 방향으로 걸었다. 거리는 약 3km, 1시간 정도 내려가면 소재사를 지나 공영 주차장에 도착한다. (2017. 4. 30. 일)

비슬산 대견봉

햇살 반짝이는
화창한 봄날

참꽃 난장을 치는 비슬산
만화방창 천상화원

환한 봄날
이 길을 걷는다

아! 극락이 여기던가
외로운 석탑

분홍 꽃무리 속에 갇혀

세월을 잊은 채

대견봉

봄날이 간다

84

희고, 높고, 거룩함의 소백산

풍기 소백산 비로봉(1,439m)

삼가리 → 비로사 → 달밭골 마을 → 능선 → 양반바위 → 비로봉 정상 → (back) → 달밭골 주차장 (6.5km, 3.5h)

소백산(小白山)은 충북 단양과 경북 영주, 풍기군에 걸쳐 있는 산으로 최고봉은 높이가 1,439m인 비로봉이다. 명칭의 유래는 원래 소백산맥 중에 희다, 높다, 거룩하다 등을 뜻하는 백산이 여러 개 있는데, 그중 '작은 백산'의 의미로 붙여진 이름이 소백산이다.

소백산 일대는 웅장한 산악 경관과 천연의 삼림, 사찰, 폭포가 많으며 주변에 부석사(浮石寺)나 온달산성 등의 명승고적이 많아 1987년 12월에 소백산 국립공원으로 지정되었다.

공원 내에는 희방사, 부석사, 보국사(輔國寺), 초암사, 구인사(救仁寺), 비로사(毘盧寺) 등 여러 사찰과 암자가 있다.

산이 그리움을 부른다

제2연화봉의 동남쪽 기슭에는 643년(선덕여왕 12)에 두운조사(杜雲祖師)가 창건했다는 유명한 희방사(喜方寺)와 높이 28m로 내륙 지방에서 가장 큰 폭포인 희방폭포(喜方瀑布)가 있다.

7월의 뜨거운 폭염에 온몸이 지치고 땀이 비에 젖은 것처럼 흘러내렸다. 최단 거리 산행을 위해서 도로가 만들어져 있는 곳까지 승용차로 최대한 올라가는 것으로 계획을 세웠다. 산행 정보를 얻기 위해 어제 인터넷을 검색해 보니 삼가리 입구에서 정상인 비로봉에 올라가는 코스가 거리도 짧고 등산로도 잘 정비되어 있다고 한다.

또 어떤 등산객은 택시를 이용해 비로사까지 올라가 산행을 시작해서 시간을 단축했다는 정보가 있었다. 그래서 승용차로 매표소를 통과해 비로사까지 올라갔다. 도로는 계속 이어져 있어 약 500m를 승용차로 더 진행하니 달밭골 마을이라는 곳이 나오고, 3~4대 정도 주차할 공간이 있었다. 이곳에 주차를 시키고 천천히 산행을 시작했다.

등산로는 소백산 정상에 오르는 여러 코스 중 단연 잘 정비되어 있었다. 나무가 울창하여 햇빛에 노출되지 않아 걷기에 좋았으나 워낙 무더운 날씨라 정상을 오르는 산행 중간에 몇 번 휴식을 취했다.

어디 계곡에 들어갔다 나온 것처럼 땀으로 바지까지 흠뻑 젖었다. 이렇게 땀을 많이 흘리면 몸에 어디 이상이라도 있는 거 아니냐고 같이 산행하던 직원들이 걱정스레 묻는다. 그러나 겨울 산행 시에도 많은 땀을 흘려 불편하고 곤혹스러웠던 적이 자주 있었던 터라 체질이라고 말했다.

산행 중간에 휴식을 취하면서 오이로 목을 축이고, 같이 산행하는 동료의 얼음 커피를 마시니 지금까지 마셔 본 커피 중 최고의 맛을 보여 준다. 그만큼 더위에 지쳐 시원한 음료에 격한 반응을 한 것이다.

이쪽 삼가리에서 오르는 코스는 아주 오랜만에 오르게 됐는데, 몇 년 전 겨울에 올랐던 소백산의 기억과 지금 여름에 오르는 것은 경치에 있어서도 많은 차이가 있었다.

드디어 정상인 비로봉에 도착했다. 높이는 1,439m다. 나의 전화번호 뒷자리와 소백산 비로봉 높이와 숫자가 같다. 절대로 소백산의 높이를 잊어버리지 않을 것이다. 또 오늘 소백산 비로봉은 블랙야크 100대 명산 중 마지막 100번째로 도전하는 산인데, 산 이름에 '백' 자가 들어 있어서 100번째의 의미를 더할 수 있었다.

정상에는 바람이 세차게 불었다. 인증 샷을 찍으려고 타월을 펴는데, 강한 바람에 휘날려 바르게 편 상태의 인증 샷을 찍기가 어려웠다. 하지만 기어코 바람의 세기가 약할 때를 기다려 100대 명산 인증 타월을 펴고 동료들의 축하 속에 인증 샷을 찍었다.

탁 트인 조망을 보니 감격스러운 마음에 가슴이 뛰었다. 능선을 따라 멀리 연화봉 천문대가 보이고, 반대편으로는 국망봉 능선이 연이어 장쾌하게 펼쳐졌다.

하산은 천동리나 어의곡으로 내려가는 코스가 좋으나 승용차 회수를 위하여 다시 왔던 길 그대로 내려갔다. 올라올 때와는 반대로 내려가는 발걸음이 무척 가벼웠다. 그동안 100대 명산을 완주하는 이 날을 위하여 주말마다 얼마나 부산을 떨며 다녔던가를 돌아보니 감회가 새로웠다.

(2018. 7. 16. 월)

소백산 정상에서 100대 명산 완등의 기쁨을

소백산

연둣빛 녹음 우거진
춤추는 신록

여유롭게
오솔길 따라 걸어가면

시원한 바람은
이마를 적시고

높은 산 깊은 계곡
향 짙은 피톤치드

능선을 따라 만발한
연분홍 철쭉

파란 하늘 녹색 초원
한국의 알프스

가슴 벅찬 오월,
소백산 산행

산이 그리움을 부른다

소백산 정상 전경

한 모금 얼음물로
갈증을 풀며

세속의 잡념들
이 산 숲속에 던져 버리고

모든 걸 잊어버리니
걸음도 가볍다

85

은빛 억새풀이 물결치는 영남알프스

배내고개 → 배내봉 → 간월산 → 간월재 → 신불산 → 신불억새평원 → 영축산
→ 반야암 → 통도사 → 주차장 (16.5km, 9h)

영남알프스는 영남 중심부에 자리한 산악 지대로 울산과 경북(경주, 청도)과 경남(밀양, 양산)의 3개 시도에 걸쳐 있다. 산정은 억새 초원을 이룬 대평원이어서 유럽의 알프스에 빗대어 '영남알프스'로 부르는데, 억새가 장관을 이룬 산상 고원이 이국적인 곳이다.

간월산(看月山, 1,069m)은 1,540년 전에 있던 '간월사'라는 사찰 이름에서 비롯되었다. 산 정상에서 간월산장까지 뻗은 간월공룡능선이 등산객들에게 인기가 많다.

간월재의 가을은 20만 제곱미터가 넘는 억새의 은빛 군무로 빛난다. 해마다 가을이면 간월재에서 '억새 대축제' 등 다양한 문화 행사가 열려

자연과 사람이 하나가 되어 어우러지고 있다.

신불산(神佛山)과 간월산(看月山) 두 형제봉 사이에 갈마처럼 잘록한 '간월재'는 영남알프스의 관문이다. 신불산(神佛山, 1,159m)은 '신령이 불도를 닦는 산'이라 해서 붙여진 이름으로 전해진다. 도교의 산신과 불교의 부처가 어우러진 독특한 명칭이다. 영남알프스 봉우리 가운데 가지산, 천황산 다음으로 높은 산이다.

영남알프스에서 가장 험하면서도 멋진 능선인 '신불공룡능선'이 산악인들의 필수 코스로 인기가 높다. 울산 12경의 하나이자, 전국 최고 억새 평원으로 꼽히는 신불억새평원이 융단처럼 펼쳐져 있다.

영축산(靈鷲山, 1,081m)은 영남알프스에 속하며 취서산 또는 영취산이라고도 한다. 산자락에 우리나라 3대 시찰 중에 하나인 통도사가 자리 잡고 있다.

어둠이 꽉 찼다. 반짝이는 하늘의 별빛과 휘영청 밝은 달빛이 배내고개의 길을 밝힌다. 등산객들의 숨소리만 들리고 랜턴 불빛이 어지러운 가운데 계단을 오르는 발걸음이 가뿐하다.

배내봉에 오르니 바람이 차다. 바람이 거세게 불었다. 멀리 마을의 불빛들이 가물거린다. 이번 주말에 초겨울 추위가 예보되더니 능선이라서 바람도 세고, 새벽 산행이 정말 추웠다.

하늘이 밝아 온다. 서서히 여명이 밝으니 능선 윤곽이 보이기 시작하고, 양털 같은 구름이 하늘 전체를 붉게 물들이기 시작했다.

아직 가을인데 여기는 완전 초겨울이다. 하얗게 날리는 억새풀이 불어오는 바람에 흔들리며 지난해 이곳을 찾았던 추억을 떠오르게 했다.

오늘은 억새로 유명한 영남알프스를 찾았다. 바람이 불어와 억새가 흔들리며 유혹하는 영남알프스를 종주 목표로 발걸음을 옮겼다.

배내고개를 들머리로 배내봉~간월산~신불산~영축산~통도사에 도착하는 제법 긴 거리를 종주하는 코스이다. 총 길이 약 16.5km, 산행 시간은 9시간이다.

바람 따라 길 따라 억새가 춤추는 능선 길을 걸었다. 가을이 스치듯이 시원한 바람이 옷깃을 넘어 가슴 속으로 파고든다. 시리도록 찬 바람이 불더니 끝없이 펼쳐진 억새의 품속으로 스며들었다.

영남알프스 간월산에서 맞이하는 일출

456

간월재 내려가는 길에서

　간월산 가는 길, 조금은 가파르지만 운치가 있어 걸을 만했다. 뒤돌아 보는 등산로에는 사람들의 긴 행렬이 계속되었다. 여기 간월산 능선에 도착하니 차츰 여명을 밝히며 아침 해가 떠오르기 시작한다. 간월산에 서 황홀한 일출 장면을 맞이했다. 풀잎에 맺힌 이슬이 아침 햇살에 반짝 거리며 신선함을 전한다.

　간월재에서 신불산을 향해 내려서는 길은 억새풀 출렁이는 그리움이 가득한 발걸음이다. 지난해 찾아왔을 때의 기억을 되살리며 다시 그 길 위에 서서 나를 돌아다본다.

　간월재 대피소에 도착했다. 멀리 신불산이 보였다. 은빛 물결이 넘치 는 억새 벌판을 가로질러 올라간다. 억새는 슬피 울며 감정에 젖는데 천 천히 즐기며 걸어야 할 우리들의 발에는 힘이 들어갔다. 걷고 또 걸으니 어느새 신불산이다. 오늘 목표 거리의 반이 지났다. 한 무리의 사람들이 올라와 북새통을 이룬다.

신불재를 지나 전망 바위에 서니 발아래 울주 시내가 한눈에 들어온다. 크고 작은 건물들 하나둘…… 빛이 나고 생생하다. 하늘빛이 노랗게 물들고, 새벽바람에 마음이 상쾌해졌다. 깊어만 가는 가을 길목의 신불산이다. 억새꽃 출렁이는 대평원에서 어울려 춤추고 노래하고, 가을빛과 바람에 온몸을 내어준다.

억새에 길을 걸어 통도사가 속해 있는 영축산을 향해 출발했다. 이때쯤에는 모든 산이 단풍으로 절정을 이루지만 억새꽃이 더 아름다운 영남알프스다

간월재 내려가는 길에서

이제 산행 막바지인 통도사로 가는 길이다. 길도 좁아지고 바람도 잔잔해졌다. 낙엽이 수북이 쌓인 비탈길이라서 미끄러웠다. 발끝에 힘을 주고 걸으니 온몸이 뻐근했다.

스님의 독경 소리가 들린다. 출렁이는 흔들다리를 건너니 반야암이다. 경내에는 보살님들이 분주했다. 계곡의 단풍이 절정을 이루는 통도사를 지나간다. 부처님과 함께하는 길을 걸으며 오늘 일정의 모든 꼭짓점을 돌아 마침표를 찍었다.

영남알프스!

어쩌면 시간이 남기는 가장 큰 선물은 기억에 남는 멋진 장면의 추억일지도 모른다. 지나온 모든 시간, 아쉬움이 남는 모든 기억은 잊어버리

자. 눈을 감고 억새가 일으키는 대화에 귀를 기울여 보자. 더 이상 후회하지 말고, 더 늦기 전에 사랑한다고 말해 보자. 자연이 선물한 멋진 장면과의 즐거운 시간이었다. (2017. 11.4~5. 토~일. 무박종주)

억새, 가을을 보다

여명이 밝아 오는 쪽빛 하늘 아래
억새풀이 춤춘다

가을바람에
가만 가만 눈을 뜨는 억새꽃

그리운 이에게 편지를 쓰는
여기는 신불평원 카페

가쁜 숨 몰아쉬며
분주한 발걸음 잠시 멈추고

커피 한잔 마시면서
서두르던 마음을 잠시 세워 둔다

저 멀리 지평선 너머로

떠오르는 해가 어깨를 감싸면

무르익는 가을의 숨결

산정에 서서
바라보는 것만으로도
마음이 차분해진다

신불산 올라가는 억새길에서

산이 그리움을 부른다

86

산이 높아 힘들어 새들도 쉬어 가는

문경 조령산(1,016m)

이화령 주차장 → 문경지역 능선 → 조령샘 → 갈림길 → 조령산(1,016m) → (back) → 갈림길 → 괴산지역 능선 → 이화령 주차장 (6km, 2.5h)

　백두대간 구간의 하나인 조령산(鳥嶺山)은 충북 괴산과 경북 문경의 경계이다. 조령산에서 만나는 조령관은 문경새재의 일원으로 '새들도 넘기 힘들다'는 조령이다. 문경새재처럼 조령관에서 충북 괴산 방면으로 이어진 옛길이 있었다. 조령관에서 소조령에 이르는 연풍새재다.

　조령산(1,016m)은 산림이 울창하고

조령산 정상

암벽지대가 많아, 기암절벽과 어우러진 산세가 아름답다. 과거 시험을 치르러 가는 선비나 보부상이 넘던 이화령과 문경새재 3관문인 조령관이 있다. 문경새재 길은 문경 조령 관문(사적 147호), 문경새재(명승 32호) 등이 자리 잡아 역사적으로 중요하고 경치도 아름다운 곳이다.

조령산 산행 안내도

조령산과 주흘산의 연계 산행은 백두대간이 지나가는 마루금인 이화령에서 시작하는 게 일반적이다. 이화령은 괴산군과 문경읍 사이에 있는 고개로 조령산과 백화산 사이에 위치한 한강과 낙동강의 분수령이기도 하다.

조령산은 비교적 높은 곳인 이화령(해발 550m)에서 산행이 시작된다. 그 아래로 터널이 뚫리기 전에는 이 고개를 통하여 충북 괴산과 경북 문경을 연결하던 도로였다.

조령산과 주흘산을 이야기하려면 문경새재를 빼놓을 수가 없다. 문경새재는 영남과 충북지방을 연결하는 사회, 경제, 문화의 교류지이면서 국방상 중요한 거점이었으며, 영남 유생이 한양으로 과거를 보러 가려면 반드시 이 고개를 지나야 했다.

대간 조령산 오르는 길은 이화령 터널을 기준으로 괴산과 문경 방면 두 군데에서 오를 수 있는데, 문경 쪽에서 오르는 코스가 쉽다고 해서 이쪽으로 올라가서 정상을 찍고, 다시 내려올 때는 괴산방면의 능선을 올랐다가 이화령으로 내려오려고 한다.

이화령 문경 방면에서 약 35분 정도 완만한 능선 길을 걸어가다 보면 괴산 방면에서 내려오는 길을 만난다. 이 능선 길은 산 둘레에 길을 만들어 왠지 모르게 정감이 가고 운치 있는 능선 길이다.

단풍이 물들기 시작하는 오솔길을 20분 정도 더 걸으면 조령샘이 나온다. 최근에도 비가 내렸기 때문인지 샘물이 마르지 않고 흐르고 있었다.

조령샘부터 오르는 길이 제법 가파르기 시작했다. 다소 위험해 보이는 구간은 데크를 설치해서 안전하게 산행할 수 있게 하였다. 또 중간마다 "조금만 더 힘내세요"라는 격려 문구와 함께 문경의 특산품인 오미자, 사과, 약돌 한우 등의 광고성 특산품 홍보 표지물이 나왔다. 애교스럽게 표현한 부착물이라고 생각했다.

조령샘을 지나서 헬기장까지 여러 곳에 안전하게 데크가 설치되어 있었다. 헬기장에 도착하니 파란 하늘 아래 억새가 예쁘게 피어 바람에 흐느적거린다. 이화령에서 출발해서 편안한 걸음으로 약 1시간 20분 정도 걸려 해발 1,016m라고 새겨진 조령산 표지석이 있는 정상에 도착했다.

여기 정상에서는 동쪽으로 주흘산이 마주 보였다. 조령산 정상은 나무와 억새로 둘러싸여 장쾌한 조망을 보여 주지는 못했지만 나뭇가지 틈새로 보이는 전망이 매우 아름다웠다. 올라오면서 땀을 흘려서인지 불어오는 바람이 몸을 움츠리게 만들 정도로 차가웠다. 아무도 없는 조령산 정상석 옆에서 100대 명산 인증 샷을 찍고, 다음 산행지인 주흘산을 가기 위해 올라왔던 길을 따라 다시 이화령으로 하산했다. (2017. 10. 15. 일)

조령산 단풍

단풍은 겨우살이를 위한
치열한 몸부림이다

찬란한 빛깔 이면에는
외로운 그림자가 드리우며

보이지 않는 곳에서
살아남기 위한 사투를 벌인다

숭고한 자기 사랑으로
겨울에 맞설 준비를 하고

화려했던 여름의 흔적을
고스란히 품는다

알고 보면
이 아름다운 조령산 단풍도

겨울 준비를 위한
상처투성이 몸부림이다

87

기암 절경의 장가계가 부럽지 않다

대전사 → 기암교 → 주봉→ 후리메기 삼거리 → 용연폭포 → 절구폭포 → 학소대 → 시루봉 → 자하교 → 기암교 → 대전사 (11.2km. 4h)

주왕(周王)과 장군(將軍)의 전설이 곳곳에 배어 있는 유서 깊은 주왕산은 경북 청송군과 영덕군에 걸쳐 있는 높이 721m의 산이다. 주왕산(周王山)은 그리 높지 않으나 거대한 암벽이 병풍처럼 둘러선 산세 때문에 예로부터 석병산, 대둔산 등 여러 이름으로 불려 왔다.

주왕산은 대전사에서 제3폭포에 이

주왕산 대전사 전경

르는 4km의 주방천 계곡의 경치가 멋있다. 청학과 백학이 다정하게 살았다는 학소대, 넘어질 듯 솟아오른 급수대, 주왕이 숨어 있다가 숨졌다는 주왕암, 만개한 연꽃 모양 같다는 연화봉, 그리고 제 1, 2, 3폭포 등 명소가 즐비하게 자리 잡고 있다

주왕산 제1폭포

주왕산 제1폭포는 폭포의 규모가 작은 편이다. 그러나 이 폭포를 감싸고 돌아나간 바위들이 예술이다. 마치 바위들이 비밀의 문처럼 우뚝 버티고 서 있다. 그 사이로 선녀탕과 구룡소를 돌아 나온 계곡물이 새하얀 포말을 내뿜으며 바위 허리를 껴안고 쏟아져 내려온다.

주방천 계류와 폭포, 소, 담, 그리고 죽순처럼 솟아오른 암봉 및 기암괴석, 여기에 울창한 송림이 한데 어우러져 한 폭의 산수화 같은 절경을 빚어낸다.

주왕산은 태행산, 관음봉, 촛대봉 등여러 산봉들 외에도 주왕굴, 무장굴 등의 굴과 월외폭포, 주산폭포, 내원계곡, 월외계곡, 봉산못, 구룡소, 아침 햇살이 바위에 비치면 마치 거울처럼 빛을 반사하는 병풍바위 등도 명소이다.

주왕산에는 대전사와 광암사 등 유서 깊은 사찰을 비롯해서 주왕암과 백련암 등이 있다. 대전사에는 사명대사의 진영과 당나라 장군 이여송

산이 그리움을 부른다

이 사명대사에게 보낸 친필 목판 등이 문화재로 지정되어 있다. (2018. 5.
26. 토)

주왕산 협곡

숲이 나를 부른다

피톤치드 뿜어내는 숲에서
모든 근심 잊고

마음 놓고 쉬어 가란다

새와 동물
온갖 꽃과 나무와 친구로 지내면서
재미있게 놀다 가란다

피로에 지친 나를 위해
그늘을 만들고
계곡물을 흐르게 하고

모든 걸 아낌없이 주는
나무가 되겠다고
숲이 말한다

산산이 몸을 부숴
모든 걸 희생해서
나에게 주겠다고 말한다

88

문경새재의 역사적 전설을 되새기며

문경새재 주차장 → 제1관문 → 여궁폭포 → 대궐터 샘 → 주흘산 주봉(1,076m) → 영봉(1,106m) → 갈림길 제2관문 방향 → 꽃밭서덜 → 제2관문 → 제1관문 → 주차장 (15km, 6h)

주흘산(主屹山)은 경북 문경시 문경읍 북쪽에 위치한 높이 1,106m(영봉)의 산이다. 조령산, 포암산, 월악산 등과 더불어 소백산맥의 중심을 이루며 산세가 아름답고 문경새재 등의 역사적 전설이 담겨 있다.

산의 북쪽과 동쪽은 깎아지른 듯한 암벽으로 이루어져 있기 때문에 경치가 매우 아름답다. 또 동쪽과 서쪽에서 물줄기가 발원하여 신북천과 조령천으로 흘러드는데, 이 물줄기들은 곳곳에 폭포를 형성한다. 그중 유명한 것이 높이 10m의 여궁폭포와 파랑폭포가 있다.

산기슭에는 혜국사가 있고, 주흘산과 조령산 가운데 난 계곡을 사이에 두고 문경관문이 세워져 있다. 영봉 정상에 올라서면 운달산과 그 왼쪽으로 멀리 소백산이 이어진다. 남쪽에 백화산, 서쪽에 조령산, 북쪽으로는 주흘산 주봉(1,076m)이 보인다.

주흘산 정상

문경새재 주차장에 도착하니 차들이 많이 밀렸다. 어제부터 이달 29일까지 '문경 사과축제'가 열리고 있다. 사람들

이 인산인해를 이루며 사과축제장을 거쳐 제1, 2, 3관문 방향으로 걸어간다. 10여 분 걸으니 제1관문에 도착했다. 관문을 지나면서 바로 우측으로 산행이 시작되는 이정표가 나왔다. 여기서부터 주흘산 정상(주봉)까지 4.5km 거리임을 알려 준다.

충렬사를 지나니 계곡이 시작되고 갈림길이 나왔다. 좌우 모두 정상으로 가는 길인데 우측의 여궁폭포를 지나 정상에 오르는 코스로 오르기 시작했다.

갈림길에서 여궁폭포까지는 0.3km 거리에 6분 정도 걸리는 곳임을 안내한다. 폭포는 보이지 않고 물이 떨어지는 소리를 듣고 올라가면 갈라진 바위틈으로 가늘게 떨어지는 물살이 폭포를 이룬다. 밑에서 올려다보면 생긴 모양이 여인의 하반신과 흡사하여 여궁폭포라고 이름 지었다고 하며 여심폭포라고도 부른다.

폭포를 지나니 다시 갈림길이 나온다. 왼쪽으로는 제1관문으로 내려가는 길이고 우측으로는 혜국사(20분), 정상 3.3km, 1시간 50분 걸린다

산이 그리움을 부른다

는 이정표가 있다.

길을 따라 걷다 보면 계곡과 작은 폭포들이 계속 나온다. 계곡을 건너기 전에 왼쪽으로 등산로가 있는데, 혜국사가 올려다보인다. 계곡을 건너 우측 능선 길을 올라갔다. 가파른 길을 계속 걸어가다 보면 대궐터 샘물을 만난다. 갈림길에서 출발해서 약 1시간 걸렸다. 시원한 샘물로 목을 축이니 새로운 힘이 솟는다.

여기서부터 끝이 없는 나무 데크 계단이 시작되었다. 걸어도 걸어도 끝이 없는 계단 길이다. 세어 보지는 않았으나 계단이 2천 개도 넘을 것 같다. 오늘 산행에서 가장 힘든 구간이다. 산행 후 인터넷을 찾아보니 계단은 1,230+a개라고 한다.

계단을 끝내고 능선 길에 올라서니 단풍 길이 아름답게 펼쳐지고 있었다. 걷다 보면 절벽 사이로 내려다보이는 풍경이 나오는데 기막힌 절경을 이루고 있었다.

드디어 주흘산 정상인 주봉(1,076m)에 도착했다. 주차장에서 출발해서 정확하게 2시간이 걸렸다. 다음 코스인 주흘산의 영봉으로 향했다. 거의 평지 같은 능선을 따라 걸으며 간간이 보이는 월악산 조망을 즐기면서 약 40분 정도 걸었다. 드디어 오늘 목적지인 주흘산 영봉에 도착했다.

하산은 제2관문으로 내려가는 약간 가

주흘산 정상에서의 조망

파른 길을 1시간 정도 걸어 내려가면 암석지대인 꽃밭서덜이라는 곳을 지나게 된다. 서덜은 너덜의 사투리로 '돌이 많이 흩어져 있는 비탈'이란 뜻이다. 등산객들이 산행 길을 오가며 하나씩 쌓은 것처럼 납작한 돌들이 켜켜이 쌓여 있다.

경사로가 완만하고 편안하며 단풍이 물들기 시작하는 운치 있는 길과 계곡 길이 계속됐다. 약 40분 정도 내려가면 제2관문에 도착한다.

제2관문에서 제1관문까지는 승용차도 다닐 수 있는 넓은 포장도로다. 이처럼 넓은 길을 3km 정도 걸어야 했다. 오늘 산행은 거리도 길었고 또 내려가는 길의 바닥이 딱딱한 돌길이어서 발바닥이 아프기도 했으나 어느새 주차장에 도착하여 산행을 마무리했다. 오늘 산행한 조령산과 주흘산의 산행 거리가 총 21km나 되었다. (2017. 10. 15. 일)

이 정도면 됐지

계절이 바뀔 때마다
가야 할 산이 있어 기쁘고

또 같이 갈
친구가 있어 행복하다

여유가 있을 때마다
읽어야 할 책이 있어 기쁘고

산이 그리움을 부른다

향기 짙은
커피가 함께해서 행복하다

이 정도면 됐지
더 욕심을 내서 무엇하겠는가

그리고 가끔은
생각나는 대로 끄적이는 넋두리

또 가끔은 친구들과
한잔 술을 마시며 떠드는 시간

이 정도면 됐지
이 정도면 충분하지
그 이상 무엇을 바라겠는가

89

열두 개의 봉우리가 천년 고찰을 둘러싸고

청량지문 탐방안내소 → 삼부자송 → 금강굴 → 여여송 → 전망대 → 정상(장인봉) → 청량폭포 갈림길 → 청량폭포 주차장 (5km, 2.5h)

청량산(淸凉山)은 경북 봉화군 재산면과 명호면 그리고 안동시 예안면에 걸쳐 있는 산이다. 정상인 장인봉(丈人峰)의 높이는 870m이며 산 아래로 낙동강이 흐르고 산세가 수려하여 예로부터 소금강이라 불렸다.

1982년 8월 봉화와 안동의 청량산 일대가 도립공원으로 지정되면서 경북의 대표 관광지로 발돋움을 했고,

청량산 정상 장인봉

2007년 3월에 명승 제23호로 지정되었다.

최고봉인 장인봉을 비롯하여 외장인봉, 선학봉, 자란봉, 자소봉, 탁필봉, 연적봉, 연화봉, 향로봉, 경일봉, 금탑봉, 축융봉 등 12개 봉우리(육육봉)가 연꽃잎처럼 천년고찰 청량사를 둘러싸고 있다.

푸른 잎이 우거진 신록의 녹음은 여름의 완성이다. 보기에도 청량한 낙동강이 흐르는 청량산은 어김없이 사람들을 불러 모은다. 울창하게 우거진 나무는 신선한 싱그러움과 무한한 생명력으로 사람들에게 행복을 주고 겸손함의 미덕을 가르쳐 준다.

'청량지문(淸凉之門)'에 들어서자 왼쪽으로 산행이 바로 시작된다. 입구에서부터 신선한 여름 향기가 가득하다. '맑고 시원하다'는 의미를 가진 청량산은 시작부터 끝까지 가파른 계단으로 인공의 안전미를 더해 울창한 노송과 정갈하고 세련미 있는 명산의 조건을 갖췄다. 나뭇가지 사이를 지나오는 아침 햇살이 아직 뜨겁게 느껴지지는 않지만 온몸에 땀이 흐르기 시작한다.

청량산은 봄, 가을이면 줄지어서 오를 만큼 찾는 이가 많은 산이지만 여름에는 볼거리가 적어 한적하고 인적이 드문 산이다. 처음부터 제법 경사가 있는 오름길을 약 15분간 오르면 울창한 숲속에 세 갈래를 이루고 있는 특이한 모습의 '삼부자송'이라는 소나무를 만난다. 이곳에서 화전을 일구며 살던 노부부가 이 소나무에게 정성스럽게 빌어 쌍둥이를 낳게 되었다는 전설을 가지고 있는 소나무다.

계속해서 가파른 계단을 오른다. 깎아지른 절벽을 공사해서 등산로를 개척하였다. 위험스러운 곳마다 철봉을 설치하여 안전하게 산행할 수가 있었다. 가쁜 숨을 몰아쉬며 쉬엄쉬엄 올라갔다. 약 10분 정도 오르면 '금강굴'을 만난다. 금강대 뒤편 장인봉 서쪽 낙동강 위에 있다. 수십 명을 수용할 수 있고 비바람을 면할 수 있다. 그윽하고 고요하여 독서하며 수양할 장소로 적격이다.

장인봉까지는 계속 직진해서 곧장 오르는 코스다. 중간에 갈림길이 없이 가파른 등산로가 계속된다. 경사는 점점 더 가팔라지며 좁은 골짜기로 난 계단 길이 이어진다. 거의 다 올라왔다 싶었는데 그게 아니다. 왼쪽으로 전망 쉼터가 있다는 이정표를 따라 약 20m 더 올라가야 했다.

장인봉이 바로 눈앞에 우뚝 서 있고, 한눈에 모든 능선과 유유히 흐르는 낙동강이 조망되었다. 여기서 장인봉까지는 0.5km이다. 조금 내려가다가 다시 힘들게 계단 끝을 오르면 절벽 사이로 낙동강이 흐르는 멋진 풍경이 보인다.

계단을 거의 올라가면 민둥한 봉우리에 서게 되는데 이곳이 장인봉 정상이다. 청량산 12봉우리 중 가장 높은 곳이다. 정상 표지석과 돌무덤이 있고 청량산 안내도가 세워져 있다. 사방이 나무로 가려져 조망은 없었다. 대신 바로 전 전망대 쉼터에서 충분하게 조망을 즐긴 것으로 위안을 가졌다.

정상에 올라 … 주세붕

청량산 꼭대기에 올라
두 손으로 하늘을 떠받치니
햇빛은 머리 위에 비치고

산이 그리움을 부른다

별빛은 귓전에 흐르네

아래로 구름바다를 굽어보니

감회가 끝이 없구나

다시 황학을 타고

신선 세계로 가고 싶네

정상으로 가는 길에서의 조망

주차장으로 가기 위해 다시 가파른 계단 길을 내려갔다. 약 5분 정도
내려가면 갈림길을 만난다. 자소봉과 하늘다리로 가는 방향과 청량폭

포로 내려가는 갈림길이다. 청량폭포는 1.5km 거리다. 거리가 짧은 청량폭포 방향으로 내려가기로 했다.

청량폭포 방향으로 내려서는 길도 대부분이 계단 길이다. 갈림길에서 15분 정도 내려서니 왼쪽으로 민가가 있다. 아마도 산 속에서 화전을 일구며 생활하는 것 같다. 여기에서 병풍바위 아래를 지나 청량사 방향으로 가는 길도 있지만 이쪽으로 가지 않고 5분 정도 더 내려가면 '두들마을'로 가는 갈림길을 만나는 지점의 시멘트 포장길이 나온다.

다시 10분 정도 내려가면 자동차 도로를 만나는데 여기가 오늘 산행의 종착지 청량폭포 지점이다. 실제 청량폭포는 도로 건너편에 있다.

청량산은 기이한 모양의 바위 봉우리와 절벽이 주름치마를 두른 것 같이 절묘한 조화를 이룬 산이다. 옛 선인들의 발자취를 생각하며 걷는 청량산 정상인 장인봉을 찍고 돌아 내려오는 짧은 코스의 여름 아침 산행이 참으로 행복했다. (2018. 6. 23. 토)

산정에서

산정에서의 시간이 좋다
하늘이 손에 닿을 듯
바람 불어와 상쾌해지는
그 순간이
참으로 좋다

산이 그리움을 부른다

발아래 풍경을 감상하면서
커피 한잔을 마시며
여유를 부리는
그 순간이
참으로 좋다

얼마나 시간이 흘렀는지
알 수가 없었다
그저
눈앞의 풍경을 바라보는
산정에 있었을 뿐

신비하고
아름다운 풍경을
못내
아쉬워하며
무거운 발걸음을 옮긴다

이 순간에
여기
내가 있음을
신의 뜻으로 생각하면
모든 게 감사하다

90

봉황이 날개를 편 능선

대구 팔공산 비로봉(1,193m)

하늘정원 → 전망대 → 비로봉 → 동봉 → 도마재 → 바른재 → 삿갓봉 → 느티재
→ 노적봉 → 관봉(갓바위) → 주차장 (10.6km, 6h)

　팔공산(八公山)은 대구광역시 동구, 경북 경산시 외촌면 경계에 위치
한 대구의 진산으로 1980년 도립공원으로 지정되었다. 최고봉인 주봉
(비로봉)을 중심으로 좌우에 동봉과 서봉을 거느리고 있으며, 마치 봉
황이 날개를 편 것처럼 뻗쳐 있다.
　정상의 남동쪽으로는 염불봉, 태실봉, 인동, 노족봉, 관봉 등이 연봉
을 이루고 서쪽으로는 톱날바위, 파계봉, 파계재를 넘어 여기서 다시 북
서쪽으로 꺾어져 멀리 가산을 거쳐 다부원의 소아현에 이르고 있다. 특
히 동봉 일대는 암릉과 암벽이 어울려 팔공산의 경관을 대표하고 있다.
봉우리의 암벽은 기암이다.

　　　　　　　산이 그리움을 부른다

동쪽의 은해사, 남쪽의 동화사, 서쪽의 파계사 및 북쪽의 군위, 삼존 석굴(국보 109호) 이외에도 많은 문화유적이 산재해 있고 크고 작은 사찰과 암자가 많다.

팔공산 정상 전경

지난 주 토요일은 가을이 본격적으로 시작된다는 열다섯 번째 절기인 백로였다. 백로는 흰 이슬이란 뜻으로 이때쯤이면 밤 기온이 이슬점 이하로 내려가 풀잎이나 물체에 이슬이 맺힌다고 한다.

이제는 가을의 기운이 완연한 시기라서 아침저녁으로 바람이 꽤 선선하다. 산천은 완연한 가을빛으로 물들었고, 하늘은 높고 파란 천고마비의 계절이다. 그래서 이런 가을에 푹 빠져들기 위해서 이번 주말에는 대구에 있는 팔공산 종주 산행에 나섰다.

팔공산 정상인 비로봉을 오르는 가장 짧은 코스는 하늘정원에서 시작하는 것이다. 하늘정원은 2015년 비로봉에서 북쪽 청운대로 이어지는 약 1km 능선 길이 개방되었고, 청운대 위에 아담한 정원을 만들어 하늘 정원이라는 이름이 붙었다.

하늘정원에서 출발하는 산행 시작점은 군위군 부계면에서 승용차를 이용해서 올라갈 수 있는 가장 높은 곳으로 해발 1,050m이다. 이 길은 완만하고 다양한 야생화들이 많아서 천상의 화원이라 부른다.

한밤마을을 지나 이정표를 따라 큰길을 벗어나서 8km 정도 구불구불 한 도로를 올라가면 된다. 주차장이 나와도 최대한 올라가서 갓길에 주 차하면 된다.

도로 우측으로 데크 길이 시작되는 지점에 대략적인 안내판이 세워져 있다. 꽤 긴 거리의 데크 계단이 놓여 있다. 길 양 옆으로는 구절초 등 가을 야생화들이 즐비하게 피어 있어 눈을 즐겁게 해준다.

이정표는 하늘정원 0.51km, 비로봉 1.58km 거리임을 알려 준다. 길 을 걷다 지루할 만하면 잠시 뒤를 한번 돌아보자. 길게 쭉 뻗은 길을 따 라 키 작은 억새들과 푸른 하늘이 무척이나 조화롭다.

하늘정원은 군부대 옆에 조성되어 있는데 정자 쉼터와 꽃밭이 예쁘게 조성되어 있다. 전망대 데크에는 망원경이 설치되어 있으며, 그냥 눈으 로도 비로봉 정상 일대가 잘 보였다.

하늘정원에 올라서니 어디선가 가을의 노래가 들려온다. 한 폭의 풍 경화처럼 서정적인 아름다움이 눈앞에 환하게 펼쳐졌다.

약 1km 거리의 비로봉을 향해 걸어갔다. 비로봉으로 올라가는 시멘 트 도로 양 옆으로 여러 종류의 야생화들이 피어 있다.

비로봉에 거의 도착할 즈음 뒤돌아보면 깎아지른 기암절벽인 청운대가 눈앞에 파노라마처럼 펼쳐졌다.

비로봉 정상에 도착했다. 각종 안테나 등 송신 시설이 설치되어 있어서 복잡하기도 했고, 한편으로는 아름다운 정상의 모습을 훼손하는 것 같아 안타깝기도 했다.

비로봉을 중심으로 오른쪽으로 서봉을 지나 파계사 봉우리를 통과해 칠곡으로 이어지는 능선이고, 왼쪽으로는 동봉과 이어지는 능선으로 오늘 종주할 코스 종점인 갓바위까지 이어진다. 이 두 봉우리 사이로 대구 시내가 조망되었다.

비로봉에서 약 0.5km 정도 이동하면 동봉(1,167m)이 나온다. 팔공산의 주봉인 비로봉이 일반에게 공개되기 전까지는 동봉을 팔공산 정상으로 인정했었다. 예전에 케이블카를 타고 중간까지 와서 이곳 동봉으로 올라왔던 기억이 있다.

비로봉에서 이동 거리는 짧지만 내려갔다가 다시 올라가는 길이 다소 힘들 수는 있다. 동봉에서 팔공산의 조망을 제대로 감상했다. 바람에 검은 구름이 걷히면서 대구 시내가 살며시 조망된다. 이곳에서 도마재 2.7km, 갓바위 7.3km 거리임을 알려 주는 이정표가 있다.

오늘 가고자 하는 방향의 능선을 따라 멀리 팔공CC의 녹색 잔디가 보였다. 숲속의 길을 걸으면 중간마다 조망이 트이며, 암봉이 조망되고 대구 시내가 보였다. 또 오던 길을 뒤돌아보면 송신 중계 탑과 하늘정원이 있는 아름다운 청운대 절벽 모습에 압도되어 탄성이 절로 나왔다.

동봉에서 출발해서 1시간 30분 걸려 동화사와 갓바위 등산길이 갈라지는 도마재에 도착했다. 10여 분 능선을 걷다가 또 뒤돌아보면 아름다운 기암괴석이 병풍을 이루는 장관이다. 무슨 봉우리인가 지도를 찾아

보니 시루봉쯤 되는 걸로 짐작되었다.

931m의 삿갓봉에 도착했다. 정상석이 세워져 있는데 조망이 약간 있으나 큰 특징은 없다. 능선을 걷는데, 이제 골프장이 바로 눈앞에 있어 카트와 골퍼들의 모습이 간간이 보였다.

은해봉에 도착했다. 표지석은 없다. 나중에 트랭글 앱에 은해봉이라고 표시되어서 알았다. 여기서 갓바위까지는 1.8km 거리다. 골프장이 더 가깝게 보였다.

전망 바위에 서니 눈앞에 산본사가 보이고, 많은 사람들이 있는 갓바위가 살짝 눈에 들어온다. 왼쪽으로는 경산에서 갓바위로 올라오는 짧은 코스이고, 대구 방향은 보이는 방향의 오른쪽 계단 길을 2km 정도 내려가야 한다.

노적봉을 지나고 이제 마지막 갓바위를 오르는 계단 길이다. 갓바위에 도착하니, 울긋불긋 소원등이 하늘을 덮고 넓은 마당을 만들어 놓은 곳에서 '한가지 소원은 꼭 들어 준다'는 갓바위를 보면서 기도를 하는 불자들로 가득 차 있다.

갓바위는 통일 신라 시대에 조성된 것으로 정식 명칭은 '팔공산 관봉 석조 여래좌상'이나 머리 위에 마치 갓을 쓴 듯한 자연 판석이 올려져 있어 속칭 갓바위 부처님으로 더 알려지고 신앙되어 왔다.

이제 대구 방면 갓바위 시설지구 주차장으로 하산한다. 약 2km 거리다. 처음 약 1km는 가파른 돌계단이 계속되었다. 어제 내린 비로 계단이 약간 미끄러운데다 내려가는 길이라 더욱 조심해야 했다.

스님 한 분이 계단의 낙엽을 빗자루로 쓸고 있다. 갓바위 참배객들이 넘어지지 않도록 조치하고, 스님 본인도 이 행동을 참선으로 생각하면

일거양득이라는 생각이 불현듯 들었다.

주차장에 도착하니 빗방울이 한두 방울씩 떨어졌다. 팔공산 전체에 부처님의 충만한 기운이 넘치는 것을 느끼는 멋진 산행이었다. (2018. 9. 15. 일)

9월을 노래합니다

파란 하늘 배경으로
흘러가는 아름다운 뭉게구름
9월을 노래합니다

9월엔
산과 들에 예쁜 꽃들이 만발합니다

꽃 이름이 야생화라서
거칠게 생각되지만
아주 순하고 예쁜 꽃이랍니다

지난여름
폭염으로 뜨거웠던 산과 들에서

예쁜 꽃들이

맑은 웃음 짓는
그런 가을을 맞이하고 싶습니다

9월엔
왠지 모르게 기분이 좋아집니다

불어오는 바람에
좋은 소식이 함께하네요

가을에 느낄 수 있는 억새의 아름다움
왠지 모르게
자꾸 좋은 기분이 듭니다

지난 여름
폭염으로 목말랐던 억새들

이번 가을에는
애틋하게 사랑하는 마음을 실어
9월을 노래합니다

산이 그리움을 부른다

91

사시사철 아름다워 학들이 모여 사는

직지사 → 내원교 → 운수암 → 백운봉 → 황악산 정상 → 형제봉 → 신선봉 → 망봉 → 직지사 (12km, 6h)

황악산(黃嶽山)은 예로부터 학이 많이 날아들어 황학산(黃鶴山)이라고 불렀다. 지금은 황악산이라 부르는데 그 유래는 험준하고 높은 봉우리라는 뜻에서 '큰 산 악(嶽)' 자에 육산의 흙의 의미를 담는 '누를 황(黃)' 자를 써서 황악산이라고 한다. 그런데 황악산보다 직지사로 더 많이 알려진 곳이다. 직지사(直指寺)라는 이름의 유래는 고려 태조 때 능여대사가 자를 사용하지 않고 손으로 직접 측량하여 지었다고 하는 것에서 유래한다.

지리적으로 황악산은 경북 김천시와 충북 영동군의 접경에 위치하고 있다. 밖에서 보는 산세는 밋밋하나 안으로 들어가서 보면 수목이 울창하고 계곡이 깊다. 특히 봄에는 진달래꽃, 가을에는 단풍으로 아름다움의 극치를 이룬다.

황악산 정상 전경

직지사 입구인 김천 세계도자기박물관 옆 주차장에 주차를 하고, 매표소에 입장료를 낸 후 '동국제일가람황악산문'을 통과하여 직지사 경내로 입장했다. 도로를 따라 조금 걸어가니 시원한 계곡물 소리와 청량한 목탁소리가 은은하게 들렸다.

황악산 정상에 오르는 길은 두 가지가 있다. 하나는 계곡을 따라 우측으로 가면 백련암, 운수암 그리고 백두대간 길을 거쳐 정상에 오르는 길이고, 다른 하나는 은선암 방향으로 가다가 망월봉, 신선봉으로 해서 백두대간 길을 지나서 정상에 오르는 코스이다.

우리는 오른쪽 운수암을 경유하는 코스로 올라갔다. 명적암과 갈리는 갈림길에서 우측으로 가다가 다시 중암과 백련암의 갈림길이 나오면 여

산이 그리움을 부른다

기서도 우측으로 향한다. 포장도로가 끝나는 지점에 운수암이 나오고, 운수암 좌측으로 황악산 정상 3km라는 이정표와 안내 표석이 있다.

등산로 주변에는 철쭉을 비롯해 여러 종류의 꽃들이 피어 눈을 즐겁게 하고, 땀을 흘리며 거친 숨을 몰아쉬면서 능선에 올라서면 백두대간 등산로이다. 능선에 있는 의자에 앉아 물을 마시며 잠시 휴식을 취했다.

황악산은 육산이나 드물게 암릉 길이 있고 등산로에는 통나무로 계단이 만들어져 있다. 길을 가면서 조망이 좋은 곳에서는 김천 시내와 직지사 등을 바라보고 또 파노라마처럼 펼쳐진 백두대간 능선을 조망할 수 있다. 능선을 걷는 동안에는 거센 바람이 계속 불어 댔다. 세찬 바람 소리에 귀가 먹먹하고 등골이 서늘했다.

거대한 정상석이 우뚝하게 서 있는 정상에 도착했다. 정상에서는 바람이 더욱 세차게 불었다. 그러나 정상에서 보이는 경치는 정말 장관이다. 하산 길인 형제봉, 신선봉 능선이 미끈하게 흐르고, 금오산, 민주지산 등 백두대간의 장쾌한 능선이 보기만 해도 시원했다.

하산 코스는 원점 회귀하는 신선봉, 형제봉 방향이다. 갈림길을 만나 백두대간은 바람재로 이어지고 우리는 신선봉으로 하산 방향을 잡았다. 신선봉에는 별도의 정상석이 없고 이정표에 신선봉이라는 표시만 있다.

직지사 방향의 하산 길은 경사가 아주 급한 내리막길이라 조심스러웠다. 육산의 황악산에서 보기 드물게 바위들이 보였다. 하산하는 산길 주변에 잡목이 우거져 조망이 없어 아쉬웠다.

하산하면서 마지막 오름길인 망봉으로 가는 길은 지친 발걸음을 더욱 무겁게 했다. 연두 빛 신록이 우거진 산길을 천천히 내려가다 보면 어느새 직지사에 도착했다. (2017. 5. 7. 일)

5월, 황악산

숲속 오솔길을 걸어가다가
만난 상쾌함

연두색 솔 내음
코끝을 간지럽히고

아침 바람에
마음이 살랑거린다

오월, 연둣빛 사랑
살아 있음이여!

아름다움은
본다고 보이는 게 아니고

가슴속에서
우러나와야

소소한 길을 걸으며
여유로운 아침을 맞이한다

산이 그리움을 부른다

경상남도

합천 가야산 우두봉

밀양 가지산

부산 금정산 고당봉

밀양 재약산 수미봉

양산 천성산 원효봉

창녕 화왕산

산청 황매산

함양 황석산

92

천 개의 봉우리가 만들어 낸 수채화

합천 가야산 우두봉(1,430m)

백운동 탐방지원센터 → 만불상 코스 → 상아덤 → 서성재 → 입석바위 → 칠불봉 → 상왕(우두)봉 정상 → 봉천대 → 전망 바위 → 해인사 → 성보박물관 주차장 (9.2km, 6h)

가야산(伽倻山)은 합천군 가야면과 거창군 가북면, 경북 성주군 가천면, 수륜면에 걸쳐 위치하고 있다. 빼어난 자태에 덕스러움까지 지녀 예로부터 산세가 천하에 으뜸이고, 지덕은 해동에서 제일이라 칭하여 조선팔경에 속한 우리나라 12대 명산 중의 하나다.

주봉인 칠불봉을 중심으로 암봉인 두리봉과 남산, 비계산, 북두산 등 해발 고도 1,000m가 넘는 높은 산들이 이어져 있으며, 합천군 쪽의 산세는 부드러운 편이지만 성주군 쪽은 가파르고 험하다

38년 만에 개방된 만물상의 능선은 금강산의 만물상을 연상시킬 만큼

수많은 암봉군으로 이루어져 있다. 거북, 호랑이, 곰에서부터 기도하는 여인과 자애로운 미소의 부처상에 이르기까지 보기에 따라 다양한 모습과 형상으로 다가와 보는 이의 넋을 빼앗게 한다.

　　오늘은 만물상 코스로 가야산을 오른다. 만물상 코스는 1972년 10월 국립공원으로 지정될 때 출입이 제한되었던 곳인데, 한동안 사람들의 발길이 없었던 곳으로 가야산(칠불봉, 상왕봉) 산행할 때 바라만 보던 곳이다. 그 후로 2012년 6월 전격적으로 개방되어 그 당시에는 엄청난 등산객들이 몰렸던 곳이다. 가야산에서도 아름답기로

가야산 정상 우두봉

소문난 만물상 코스이기 때문에 주말이면 등산객들이 줄지어 올랐다고 한다.

　　산행은 백운동 탐방지원센터에서 시작해 만물상 코스로 올랐다가 서성재에서 칠불봉과 상왕봉을 거쳐 해인사로 내려오는 코스다.

　　백운동 탐방지원센터 왼쪽에서 만물상으로 산행을 시작한다. 출발부터 산비탈에 기댄 등산로는 가파르다. 1km까지는 사고 예방을 위해 슬로우 산행을 하라는 안내판이 세워져 있다. 하지만 가파른 탓에 처음부터 숨소리가 거칠다.

　　바람 한 점 없는 가파른 등산로를 줄기차게 오르다 보니 이마와 등줄기에는 벌써 많은 양의 땀이 흐르기 시작했다. 계절적으로 봄이지만 여

름처럼 더운 날씨다. 짧은 오르막과 내리막이 번갈아 나오는 암릉 지대를 지나간다. 기암괴석들이 멋진 자태를 뽐내며 자랑하고 있다. 계속 가다 보니 멋진 촛대바위가 나오고 그 바위에 올라 조망을 즐긴다. 눈앞에는 기암괴석들이 병풍처럼 펼쳐졌다.

가야산의 멋진 암릉과 함께

진행하는 오른쪽으로는 칠불봉 능선이, 왼쪽에는 상왕봉으로 이어지는 능선이 성벽처럼 둘러쳐져 있어 만물상의 기암들을 호위하는 모양새다. 보는 각도와 위치에 따라 각기 달리 보이는 바위들이 동자승바위,

산이 그리움을 부른다

배불뚝이바위, 뜀바위, 코끼리바위, 두꺼비바위 등 여러 만물의 형상으로 보였다.

마음속으로 절경이라 감탄을 하면서 바위 능선을 오르다 보니 어느새 만물상 능선의 끝인 상아덤에 도착했다. 상아덤은 기암괴석의 봉우리로 가야산에서 가장 아름다운 만물상 능선과 이어져 있어 최고의 전망을 감상할 수 있다.

상아덤은 달에 사는 미인의 이름인 상아와 바위를 지칭하는 덤이 합쳐진 단어로 가야산 여신 정견모주와 하늘신 이비가지가 노닐던 전설을 담고 있다. 이곳 바위에서 내려다보이는 능선은 연두색 나뭇잎 색깔이 절정에 이르는 아름다운 모습이다.

서성재까지는 평탄한 내리막길이라서 모처럼 편안하게 걸었다. 서성재에서 칠불봉으로 가는 길은 완만한 경사를 30분쯤 오르다가 깎아지른 절벽과 마주한다. 아찔한 절벽에 놓인 철 계단 난간을 하나씩 잡고 서너 구간 올라가야 했다. 바위와 어울린 멋진 소나무, 바위틈에 핀 분홍 빛깔의 진달래꽃이 아름답다. 막바지 힘을 내어 능선에 올라서면 가야국의 시조 수로왕의 일곱 아들이 깨달음을 얻었다는 칠불봉이다.

칠불봉에 올라서니 시야가 확 트인다. 서쪽으로는 가야산의 주봉인 넓은 바위와 상왕봉이 손에 잡힐 듯 가까이 보이고, 남동쪽으로는 지나온 만물상이 아름답게 펼쳐져 있다. 다시 상왕봉을 향해 내려간다. 상왕봉에는 편하고 안전하게 오를 수 있도록 나무 데크와 철 계단이 설치되어 있다. 사방으로 탁 트인 조망과 넓은 공간의 바위, 그리고 활짝 핀 진분홍 진달래꽃이 멋진 배경의 능선과 기암괴석이 어울려 아름다운 풍경을 연출한다.

해인사 방향으로 하산하는 길에 웅장하게 서 있는 멋진 바위를 만난다. 하늘에 기우제를 지내던 봉천대 암봉이다. 내려가는 길에도 만불상 코스 못지않게 멋진 기암괴석들이 눈을 즐겁게 한다. 거의 내려와서는 시원한 계곡이 눈과 귀를 즐겁게 하여 더위를 잊게 해 주었다. (2018. 4. 29. 일)

가야산 걷는 길

가야산 능선을 걷던 사람들은
하늘이 되었다

걸어가면서 더러는
발아래 세상을 내려다보고

때로는 기도하는 마음으로
하늘을 본다

정상 오르는 길은 끝없이 멀고
힘이 든다

화려한 복장의 등산객들
걸음걸음마다

그대를 생각하고 있음을
칠불봉은 안다

정상이 가까워질수록
더 가파른 계단

발걸음이 힘들고
바람의 숨소리가 짧고 크다

하늘 아래
당당하게 서 있는 칠불봉

그 암릉에 뿌리 내리고 피는
진달래가 너무 붉어

차마
발걸음이 떨어지지 않는다

93

영남알프스의 중심이 되는

밀양 가지산(1,241m)

석남터널 → 중봉 → 가지산 정상 → (back) → 중봉 → 석남터널 (6.5km, 3h)

영남알프스의 1,000m급 봉우리 8개 가운데 맏형인 가지산(加智山, 1,241m)은 울산시 울주군 언양읍과 경북 청도군 운문면, 경남 밀양시 산남면의 경계를 이루어 삼도를 아우르는 '삼도봉'이기도 하다.

가지산은 명산답게 봄에는 철쭉, 여름에는 계곡, 가을에는 단풍, 겨울에는 설경이 아름다운 산이다. 가지산은 어

가지산 정상

느 계절을 막론하고 특별한 건 그 독보적인 높이에서 오는 조망이다. 경

산이 그리움을 부른다

남 동부와 울산에서 유일하게 1,200m를 넘는 가지산 정상에 서면 360
도 어디를 둘러봐도 막힘없이 조망이 열린다. 사계절 언제라도 가지산
정상에서의 조망은 가슴을 후련하게 하고, 철쭉꽃이 만개한 등산로를
오르면서 뒤돌아보는 조망은 어느 계절보다 아름답다.

가지산 산행은 석남사 주차장 아니면 제일 많이 이용하는 석남터널
이 있다. 우리는 가장 일반적이면서도 거리가 짧은 석남터널에서 올라
가는 코스를 택했다. 석남터널 등산로는 울주 방향과 밀양 방향 두 가지
가 있다. 밀양 석남터널 입구에는 가게가 2개 정도 있고 주차 공간이 협
소하지만, 울주 방면 석남터널에는 식사를 할 수 있는 휴게소 및 가게가
10여 곳이 있으며 주변에 주차할 공간도 많다.

울주 방면 석남터널 입구에서 산행을 시작했다. 터널 우측으로 가지
산 산행을 안내하는 이정표가 있다. 거리는 가지산 3km로 되어 있으나
실제 거리는 편도로 3.5km 정도 되는 것 같다.

계단 길이 계속 되었지만 산행은 편안했다. 조망이 좋은 능선 길은 없
으나 오르막의 편안한 길이 계속 이어진다. 오르막이지만 3km 정도의
거리이기 때문에 산행 난이도는 적당해서 좋다.

길을 이어 가면 헬기장을 지나 암릉의 가지산 정상에 올라선다. 정상
에서의 조망은 명불허전이다. 1,000m가 넘는 고산준령들의 행렬은 저
절로 감탄을 자아내기 충분한 절경이다. 어느 한 방향도 가리는 곳 없이
눈길이 닿는 곳마다 겹치는 봉우리와 능선이 시선을 사로잡았다.

가지산 정상에 서면 영남알프스의 주요 봉우리는 물론 대운산, 정족
산, 문수산, 남암산 등 멀리 있는 산까지 시야에 담을 수 있다. 그러나 오

늘은 비가 온 직후라서 산봉우리 주변의 운무로 인해 시야가 흐렸다. 멋진 능선 풍경을 제대로 즐기지는 못했으나 한순간 서서히 걷히는 구름 사이로 언뜻 보이는 영남알프스의 절경에 만족해야 했다. (2018. 5. 13. 일)

바람이 분다

바람이 분다
보이지는 않지만 느껴진다

녹색 나뭇잎에 불면
녹색의 바람이 보이고

분홍 꽃잎에 불면
분홍색의 향기가 보인다

바람은 세상 어디에나
모든 것에 존재한다

힘으로 밀어붙이기도 하고
때론 살살 어루만지며 달래기도 한다

바람은 노래 주제가 되기도 하고

산이 그리움을 부른다

바람처럼 사라지기도 한다

억새가 흔들리고
꽃들이 춤추는 모습

바람을
사진으로 찍으니

세상의 모든 것을
살아 있게 만든다

들판을 지나
산등성이를 타고 넘어

하늘 가까운 정상에서도
살아 움직인다

가지산 정상에서의 조망

94

기암 절경을 자랑하는 부산의 명산

부산 금정산 고당봉(802m)

범어사 → 내원암 → 정상(고당봉) → 북문 → 금강암 → 범어사 주차장 (6km, 2.5h)

금정산(金井山)은 백두대간의 끝자락에 해당하는 산으로, 주봉인 고당봉은 낙동강 지류와 동래구를 흐르는 수영강의 분수계를 이루는 화강암의 봉우리다. 북으로 장군봉(727m), 남쪽으로 상계봉(638m)을 거쳐 백양산(642m)까지 산세가 이어져 있고, 그 사이로 원효봉, 의상봉, 미륵봉, 대륙봉, 파류봉, 동제봉 등의 준봉이 나타난다.

금정산 정상 고당봉

산이 그리움을 부른다

금정산에 대한 기록으로는 《동국여지승람》의 '동래현 산천조'에 다음과 같이 나와 있다. 금정산은 동래현 북쪽 20리에 있는데 산정(山頂)에 돌이 있어 높이가 3장가량이다. 그 위에 샘이 있는데 둘레가 10여 척이고 깊이가 7촌가량으로 물이 늘 차 있어 가뭄에도 마르지 않으며 색이 황금과 같다. 금어(金魚)가 오색구름을 타고 하늘로부터 내려와 그 샘에서 놀았으므로 산 이름을 금정산이라 하고, 그 산 아래 절을 지어 범어사라 했다고 한다.

양산의 천성산 등정을 마치고 금정산 산행을 위해서 출발점인 범어사 주차장에 도착했다. 차도를 따라 올라가다 보면 청련암으로 가는 방향을 알리는 이정표가 있다.

등산로 옆에 세워져 있는 오층 석탑이 절의 연혁을 말해 준다. 이어 금정산의 정상인 고당봉까지는 3.6km 거리라는 세련된 디자인의 등산로 안내 표지가 다시 나온다.

완만하게 잘 만들어진 숲속의 등산로를 따라 약 500m를 걸으면 목재로 만든 전형적인 이정표가 나온다. 오른쪽 숲길은 관음도량 계명암이 있는 계명봉 가는 길로 1.6km, 왼쪽 직진하는 숲길은 고당봉 가는 길로 3.1km 거리임을 알려준다.

폭염의 뜨거운 햇살을 막아 주는 숲길을 편안하게 걸었다. 범어사에서 직접 올라오는 갈림길을 만났다. 푸른 숲 능선 너머 흰구름과 조화를 이루는 푸른 하늘이 보였다. 지금까지는 바위가 없는 전형적인 육산의 완만한 등산로를 걸었다. 오래전에 다녀왔던 금정산은 암릉의 산으로 기억 했는데 길을 걸으면서 그때의 모습은 전혀 생각나지 않았다.

고당봉과 가산리 마애여래입상으로 가는 갈림길이 나왔다. 0.3km를 가면 마애여래입상을 볼 수 있다. 가산리 마애여래입상은 금정산 정상 부근 화강암 절벽 위에 새긴 거대한 마애불이다. 머리 위에는 상투를 올린 듯한 육계가 솟아 있으며 귀는 어깨 위까지 늘어져 있다. 얼굴은 네모졌는데 활모양의 눈썹과 가늘게 검은 눈, 콧방울이 불거진 큰 코, 꾹 다문 입 등은 토속적인 느낌을 주고 있다. 이렇게 표현된 조각 수법 등으로 보아 고려 시대의 작품으로 추정되었다.

여기 갈림길에서 정상까지는 0.9km 거리다. 멋진 암릉으로 이루어진 정상이 보이기 시작했다. 우뚝 선 기암괴석이 즐비한 암릉의 등산로를 지나간다. 산의 능선을 가로지르는 전선의 모습이 볼썽사납기는 하지만 멋진 암릉의 능선 너머로 부산 시내가 선명하게 조망되었다.

암릉으로 이루어진 정상부로 가는 길은 안전하게 목재로 계단과 데크 길을 만들었다. 많은 등산객들이 모여 있다. 정상부는 커다란 바위들이 모여 넓은 암릉으로 이루어져 있다. 암릉 위에 세워진 고당봉 정상석이 파란 하늘을 배경으로 하얗게 빛을 발했다. 금정산의 주봉인 고당봉에 올라서니 부산 시내 전경과 부산 앞바다가 한눈에 들어왔다.

목재 계단을 내려와 금정산성 북문으로 향하는 길을 걸었다. 조금 내려가면 고당봉 정상석이 유리관에 보호되어 진열된 '고당봉 낙뢰 표석비'를 만난다. 금정산 정상에 있던 표석비가 2016년 천둥 번개를 동반한 집중 호우 시 낙뢰로 파손되어 이곳에 옮겨 보존하는 것이다.

금정산 탐방지원센터 앞 넓은 공터에 있는 쉼터에서 잠시 휴식을 취했다. 영화 속에서 본 장면을 상상하며 금정산성 북문을 바라보니 그 위용이 대단하다.

산이 그리움을 부른다

금정산성은 임진왜란과 병자호란을 겪고 난 후인 1703년(숙종 28년)에 국방을 튼튼히 하고 바다를 지킬 목적으로 금정산에 돌로 쌓은 산성으로 성벽의 길이는 약 18km, 성벽 높이 1.5~3m이다. 동서남북 네 곳의 성문과 수구문, 암문 등이 있다. 확실하지는 않으나 남해안과 낙동강 하류에 왜구의 침입이 심했다는 사실로 미루어 신라 시대부터 성이 있었다는 견해도 있다.

금정산 정상에서 보는 금정산성

금정산성 성벽을 따라 걸으면 동문까지는 3.8km 거리다. 우리는 왼쪽의 범어사 1.7km 길을 따라 내려갔다. 숲길과 돌계단 길을 번갈아 걸었더니 어느새 범어사 금강암이라는 표지석이 보였다. 범어사 암괴류(돌바다) 길을 지나면 곧 범어사 전경이 눈에 들어온다.

범어사의 긴 돌담을 따라 걷다가 경내에 들어섰다. 대웅전, 삼층석탑과 대나무 숲 등 범어사의 전경이 자혜롭게 보였고 산행을 마친 내 마음도 여유로웠다. (2018. 6. 9. 토)

금정산에 올라

바람 지나간 자리에
나무들이 울어 대는 흐린 날씨지만
발걸음이 가볍다

바다에서 불어오는 바람 헤치며
정상을 향해 걸으면
산성 길에 사람들이 모여든다

백두대간 끝자락
낙동강 지류와 수영강의 분수계를 이루는
금정산 고당봉에 오르니

북쪽 장군봉의 굵은 허리가 편안하고

산이 그리움을 부른다

남쪽 상계봉을 거쳐
울창한 숲과 계곡물이 넘쳐흐른다

저녁이면
멀리 바닷가에 불 밝히며 깜박거릴
등대를 생각하니

오! 이 시간
어찌 그것을 생각하는가 합장하며
바다를 바라본다

95

멋진 산악미를 보여 주는 억새 능선

밀양 재약산 수미봉(1,108m)

표충사 → 내원암 → 진불암 → 수미봉 → (back) → 진불암 → 내원암 (6km, 4h)

경남 밀양에 있는 재약산(載藥山)은 높이가 1,108m이다. 재약산은 산세가 부드러우면서도 정상 일대는 거대한 암벽을 갖추고 있어 험해 보이는 산이기도 하다. 산세가 수려하여 상남금강이라 부르기도 하며, 인근 일대의 해발 1,000m 이상의 준봉들로 이루어진 영남알프스 산군에 속하는 산이다.

재약산 정상 수미봉

재약산은 얼음골, 표충사, 층층폭포, 금강폭포 등 수많은 명소를 지니고 있다. 낙동정맥에 속하는 수미봉, 사자봉, 능동산, 신불산, 취서산으로 이어지는 능선은 드넓은 억새 평원으로서 사자평 고원지대라고 부르는데, 일대는 해발 고도가 800m에 달해 목장으로 개발되어 있다.

재약산 아래 대찰 표충사가 있고, 영축산으로 넘어가면 통도사, 가지산을 넘으면 석남사, 운문산을 넘으면 운문사가 있다. 그래서 예부터 이 일대의 산길은 아무리 험준해도 산승의 표연한 모습을 여기저기서 볼 수 있었다.

오전에 가지산을 산행한 후 2차 목적지인 재약산을 산행하기 위하여 약 20km 거리를 승용차로 이동하여 표충사에 도착했다. 인터넷에서 검색해 보니 재약산 등산 코스가 다양하게 있는데 대부분 5~7시간이 걸리는 코스다. 하지만 우리는 표충사로 올랐다가 진불암을 거쳐 그대로 다시 내려오는 짧은 코스를 선택했다.

표충사는 원래 신라 태종 무열왕 원년에 원효대사가 죽림사라는 이름으로 창건하였는데, 1839년 사명대사의 법손인 월파선사가 사명대사의 고향인 무안면에 그의 충혼을 기리기 위해 세워져 있던 표충사를 이 절로 옮기면서 절 이름도 표충사라 고치게 되었다.

표충사에서 진불암까지는 1시간 50분이 소요되고, 진불암에서 재약산 정상까지는 30분 정도 걸리는 코스다. 진불암까지 거리는 멀지 않으나 짧은 거리만큼 경사도가 아주 심한 곳이라 산행을 하기가 만만하지 않았다.

어느 정도 올라 능선에 서니 멋진 조망이 터진다. 역시 영남알프스가 보여 주는 조망은 말로 표현할 수 없을 정도로 아름다움 그 자체이다.

아침에 비가 그친 다음이라서 시야가 맑고 깨끗하다. 멀리 고산 준봉들의 자태가 더욱 멋지게 보였다.

재약산 기암절벽

진불암에 거의 도착할 지점이 가까워 삼거리가 나오는데, 여기서는 진불암 쪽이 아닌 고사리 분교 쪽 우측으로 가야 재약산의 정상인 수미봉이 나온다. 조금 더 걸으면 표충사에서 올라오는 다른 코스의 임도를 만나고 문이 닫힌 하우스를 만난다. 이 임도를 통해서 진불암 스님들이 편하게 시내를 오고 갈 수 있다는 생각이 들었다.

멋진 조망을 즐기며 올라오다 보니 어느새 재약산 정상인 수미봉에 도착했다. 표충사를 출발해서 약 2시간 20분이 걸렸다. 날씨도 덥고 가파른 산행 길이어서 짜증도 나고 힘든 산행이었는데 수미봉 정상석을 만나니 오랜 친구를 만난 듯이 무척 반가웠다.

수미봉 정상에서 보면 사자봉과 가지산, 그리고 간월산, 신불산, 영축산, 시살등 능선이 눈앞에 아름답게 전개되었다. 올라왔던 산행 길 그대로 진불암을 거쳐 다시 표충사로 내려가는 길에는 여유를 가지고 재약산의 멋진 전경들을 즐기면서 하산을 했다. (2018. 5. 13. 일)

산사 풍경

계곡을 따라 오솔길 걸어가면
여기 저기 돌탑들
나지막이 속삭이며
살아온 사연을 말한다

물 한 모금 마신 후
능선의 아름다움을 조망하는데
여인 치마폭 흐름처럼
아름답기도 해라

계곡을 따라 불어오는 바람은
여기 저기 서성대다가
법당에서 참선하는
스님 이마의 땀을 닦는다

대웅전 처마 끝 풍경 소리
반가운 이 왔다고 알리는 노래인가
새소리 화음을 이루어
나그네의 심금을 울린다

96

경관이 뛰어난 금강산의 축소판

원효암 주차장 → 화엄벌 → 천성산(원효봉) → 화엄벌 → 전망대 → 원효암 주차장
(2.8km, 1h)

천성산(千聖山)은 경남 양산시에 위치하여 있는 높이 922m의 산이다. 금강산의 축소판으로 불릴 정도로 경관이 뛰어나다. 특히 산 정상부에 드넓은 초원과 산지 습지가 발달하여 끈끈이주걱 등 희귀식물과 수서곤충이 서식하는 등 생태적 가치가 높은 점을 고려하여 100대 명산에 선정되었다.

봄에는 진달래와 철쭉, 가을에는 능

천성산 정상

선의 억새가 장관을 이루며, 원효대사가 창건했다는 내원사가 있다. 원효대사가 당나라에서 온 1,000명의 승려를 화엄경으로 교화하여 모두 성인으로 만들었다는 전설에서 천성산이라고 이름이 붙었다.

양산IC를 빠져나와서 천상산 입구에 들어서는 도로에 진입했다. 햇빛도 들지 않고 승용차가 편도로 다닐 수 있는 좁은 숲길을 약 8km를 들어가서 원효암 주차장에 도착했다.

주차장에서 임도를 따라 조금 걸어가면 원효암 가기 전 임도를 만난다. 임도 우측으로 산악회 리본이 달려 있는 나무 사이로 조금 올라가면 포장된 임도를 다시 만나고, 정상은 이 임도를 따라 계속 올라가야 한다.

임도를 따라 계속 올라가면 천성산 1봉과 2봉 갈림길 이정표가 있는 임도 삼거리가 나온다. 천성산 전체 안내도가 같이 세워져 있어 등산 코스를 점검해 볼 수 있다. 주차장에서 이곳까지는 10분 정도의 거리다. 우측으로는 작은 댐과 양산 시내가 보였다.

임도 삼거리에서 좌측으로 조금 올라가면 열려 있는 철문을 통과하게 되고, 곧이어 만나는 데크 길에서 다시 좌측 홍룡사 방향으로 좌회전을 했다. 데크 길을 지나 조금만 더 걸어가면 천성산 정상이 보이고, 곧이어 천성산 제1봉(원효봉)에 도착했다.

이렇게 쉽게 올라올 수 있는 편한 산도 있구나 하는 생각을 했다. 밤에 비가 예보되어 있어서인지 아주 강하게 불어오는 바람을 맞으며 화엄벌을 돌아 다시 원효암 주차장으로 내려가서 산행을 마무리 했다.

주차장에서 멀리 천성산 제2봉(비로봉)이 보였다. 이곳에서 3.6km 거리이다. 육안으로는 상당히 멀어 보이는데 완만한 능선으로 이어져 있어 한 시간 이내에 다녀올 수 있다고 하는데, 다음 일정이 있어 그냥 여기서 산행을 마쳤다. (2018. 6. 9. 토)

천성산에 올라

하늘 아래 넓은 화엄벌
억새 군락

늘씬한 키에
흰 바다를 이루며

지나는 사람들
눈길을 끌었겠다

원효암 내력을 생각하며
길을 가는데

원효봉은 우뚝 서서
기개가 도도하다

건너편 능선 너머로
해는 기울며

산이 그리움을 부른다

굽이굽이 흐르는 낙동강에
노을이 지니

갈 길 바쁜 나그네 발길
잠시 머물게 하네

천성산 기슭에 어둠이 내리면
햇살도 기세를 줄이고

이제는
침묵으로 접어드는 시간

갈 곳 없는 나그네는
별을 헤며

천성산 산정에서
달그림자 쫒고 있다

천성산 정상부에 있는 데크 길

97

봄이면 진달래와 철쭉, 가을에는 억새

창녕 화왕산(757m)

자하곡 매표소 → 제1등산로(암릉) → 산불 감시초소 → 배바위 → 서문 → 화왕산 정상 → 동문 → 〈허준〉 세트장 → 옥천 삼거리 → 관룡산 → 용선대 → 관룡사 → 주차장 (8km, 5h)

화왕산(火旺山)은 창녕군 창녕읍과 고암면의 경계에 있으며, 진달래와 억새로 유명한 산이다. 많은 문화재와 수려한 자연 경관을 자랑하는 산으로 많은 등산객들이 찾는다.

봄이면 진달래와 철쭉, 여름에는 녹음과 계곡물, 가을에는 억새, 겨울에는 설경이 유명하다. 봄철이면 진달래 군락지를 이루고 있는 화왕산성 주위의 비탈과 관룡산으로 이어지는 능선은 마치 분홍 물감을 쏟아 부은 듯하다.

화왕산 최대의 명물이라면 정상 주변의 넓고 평평한 억새밭인 '십리

억새밭'이다. 그 십리 억새밭이 평지에
서 급경사 벽으로 뚝 떨어지는 경계선
인 능선을 따라 화왕산 성벽이 쌓여 있
으며, 그 바깥 경사면의 거의 모두가
진달래밭을 이루어 장관이다.

휴일에는 배낭을 메고 떠나자. 연두
색으로 새로 돋아나는 나뭇잎이 온 산
야를 초록색으로 물들이고, 산 능선을

화왕산 정상

따라 붉게 피어나는 진달래꽃을 만나러 화왕산으로 떠나자. 지금쯤 진
달래가 많이 피어 있겠지 생각하고, 아름다운 산천과 꽃구경을 할 수 있
겠지 하는 큰 기대를 가지고 서울을 출발했다.

진달래꽃 봄 마중하러 화왕산을 거쳐 관룡산까지 걷는 산행이다. 산
행은 자하곡 계곡을 시작으로 암릉을 따라 배바위를 거쳐 화왕산 정상
에 올랐다. 다시 드라마 촬영지인 〈허준〉 세트장을 지나 관룡산에 오른
후 관룡사로 하산하는 것으로 정했다.

자하곡 매표소를 지나 자하골을 따라 올라가면 도성암 가기 전에 삼거
리가 나오는데, 여기에서 우측인 제1등산로 배바위 방향으로 올라갔다.
봄바람은 산등성이를 넘나들며 새싹과 꽃망울을 간지럼을 태운다. 하지
만 아직 화왕산은 봄을 마중하기 싫은지 진달래꽃이 만개하지 않았다.

봄이지만 기온이 낮아 몸이 떨리고 춥다. 봄인데도 등산로에는 어제
내린 눈이 얕게 쌓여 있다. 그래도 걷다 보면 이마와 등에는 땀이 흐른
다. 간간이 로프를 잡고 오르는 암릉의 등산길이 있다. 가파른 암릉 능

선을 오르면서 뒤돌아보면 멋진 조망에 탄성이 저절로 나왔다. 발걸음을 멈추는 곳에서 바라보는 모든 곳이 절경이다.

오르는 길 곳곳에 진달래꽃이 꽃샘추위에 몸을 웅크리고 있다. 암릉을 지나니 화왕산 정상 능선이 조금씩 보이기 시작한다. 멋진 자태의 소나무가 바위에 뿌리를 내리고 있다. 정상이 가까워졌다. 능선에 올라서니 산불 감시초소가 있다. 좌우 조망이 시원하고 멋지다. 아직 피지 못한 진달래꽃 군락이 억새와 어우러져 춤을 추었다. 등산객들의 탄성과 환호성이 나오기 시작한다.

화왕산 진달래꽃 군락지

산이 그리움을 부른다

오른쪽으로 배바위가 보이고, 왼쪽에는 화왕산 정상이 보였다. 광활한 억새밭 사이의 길을 따라, 또는 산성 길을 따라 걸으며 정상에 도착했다.

화왕산 정상에서 관룡산(754m)을 향해 가는데 진달래꽃이 차츰 많이 보이기 시작했다. 능선을 따라 넓은 평원을 조망하면서 걸으니 화왕산성 동문에 내려선다.

동문으로 나가면 드라마 〈허준〉 촬영세트장으로 가는 길이다. 이 길은 넓고 편안한 길이며, 좌우로 진달래, 개나리꽃이 터널을 이루었다. 우측 산등성이에는 진달래꽃 천지다. 그러나 아직 진달래꽃

화왕산성

이 피지 않았다. 꽃이 피려고 준비하는 몽우리만 있었다. 다음 주에는 만발할 진달래꽃이 기대가 되었다. 이 길을 따라 계속 가면 관룡산으로 가는 길이다. 진달래를 감상하며 길을 따라 내려갔다.

〈허준〉 촬영세트장을 지나갔다. 이 길은 관룡산으로 가는 길이다. 길 양옆으로 꽃들이 예쁘게 피어 있다. 땀을 흘리며 조금 더 올라가면 관룡산 정상이다.

하산은 용선대 코스로 했다. 왼쪽의 관룡산의 멋진 암릉 능선이 장관이다. 수십 길 낭떠러지 절벽 위에 부처님이 홀로 앉아 있는 용선대가 보였다. 용선대는 통일 신라 시대의 불상이다. 전체 높이 3m, 불신의 높이는 1.8m다. 아침에 해가 뜰 때 불상의 이마 정면에 햇빛이 반짝거려

서 신비롭게 보인다. 기도를 하면 원하는 일이 잘 이루어진다고 해서 많은 불교 신도들이 용선대를 찾는다.

명산은 명사찰을 품고 있다고 한다. 관룡산의 관룡사도 그런 절이다. 또 관룡사는 기도가 영험한 용선대를 품고 있고, 대웅전, 약사전 등 보물도 많이 간직하고 있다.

관룡사에 내려섰다. 입구에는 화려한 색깔의 연등이 달려 있었다. 화려한 진달래와 아름다운 억새의 화왕산! 바위와 암릉이 멋지고 좋았던 화왕산! 사월의 어느 멋진 봄날. 모처럼 날씨도 맑고, 화왕산과 관룡산 산행이 즐거웠던 하루였다. (2018. 4. 8. 일)

용선대

산이 그리움을 부른다

4월, 화왕산

봄이라서 좋다
화왕산 능선에 서서
꽃피우는 진달래를 보며
각자의 시선으로 즐기는 사람들
환해진 분홍빛 얼굴을 바라보는 게 좋다

너를 기다렸다
거리가 멀어 시간이 많이 걸려서
결심은 힘들었지만
봄의 교향곡을 듣기 위해서
정상을 향해 올라가는 발걸음이 가볍다

나무들은 녹색의 꿈을 키워가고
새들은 힘껏 퍼덕거리며 창공을 날아가니
겨울이 아니라 봄이라서 좋고
연말이 아니고 4월,
흥청망청 모든 꽃이 피어서 좋다

이제 곧 다른 꽃들도 볼 수 있겠지
봄의 애인 내 사랑아
피어나서 온 산을 붉게 물들여라
그냥 여기서
화려하게 꽃으로 피어나라!

98

수십만 평 고원에 펼쳐진 철쭉의 향연

산청 황매산(1,108m)

장박마을 → 너배기 쉼터 → 황매산 정상 → 산성 성문 → 철쭉제 행사장 → 임도
→ 산청마을 주차장 (9km, 4.5h)

태백산맥의 장엄한 기운이 남으로
치달아 마지막으로 큰 흔적을 남기니
이곳의 황매산(黃梅山)이다. 정상에
올라서면 주변의 풍경이 활짝 핀 매화
꽃잎 모양을 닮아 풍수지리적으로 '매
화낙지' 명당으로 알려져 있어 황매산
이라 불린다.

황매(黃梅)의 황(黃)은 부(富)를, 매
(梅)는 귀(貴)를 의미하며 전체적으로

황매산 정상

산이 그리움을 부른다

는 풍요로움을 상징한다. 또한 지극한 정성으로 기도를 하면 한 가지 소원은 반드시 이루어진다고 하여 예로부터 뜻있는 이들의 발길이 끊이지 않고 있다.

정상인 황매봉의 동남쪽 능선은 기암절벽으로 천하의 절경을 이루어 작은 금강산이라 불리고 있다. 수십만 평의 고원에 깔리는 철쭉의 융단과 억새 평원이 장관을 이룬다. 멀리 서쪽으로 지리산 천왕봉과 웅석봉, 필봉산, 그리고 왕산을 한눈에 볼 수 있다.

4월 28일부터 5월 13일까지 열리는 '황매산 철쭉제' 기간에는 황매산은 진분홍빛 철쭉으로 화려하게 뒤덮인다. 영남의 소(小)금강이라 불리는 황매산은 산 정상의 철쭉 군락지까지 잘 정비된 도로로 접근이 편리하여 전국에서 많은 등산객들이 찾아온다.

황매산(1,108m)은 소백산과 바래봉에 이어 철쭉 3대 명산이다. 만물의 형태를 갖춘 모산재의 기암괴석과 북서쪽 능선의 정상을 휘돌아 산 아래 해발 900m 지대의 황매평전은 최대 규모의 철쭉 군락지다. 그야말로 하늘과 맞닿을 듯 드넓은 진분홍빛 산상화원으로 보는 이들로 하여금 감탄을 자아내게 하는 자연 그대로의 신비함을 느낄 수 있다.

철쭉제의 메인 행사장은 합천 황매산 해발 800m 오토캠핑 주차장과 산청 차황면 법평리 황매산 주차장이다. 철쭉제 기간에는 주차장이 붐비므로 우리는 산악회 버스를 이용하여 산청 황매산을 찾았다. 산행 시작점인 장박마을에 도착하여 버스에서 내리니 미세 먼지가 없어서 맑은 시야의 쾌청한 하늘이 보여 기분이 좋았다.

장박마을에서 황매산 정상까지는 4.1km 거리다. 임도를 따라 올라

가다 숲속으로 들어섰다. 철쭉 군락지를 지나면서 막 피어나는 철쭉꽃
이 탐스럽다. 완만한 숲길을 약간 숨이 차도록 걸어가면 황매산 정상
2.07km 남았다는 이정표를 만난다. 가파른 경사의 길을 어느 정도 올라
갔다. 잠시 숨을 돌리면서 뒤돌아보니 만개한 철쭉꽃 너머로 보이는 첩
첩이 이어진 산 능선의 풍경이 아름답다.

황매산 조망

조금 더 걸으면 편안한 능선에 올라선다. 여기서 정상까지는 1.5km
남았다. 눈앞에는 황매산 주변의 푸른 능선이 장쾌하게 펼쳐진다. 넓은

산이 그리움을 부른다

평원에 펼쳐진 철쭉꽃과 푸른 능선이 환상적인 조화를 이룬다.

황매산 철쭉과 황매평원

황매산 정상에 도착했다. 많은 사람들로 붐볐다. 정상석이 있는 곳은 비좁은 암릉의 꼭대기로 상당히 위험했다. 특히 정상석을 배경으로 인증 사진을 찍으려는 사람들이 길게 줄을 섰다. 이곳을 배경으로 지금 상태에서 인증을 하는 것은 위험하므로 데크와 계단 공사를 하는 등의 개선 여지가 필요해 보였다.

정상에서 바라보는 황매산의 수십만 평 고원에 펼쳐진 진분홍색 철쭉 풍경은 장관이다. 지자체에서 등산객들의 도보 편의를 제공한 것과 환경 보호를 위해 정상에서 황매평전까지 목재 데크 길을 만든 것은 칭찬할 만한 일이다. 황매산 성문을 지나 임도를 따라 핀 철쭉을 감상하며 축제장에 도착했다. (2018. 5. 5. 토)

황매산 철쭉제

수십만 평 고원에서
화려한 꽃뱀 수천 마리가 춤을 추며

비 내리는 하늘이 원망스러워
분홍빛 눈물을 흘린다

세상이 얼마나 화려한지
얼마나 눈물겨운지 보여 주려고

철쭉은 저렇게 붉게 피었나 보다

저 춤추는 철쭉을 보라

화무십일홍이라
분홍 빛깔 철쭉의 춤사위

보고 있으면 눈물이 흐른다

살아가기가
얼마나 서러운지

얼마나 더 뜨겁게
살아야 하는지 보여 주려고

어깨동무하며 철쭉꽃이 춤춘다

산이 그리움을 부른다

99

지조와 절개를 상징하는 황석산성

함양 황석산(1,192m)

우전마을 → 능선 → 거북바위 → 황석산 정상 → 황석산성 → 피바위 → 우전마을 (4.4km, 3h)

황석산(黃石山)은 남덕유산 남녘에 솟은 거칠고 험한 바위산이다. 백두대간 줄기에서 뻗어 내린 4개의 산(기백산, 금원산, 거망산, 황석산) 가운데 가장 끝자락에 흡사 비수처럼 솟구친 이 봉우리는 덕유산에서도 선명하게 보인다. 가을철에는 거망에서 황석으로 이어지는 능선에 광활한 억새밭이 장관이다.

황석산 정상

황석산과 기백산 사이에는 그 유명한 용추계곡이 있다. 황석산성은 함양 땅 '안의' 사람들의 지조와 절개를 상징하는 중요한 유적이다. 정유재란 당시 왜군에게 마지막까지 항거하던 사람들이 성이 무너지자 죽음을 당하고, 부녀자들은 천길 절벽에서 몸을 날려 지금껏 황석산 북쪽 바위 벼랑은 핏빛으로 물들어 있다.

황석산 거북바위

황석산 정상을 오르는 등산 코스는 최단 코스인 우전마을 사방댐 코스와 유동마을, 화엄사 등 다섯 가지가 있다. 우전마을 사방댐을 찾아가려면 내비게이션에 '함양군 서하면 봉전리 577-1'을 입력하면 무난하게 찾아갈 수 있다. 내비가 알려 주는 대로 우전마을을 찾아가면 등산 안내도와 작은 주차장이 있다. 승용차를 가져갈 경우에는 차 한 대 지나갈 수 있는 좁은 도로를 따라 사방댐까지 올라갈 수 있어서 조금 더 단축된 산행을 할 수 있다.

사방댐의 해발 고도는 약 560m로 황석산 정상(1,192m)과의 고도 차이는 630m이고 정상까지의 산행 거리는 2.6km이다. 주차장에서 임도를 따라 약 100m 정도 올라가면 우측으로 산행 입구가 나온다. 시작부터 계단 오르막이 시작되어 산행이 쉽지 않은 느낌을 준다.

산이 그리움을 부른다

초반에 무리하지 않아야 산행을 쉽게 할 수 있다. 천천히 너덜길과 흙길을 20분 정도 걸으면 피바위에 도착한다. 피바위의 유래를 읽어 보니 가슴이 먹먹하다. 선조 30년(1597년)에 조선을 침략해 온 왜군과 격전을 벌였으나 대패하여 황석산성이 함락되자 여인들은 왜적의 칼날에 죽느니 차라리 깨끗한 죽음을 택하겠다고 치마폭으로 얼굴을 가리고 수십 척의 높은 바위에서 몸을 던져 순절하고 말았다. 그때의 많은 여인들이 흘린 피로 벼랑 아래의 바위가 붉게 물들었다. 오랜 세월이 지난 오늘에도 그 혈흔이 남아 있어 이 바위를 피바위라고 부른다.

피바위 부근에 커다란 폭포가 있고 계곡이 흐르고 있었다. 이 계곡물은 마을에서 식수로 사용하기 때문에 절대로 손을 씻거나 오염시켜서는 안 된다는 안내문이 붙어 있다. 피바위부터는 본격적인 오르막이 시작되는 산길이다.

시간이 지날수록 비에 젖은 듯한 땀으로 온몸이 젖어 걷기가 불편했다. 간혹 잡지 않고 올라가도 좋을 정도의 짧은 밧줄이 매달린 구간도 나온다. 황석산 정상 1.3km 이정표와 쉼터가 나오고 다시 오르막길을 오르면 황석산성 남문지에 도착한다. 황석산성에서 전망을 보면서 시원한 음료를 마시며 조망을 즐겼다.

여기서 정상으로 올라가는 코스는 두 가지다. 우측의 산성을 따라 남봉 쪽으로 올라가는 코스와 성벽 좌측의 건물지로 올라가는 코스가 있다. 오른쪽 길은 돌아가는 길이기 때문에 건물지 방향으로 편하게 숲속길로 이어지는 코스를 택해서 걸었다. 푸른 숲속의 오솔길을 따라 걷다 보면 건물지에 도착한다.

황석산성 안의 계곡 주변에는 크고 작은 건물터가 확인되었는데 군대의 창고인 군창이 있었다고 확인되었다. 황석산성 관련 문헌에서도 약 70석의 군량미가 있었다는 기록이 있다.

여기서부터 정상까지는 가장 어려운 깔딱고개로 0.6km 거리가 남았다. 서서히 경사도가 생기면서 본격적인 깔딱고개 오르막이 시작되었다. 힘들게 올라가는 상황에서도 외롭게 제 역할을 다하기 위해 피어 있는 싸리나무꽃이 보였다. 정상 도착 전 100m 전방에 있는 황석산성 동문지에 도착했다. 동문지에서 고개를 들면 바로 위에 황석산 정상이 보인다.

정상에서 바라보는 황석산성

산이 그리움을 부른다

하늘로 올라가는 듯한 계단을 올라가면 황석산 정상이다. 정상에서 바라보는 풍경은 환상적이며 황홀하다. 남봉 방향으로 길게 뻗어 있는 황석산성, 북봉과 거망산, 장안산, 남덕유산과 금원산, 기백산 등의 능선이 푸른 하늘 아래 장쾌하게 흐른다. (2018. 7. 15. 일)

노송과 황석산

황석산 맷등 바위 지키고 있는
늙은 소나무 힘에 부친 듯

몸은 기울어지고
가지에 붙은 솔잎조차 무거워하네

뜨거운 햇살 아래
소슬바람 맞이하려고

야윈 팔 벌려
온몸으로 껴안고 어루만진다

탁 트인 절경이 맘에 들어
여기 주저앉고 싶다

그 어떤 곳에도 속하지 않은
그 누구의 것도 아닌

생각하고 싶은 대로
몸이 따르는 대로

자기만의 속도로
삶을 즐길 수 있을 것 같다

제주도

—

제주 한라산 백록담

100

겨울이 아름다운 설국의 한라산

성판악 주차장 → 속밭 대피소 → 사라오름 → 진달래밭 대피소 → 백록담 정상
(1,950m) → (back) → 진달래밭 대피소 → 성판악 주차장 (19.2km, 6.4h)

제주도 전역을 지배하는 한라산(漢拏山)은 남한에서 가장 높은
1,950m의 산이다. 한라산이라는 이름에서 한(漢)은 은하수(銀河水)를
뜻하며, 라(拏)는 맞당길 나(相牽引) 혹은 잡을 나(捕)이다. 산이 높으므
로 '산정에 서면 은하수를 잡아당길 수 있다'는 뜻이다.

예로부터 산 정상에 오르면 멀리 남쪽 하늘에 있는 노인성(老人星)을
볼 수 있었으며, 이 별을 본 사람은 장수하였다는 전설이 있다.

한라산은 360여 개의 측화산, 해안지대의 폭포와 주상절리, 동굴과
같은 화산지형 등 다양한 지형 경관이 발달했고, 난대성 기후의 희귀식
물이 많다. 해안에서 정상까지의 다양한 식생 변화가 매우 특징적이고

경관이 수려하다. 1970년 3월 24일 한라산 국립공원으로 지정되었다.

한라산 정상 백록담 전경

마음이 차분히 가라앉는다. 새해 들어 분주히 움직이던 몸과 마음이 계속되는 강추위에 다소 움츠러들었다. 이 겨울을 잘 보내야 찬란한 봄을 맞이할 텐데. 이런 겨울 날씨에는 따뜻한 위로의 시간을 만들어 어디 멀리 떠났으면 좋겠다. 그래서 이번 산행지를 제주 한라산으로 정했다.

겨울철 제주 한라산은 다른 때보다 더 여유롭고 평화로운 풍경이다. 산에 눈이 많이 쌓여서 그렇게 느껴지는가 보았다. 마음을 보듬어 줄 아늑한 풍경이 있는 곳, 산행 후 마음에 쉼표 하나 찍으며 휴식을 취할 수 있는 곳, 한라산으로 떠났다.

차창에 보이는 약간 익숙한 제주의 풍경, 그리고 한라산, 올망졸망한 섬들이 점점이 박힌 쪽빛 바다와 흑진주 빛깔의 현무암 돌담, 차창을 통해 들어오는 바람의 촉감을 느끼니 답답했던 가슴이 확 뚫리는 것 같다.

설날 며칠 전 제주도에는 계속 폭설이 내려 일주일 동안 한라산 산행을 전면 통제 했다는 소식을 들었다. 설날 연휴가 지난 이번 주에 다시 산행 계획을 세운 나는 제주 날씨가 쾌청해서 참 다행이라는 생각이 들었다.

하지만 혹시나 산행을 할 수 없을지도 모른다는 생각에 마음 한편으로는 불안했다. 출발하기 이틀 전 성판악 관리소에 전화를 걸어 산행 여부를 확인하니 한라산 등반이 가능하다는 소식을 들었다.

새벽 일찍 집을 나서 김포발 첫 비행기에 몸을 실었다. 비행기는 제주공항에 8시 30분에 도착했다. 김포에서 출발이 40분 지연되어 도착 예정 시간보다 많이 늦었다. 서둘러 제주공항을 나와 택시를 타고, 곧바로 한라산 산행 들머리인 성판악 휴게소로 갔다.

성판악을 향해 가는 내내 도로에 쌓인 많은 양의 눈을 구경했다. 얼마 전 내린 풍성한 눈 때문에 제주의 도로 주변의 멋진 풍경을 보면서 한라산 산행에 잔뜩 기대를 가지고 입구인 성판악에 도착했다. 시간을 보니 9시 20분이었다.

한라산 정상 입산을 통제하는 마감 시간인 12시 전에 진달래 대피소를 통과하기 위해 등산로 주변의 설경은 대충 보면서 부지런히 정상을 향해 걸었다.

진달래 대피소에 도착하니 통제 시간 30분 전, 11시 30분이다. 성판악에서 출발해 2시간 10분이 걸렸다. 입산 허용 시간에 늦을까 봐 너무 서둘렀는지 다리가 후들거렸다. 잠시 쉬면서 한숨을 돌리고 체력 보충을

산이 그리움을 부른다

위해 간식을 먹었다.

12시까지 기다렸다가 다시 한라산 정상 등정의 희망을 품고 올라가기 시작했다. 걸음을 서둘러야 했다. 정상에 도착해서도 1시 30분 전에 하산해야 하기 때문에 시간이 부족했다.

진달래 대피소에서 정상까지는 2.3km 거리다. 대피소까지 오느라 힘이 빠진 등산객들의 피곤한 모습이 대부분이다. 시간을 맞추느라 나도 몸과 마음이 지치고 힘도 들었다. 산행을 서두르다 보니 미세하게 허벅지에 근육 경련 현상까지 일어났다.

정상을 향해 오르는 등산객들

폭설로 인한 통제가 해제된 첫 주말이다 보니 한꺼번에 많은 등산객들이 찾아와 산행이 지체되었다. 정상까지 계속해서 줄을 서서 천천히 올라가야 했다.

산행의 목적지인 정상까지 오르는 등산로에는 많은 눈이 쌓여 있었다. 대략 60~80cm 정도는 눈이 쌓인 것 같았다. 진달래 대피소까지는 봄 날씨처럼 화창했는데, 정상이 가까워질수록 날씨가 추워지고 바람이 몹시 불면서, 쾌청했던 하늘에도 먹구름이 생기면서 흐릿해 졌다.

제주도는 설경을 보기가 힘들다. 특히 한라산에서 제대로 된 설경은 더더욱 보기 힘들다. 눈(雪)이 많이 내린다 싶으면 통제되어 갈 수가 없고, 통제가 풀린다 싶으면 며칠 내로 눈이 금방 녹아내린다.

한라산 정상부의 전경

그러나 올겨울에는 모처럼 제주에 눈이 많이 내렸고, 다행히도 오늘은 날씨마저 봄날처럼 따뜻해서 산행하기 최적의 조건이다.

파란 하늘과 하얗게 눈이 쌓인 백록담에 도착했다. 말 그대로 발 디딜 틈이 없이 많은 사람들로 붐볐다. 정상석을 배경으로 사진을 찍으려면 긴 줄을 서야 했다. 멀지만 한라산을 인식할 수 있도록 배경을 두고 기념사진을 찍었다. 세찬 바람이 불어 추웠지만 마음은 날아갈 것처럼 상쾌했다. 조망이 좋은 편은 아니나 눈앞의 백록담을 바라보며 아름다운 풍경을 감상했다.

산행 후 제주에서 가성비 좋기로 유명한 '쌍둥이 횟집'을 찾았다. 5시에 도착했는데 이른 시간이라서 기다리지 않고 바로 식사를 할 수 있었다. 제주의 풍성한 해산물 인심 덕분에 행복한 낭만의 제주, 그 매력 속으로 푹 빠져들 수 있었던 하루였다. (2018. 2. 24. 토)

한라산을 오르면서

길고 가파른 산길
산 내음 싱그러운 길을
바람 부는 대로
발걸음 닿는 대로 말없이 걸어간다

지금까지 걸어온 길
문득 뒤돌아보면
비바람에 흔들리고
눈 덮인 들판처럼 외로웠지만

눈감고 조용히 생각해 보니
그것은
어두운 동굴 속을 흐르는
강이었다

신호가 바뀌었다
가던 길 멈추고 마음을 돌아보라

이젠 놓아야 한다
마음 속 꾸욱 움켜진 생각들…

다시 새로운 태양이
구름을 헤치고 떠오르고 있다

바람 부는 벌판에서
벌거벗은 나무로 서서

지난 일들을
하나씩 돌이켜 보며

새로운 꿈을 꾸어 본다

다가오는 세상을 준비하자

덥다고 야단법석을 떨 때가
언제였던지

여름이 지나고 가을마저 떠나려고
준비를 한다

짧지만
정취를 느낄 만하니

그림자 사라지듯
슬그머니 가을이 떠나가려 하고

울긋불긋 단풍도
언제 그랬냐 싶게

영원히 있어 줄 것처럼 치근대다가
이별 준비를 한다

우리는 이제
겨울을 준비해야 한다

호호 입김 불면서 먹는
군고구마 손수레가 생각나고

두꺼운 머플러 털외투가
그리워지는데

이러다가
시간이 흐르면서

나이테 하나
더 두르게 되면

용기 없어 실행 못한 것에 대한
후회도 하고

투덜거려 봐도
어김없이 한 살 더 먹게 되는 시절

앞산의 나무들은
봄이 멀지 않았음을 알려 주는데

산이 그리움을 부른다

너무 빠르지도
늦지도 말라

그냥 혼자
조용히

가는 세월 보내고
오는 세상 맞으라 한다

도전하는 사람이 아름답다

내가 산행을 시작한 지 벌써 이십여 년이 훨씬 넘는다. 학창 시절에는 가끔 산에 가던 것이 사회생활을 하면서, 그것도 마흔이 가까워져서야 본격적으로 산행을 하게 되었다. 오십 대 초반에는 친구들과 어울리며 즐기기 위해서 산행을 하였고, 지금은 산이 좋고 건강을 위해서 꾸준하게 산행을 한다.

'블랙야크 100대 명산 도전' 프로그램에 대해서 알게 된 것은 우연이었다. 주말마다 전국의 유명한 산을 다녔는데, 산 정상에 올라서면 언제부턴가 등산객들이 붉은 타월을 펼쳐 들고 정상석 옆에서 사진을 찍었다. 궁금하기도 하여 물어보면 대부분의 등산객들이 바빠서인지 자세한 설명을 해 주지 않아 궁금증을 가진 채 지나갔다. 그런데 어느 날 블랙야크에 근무하는 임원과 미팅을 하던 중 본인도 100대 명산에 도전을 하고 있다며 프로그램에 대해서 설명을 해 주며 도전해 볼 것을 권했다.

100대 명산 도전 프로그램은 산 높이에 따라 블랙야크 브랜드의 마일리지가 쌓여 가고, 그 적립된 마일리지로 상품을 구매할 수 있다. 100대 명산 완료 시에는 추첨에 따라 블랙야크에서 히말라야 트레킹을 보내 주는 프로그램이다. 약간 상업적인 면도 있지만 국민을 등산에 동참시켜 몸과 마음을 건강하게 한다는 측면에서는 유익하고 흥미롭게 생각되었다. 어차피 매주 산행을 하는 나는 이 프로그램에 적극 참여를 했다.

이 프로그램에 도전하기 전에는 근교 산이나 전국의 산을 1년에 100개 이상 등정하자는 목표를 세우고 산행을 다녔다. 하지만 먼저 전국의 100대 명산을 완주하는 것으로 목표를 변경해서 산행을 다녔다.

100대 명산 등정을 위한 첫 산행지는 천안에 있는 광덕산이었다. 이 산행을 기점으로 주 1~2회 꾸준히 산행을 다녔다. 도전을 시작한 지 1년 만인 2018년 7월 16일에 100번째라는 의미를 부여하여 '백' 자가 들어가는 '소백산'을 끝으로 100대 명산 도전을 완성했다.

처음 시작할 때에는 2년 안에 끝내자는 다소 여유 있는 일정으로 진행하였다. 하지만 산행이 거듭될수록 성취 욕구가 생겨 진행 속도가 빨라지기 시작했다. 직장을 다니면서 장거리 산행에 시간을 내기가 쉽지 않았다. 정상적인 종주 산행보다는 가급적 짧은 코스로 당일에 다녀오게되었다. 또 지방에 내려가는 원거리 산행에서는 연계된 산행지를 찾아서 하루에 두 개의 산을 다녀 온 적도 있었다.

이번에 책을 출간하게 된 이유는 내세울 것은 없지만 그래도 직장인으로서 틈틈이 시간을 내어 우리나라 100대 명산을 완주했다는 데 그 의의를 두며, 등산이 건강에 좋다는 것을 주변의 지인들에게 알리고 누구나 할 수 있다는 자신감을 주기 위한 것이다.

산행을 마칠 때마다 그 코스와 주요 특징, 사진, 산행 시 주의 사항 등을 정리하여 페이스북에 게재를 했는데, 산행기를 읽은 친구들과 다시 책으로 공유하고 즐기기 위한 이유도 있다.

이러한 졸작을 출간함에 심히 부끄러우나 나 자신에게는 어떤 어렵고 힘든 일이라도 해낼 수 있다는 자신감과 앞으로 더 큰 꿈을 향한 도전의지를 가지게 되었다는 것에 의미를 둔다.

2020. 12. 1.

연희동 팰리스에서

100대 명산 완주증

2019년 블랙야크 클럽데이

산이 그리움을 부른다

山이
그리움을 부른다

ⓒ 이장화, 2021

초판 1쇄 발행 2021년 1월 29일

지은이   이장화
펴낸이   이기봉
편집   좋은땅 편집팀
펴낸곳   도서출판 좋은땅
주소   서울 마포구 성지길 25 보광빌딩 2층
전화   02)374-8616~7
팩스   02)374-8614
이메일   gworldbook@naver.com
홈페이지   www.g-world.co.kr

ISBN 979-11-6649-235-8 (03980)